高等职业教育创客教育系列教材

产品数字化设计与3D打印
第2版

主　编　卢香利　刘　萌　龚小寒
参　编　李宏策　唐　萌　李　学　贺柳操　李文卫

机械工业出版社
CHINA MACHINE PRESS

本书是"1+X"增材制造模型设计职业技能等级证书标准的课证融通教材。全书从增材制造模型设计应用能力要求出发，依据产品开发流程设计内容，对接职业技能标准中产品正向设计、逆向设计、3D打印等工作任务。

本书采用项目化的编写方式，项目下分任务，任务下分活动，由易到难，层层递进。本书是校企合作攻关的结晶。教学载体以贴近生活实际选取，项目任务以企业工作流程编排，与企业深度合作，将任务实施流程与企业生产实际进行对接，利用企业真实生产设备，邀请企业一线工作人员进行视频拍摄，示范规范操作。

本书全彩印刷、图文并茂，增强易读性，配套信息资源助力自主学习。本书在学银在线建设了配套课程"产品数字化设计与3D打印"，课程资源丰富，每个项目都设有主要内容、学习目标、任务描述、任务分析、知识链接、任务实施、项目测评等栏目，实现教学资源信息化、教学终端移动化、教学过程数据化，从而实现"互联网+职业教育"的深度融合。

本书适合职业院校装备制造大类相关专业开展书证融通、模块化教学以及考核评价使用，也可作为相关从业人员的参考用书，还可作为各类学校创客类课程的培训教材。

图书在版编目（CIP）数据

产品数字化设计与3D打印 / 卢香利，刘萌，龚小寒主编. -- 2版. -- 北京：机械工业出版社，2024.12.（2025.4重印）（高等职业教育创客教育系列教材）. -- ISBN 978-7-111-77310-8

Ⅰ．TB472-39；TS4

中国国家版本馆CIP数据核字第20252NH748号

机械工业出版社（北京市百万庄大街22号　邮政编码100037）
策划编辑：赵志鹏　　　　　责任编辑：赵志鹏
责任校对：张爱妮　李　婷　封面设计：马精明
责任印制：李　昂
北京捷迅佳彩印刷有限公司印刷
2025年4月第2版第2次印刷
184mm×260mm·14.5印张·347千字
标准书号：ISBN 978-7-111-77310-8
定价：58.00元

电话服务　　　　　　　　　网络服务
客服电话：010-88361066　　机　工　官　网：www.cmpbook.com
　　　　　010-88379833　　机　工　官　博：weibo.com/cmp1952
　　　　　010-68326294　　金　书　网：www.golden-book.com
封底无防伪标均为盗版　　机工教育服务网：www.cmpedu.com

前 言
Preface

党的二十大报告指出,加快建设制造强国,推动制造业高端化、智能化、绿色化发展。增材制造技术(3D打印)被列入"十四五"战略性新兴产业的科技前沿技术,是推动智能制造的关键技术。为了更好地发挥职教作用,服务国家战略,本书对接"1+X证书"体系中"增材制造模型设计"证书要求,旨在培养学生进行数字化正向设计、逆向设计,并利用3D打印机进行产品增材制造和模型验证的能力,在学习过程中兼顾培养学生的创新意识、创新精神和创新设计能力。

本书采用项目化的编写方式,项目载体选择了生活中的常见物品:中国象棋、国际象棋、电吹风、双引擎滑行飞机等,极大地调动了学生的学习积极性,其中部分项目还融入了全国机械行业职业技能竞赛的内容及要求。本书分为4个篇章、5个项目、19个任务以及5个拓展主题。其中,项目1为理论知识篇,主要介绍数字化设计与制作、逆向设计、3D打印相关的理论知识。项目2为正向设计与3D打印篇,以中国象棋作为项目载体,介绍正向设计与3D打印的一般流程。项目3为逆向设计与3D打印篇,以国际象棋作为项目载体,介绍逆向设计与3D打印的一般流程。项目4和项目5为综合训练篇,分别以电吹风手柄、双引擎滑行飞机作为项目载体,综合应用逆向设计、正向设计、3D打印等内容,将任务实施流程与企业生产实际进行对接。项目4和项目5分别与深圳市创想三维科技股份有限公司和湖南云箭集团有限公司校企合作进行内容编制,利用企业真实生产设备,邀请企业一线工作人员进行视频拍摄,示范规范操作。5个项目共采用了2种三维扫描仪、6种常见品牌的3D打印机,通过项目实践,熟悉FDM熔融沉积成型工艺、SLA光固化成型工艺、SLM选择性激光熔融成型工艺等多种3D打印成型工艺。

参加本书编写的有湖南机电职业技术学院的卢香利、龚小寒、李宏策、唐萌、李学、贺柳操及李文卫,以及湖南云箭集团有限公司的刘萌。其中全书的主体内容及框架由卢香利负责,同时卢香利负责项目2、4、5的编写,龚小寒负责项目3的编写,李宏策、刘萌负责项目1的编写,唐萌、李学、贺柳操、李文卫参与了对项目载体的选取和内容的编排等工作。在此要特别感谢湖南云箭集团有限公司的杨凯、余里成、陈燚、郑璇、肖路强、陈崇、罗湘宇、唐胜等工程师，深圳市创想三维科技股份有限公司的洪鑫城，北京赛育达科教有限公司的陈飞、李文超等在本书的编写及视频拍摄过程中给予的帮助和支持。同时对在编写过程中给予帮助的颜志勇、刘笑笑、刘彤、陈斌、张文超等老师表示感谢。

  由于编者水平有限，书中难免存在不足之处，恳请广大读者批评指正。

编 者

二维码索引

序号	名称	二维码	页码	序号	名称	二维码	页码
1	2-1 红帅建模		018	10	2-10 象棋整体打印		043
2	2-2 棋盘建模		022	11	3-1 扫描仪安装		056
3	2-3 棋子棋盘装配		025	12	3-2 扫描仪标定		057
4	2-4 参数化帅1		028	13	3-3 扫描棋子马		061
5	2-5 参数化帅2		031	14	3-4 国王建模		066
6	2-6 参数化棋盘		033	15	3-5 王后点云面片处理		073
7	2-7 红帅格式转换		040	16	3-6 王后坐标对齐		075
8	2-8 象棋格式转换		040	17	3-7 王后模型重构		076
9	2-9 棋子导入3D打印机		041	18	3-8 棋子马逆向建模1		079

（续）

序号	名称	二维码	页码	序号	名称	二维码	页码
19	3-9 棋子马逆向建模2		082	28	4-5 手柄2建模特征1		121
20	3-10 国王格式转换		090	29	4-6 手柄2建模特征2		128
21	3-11 棋子模型切片		091	30	4-7 手柄1正向建模1		135
22	3-12 棋子模型打印		094	31	4-8 手柄1正向建模2		137
23	3-13 棋子模型打印后处理		095	32	4-9 手柄1正向建模3		145
24	4-1 手柄2扫描		105	33	4-10 手柄模型切片		151
25	4-2 手柄2点云处理		107	34	4-11 手柄模型打印后处理		155
26	4-3 手柄2坐标对齐		110	35	5-1 机身建模		165
27	4-4 手柄2主体建模		112	36	5-2 机翼建模		170

（续）

序号	名称	二维码	页码	序号	名称	二维码	页码
37	5-3 尾翼建模		174	45	5-11 螺旋桨格式转换		201
38	5-4 Win3DD扫描仪标定		179	46	5-12 螺旋桨模型切片		202
39	5-5 螺旋桨扫描		179	47	5-13 螺旋桨模型打印		204
40	5-6 螺旋桨数据处理		180	48	5-14 螺旋桨模型打印后处理		205
41	5-7 螺旋桨逆向建模		183	49	5-15 尾翼模型切片		209
42	5-8 机身机翼模型切片		195	50	5-16 尾翼模型打印		213
43	5-9 机身机翼模型打印		197	51	5-17 尾翼模型打印后处理		215
44	5-10 机身机翼模型打印后处理		198				

目 录 Contents

前言
二维码索引

理论知识篇

项目1 走近数字化设计与3D打印 ·············· 001
 任务1 认识数字化设计与制作 ·············· 001
  活动1 了解数字化设计与制作的内容 ·············· 001
  活动2 了解数字化设计与制作的流程 ·············· 003
 任务2 认识逆向设计 ·············· 004
  活动1 了解逆向设计 ·············· 005
  活动2 了解三维扫描 ·············· 005
  活动3 了解逆向设计软件 ·············· 006
 任务3 认识3D打印 ·············· 007
  活动1 了解3D打印的分类 ·············· 007
  活动2 了解3D打印的特点 ·············· 011
  活动3 了解3D打印的应用 ·············· 012
 项目测评 ·············· 013
 大师风范——3D打印行业知名人物 ·············· 014

正向设计与3D打印篇

项目2 中国象棋的数字化设计与3D打印 ·············· 017
 任务1 中国象棋的数字化设计 ·············· 017
  活动1 中国象棋棋子的数字化设计 ·············· 018
  活动2 中国象棋棋盘的数字化设计 ·············· 022
  活动3 棋子棋盘的装配 ·············· 025
 任务2 中国象棋的参数化设计 ·············· 026
  活动1 中国象棋棋子的参数化设计 ·············· 027
  活动2 中国象棋棋盘的参数化设计 ·············· 032

任务 3　中国象棋的 3D 打印 ·· 039
　　　　活动 1　单个棋子模型的格式转换 ································ 040
　　　　活动 2　装配象棋模型的格式转换 ································ 040
　　　　活动 3　单个棋子的 3D 打印 ·· 041
　　　　活动 4　装配象棋的 3D 打印 ·· 043
　　项目测评 ··· 046
　　群雄崛起——3D 打印领域知名企业 ································ 047

逆向设计与 3D 打印篇

项目 3　国际象棋的数字化设计与 3D 打印 ················ 052
　　任务 1　棋子的三维数据采集 ·· 052
　　　　活动 1　扫描仪的安装 ··· 056
　　　　活动 2　扫描仪的标定 ··· 057
　　　　活动 3　棋子的三维扫描 ··· 061
　　任务 2　棋子国王的逆向建模 ·· 065
　　　　活动 1　点云的处理 ··· 066
　　　　活动 2　多边形的处理 ··· 067
　　　　活动 3　领域的处理 ··· 068
　　　　活动 4　对齐坐标系 ··· 069
　　　　活动 5　模型重构 ··· 069
　　任务 3　棋子王后的逆向建模 ·· 073
　　　　活动 1　点云的处理 ··· 073
　　　　活动 2　多边形的处理 ··· 075
　　　　活动 3　对齐坐标系 ··· 075
　　　　活动 4　模型重构 ··· 076
　　任务 4　棋子马的逆向建模 ·· 079
　　　　活动 1　点云的处理 ··· 079
　　　　活动 2　多边形的处理 ··· 081
　　　　活动 3　领域的处理 ··· 081
　　　　活动 4　对齐坐标系 ··· 082
　　　　活动 5　模型重构 ··· 082
　　任务 5　棋子的 3D 打印 ·· 088
　　　　活动 1　棋子的格式转换 ··· 090
　　　　活动 2　棋子国王、王后和马的 3D 打印 ··················· 091
　　项目测评 ··· 096
　　日增月盛——3D 打印重要领域应用 ································ 097

综合训练篇

项目 4　电吹风手柄的数字化设计与 3D 打印……………… 103
　任务 1　手柄 2 的逆向设计……………………………………… 103
　　活动 1　手柄 2 的数据采集………………………………… 105
　　活动 2　手柄 2 的数据处理………………………………… 107
　　活动 3　手柄 2 的逆向建模………………………………… 110
　任务 2　手柄 1 的正向设计……………………………………… 134
　　活动 1　手柄 1 的正向建模………………………………… 135
　　活动 2　手柄 1 和手柄 2 的装配…………………………… 149
　任务 3　手柄的 3D 打印………………………………………… 149
　　活动 1　手柄的格式转换…………………………………… 151
　　活动 2　手柄 1 和手柄 2 的 3D 打印……………………… 151
　项目测评…………………………………………………………… 156
　大国重器——3D 打印先进制造设备…………………………… 157

项目 5　双引擎滑行飞机的数字化设计与 3D 打印………… 162
　任务 1　飞机主体结构的正向设计……………………………… 162
　　活动 1　给定配件的关键尺寸测量………………………… 164
　　活动 2　自顶向下的飞机主体结构设计…………………… 165
　任务 2　飞机螺旋桨的逆向设计………………………………… 177
　　活动 1　螺旋桨的数据采集………………………………… 178
　　活动 2　螺旋桨的数据处理………………………………… 180
　　活动 3　螺旋桨的逆向建模………………………………… 183
　任务 3　飞机机身机翼的 3D 打印……………………………… 193
　　活动 1　机身机翼的格式转换……………………………… 195
　　活动 2　机身机翼的 3D 打印……………………………… 195
　任务 4　飞机螺旋桨的 3D 打印………………………………… 199
　　活动 1　螺旋桨的格式转换………………………………… 201
　　活动 2　螺旋桨的 3D 打印………………………………… 202
　任务 5　飞机尾翼的 3D 打印…………………………………… 207
　　活动 1　尾翼的格式转换…………………………………… 208
　　活动 2　尾翼的 3D 打印…………………………………… 209
　项目测评…………………………………………………………… 217
　栋梁之才——3D 打印相关工作岗位…………………………… 218

参考文献

理论知识篇

走近数字化设计与 3D 打印

主要内容

本项目主要介绍数字化设计与制作的内容，数字化设计与制作的流程，逆向设计的流程，三维扫描，逆向设计软件，以及 3D 打印的种类、特点及应用。

任务 1　认识数字化设计与制作

学习目标

● 知识目标
1. 了解数字化设计与制作的内容。
2. 了解数字化设计与制作的流程。

● 能力目标
1. 能够理解 CAD、CAE、CAM、CAPP、PDM、ERP、RE、AM 等概念的含义。
2. 掌握数字化设计与制作的流程。

▶ 活动 1　了解数字化设计与制作的内容

人类把图形作为认识自然，表达、交流思想的主要形式之一，并一直致力于研究各领域中图形的最佳表达方式。最初的产品设计，是设计人员利用绘图板与尺直接在图纸上绘制工程图。1795 年，法国科学家蒙日系统地提出了以投影几何为主线的画法几何，把工程图的表达与绘制高度规范化、唯一化，从而使画法几何成为工程图的语法，从此人们一直利用工程图来进行产品的设计。由于这些工程图都是直接在纸面上绘制，给设计带来了极大的不便，当系列产品中的每种零件结构形状或尺寸发生变化时，需要重新进行绘制，大大增加了劳动强度，降低了生产效率。20 世纪 70 年代，研究人员开发了通过计算机帮助工程技术人员进行产品设计的计算机辅助设计工具——CAD 软件系统，产品的设计由此跨入数字化时代。数字化产品设计经历了从二维到三维发展的过程，同时也出现了数字化产品协调管理技术与产品数据全生命周期管理技术，并向更高的知识管理技术发展。

通俗地说，数字化就是将许多复杂多变的信息转变为可以度量的数字、数据，再以这些数字、数据建立适当的数字化模型，把它们转变为一系列二进制代码，引入计算机内部，进行统一处理，这就是数字化的基本过程。数字化设计与制造的内涵丰富，主要包括以下方面。

1. CAD——计算机辅助设计

CAD 在早期是英文 Computer Aided Drawing（计算机辅助绘图）的缩写，随着计算机软、硬件技术的发展，人们逐步地认识到单纯使用计算机绘图还不能称之为计算机辅助设计。真正的设计是整个产品的设计，它包括产品的构思、功能设计、结构分析、加工制造等，二维工程图设计只是产品设计中的一小部分。于是，CAD 的缩写由 Computer Aided Drawing 改为 Computer Aided Design，CAD 也不再仅仅是辅助绘图，而是协助创建、修改、分析和优化的设计技术。

2. CAE——计算机辅助工程分析

CAE（Computer Aided Engineering）通常指有限元分析和机构的运动学及动力学分析。有限元分析可完成力学分析（线性、非线性、静态、动态）、场分析（热场、电场、磁场等）、频率响应和结构优化等。机构分析能完成机构内零部件的位移、速度、加速度和力的计算，机构的运动模拟及机构参数的优化。

3. CAM——计算机辅助制造

CAM（Computer Aided Manufacture）是计算机辅助制造的缩写，能根据 CAD 模型自动生成零件加工的数控代码，对加工过程进行动态模拟，同时完成在实现加工时的干涉和碰撞检查。CAM 系统和数字化装备结合可以实现无纸化生产，为 CIMS（计算机集成制造系统）的实现奠定了基础。CAM 中最核心的技术是数控技术，通常零件结构采用空间直角坐标系中的点、线、面的数字量表示，CAM 就是用数控机床按数字量控制刀具运动，完成零件加工。

4. CAPP——计算机辅助工艺设计

CAPP（Computer Aided Process Planning）是计算机辅助工艺设计的缩写，即利用计算机来进行零件加工工艺过程的制订，把毛坯加工成工程图纸上所要求的零件。它是通过向计算机输入被加工零件的几何信息（形状、尺寸等）和工艺信息（材料、热处理、批量等），由计算机自动输出零件的工艺路线和工序内容等工艺文件的过程。

5. PDM——产品数据管理

随着 CAD 技术的推广，原有技术管理系统难以满足要求。在采用计算机辅助设计以前，产品的设计、工艺和经营管理过程中涉及的各类图纸、技术文档、工艺卡片、生产单、更改单、采购单、成本核算单和材料清单等均由人工编写、审批、归类、分发和存档，所有的资料均通过技术资料室进行统一管理。自从采用计算机技术之后，上述与产品有关的信息都变成了电子信息。简单地采用计算机技术模拟原来人工管理资料的方法往往不能从根本上解决先进的设计制造手段与落后的资料管理之间的矛盾。要解决这个矛盾，必须采用 PDM 技术。

PDM（Product Data Management）即产品数据管理，是从管理 CAD/CAM 系统的高度上诞生的先进的计算机管理系统软件。它管理的是产品整个生命周期内的全部数据。工程技术人员根据市场需求设计的产品图纸和编写的工艺文档仅仅是产品数据中的一部分。PDM 系统除了要管理上述数据外，还要对相关的市场需求、分析、设计与制造过程中的全部更改历程、用户使用说明及售后服务等数据进行统一有效的管理。PDM 重点关注的是研发设计环节。

6. ERP——企业资源计划

ERP（Enterprise Resource Planning）即企业资源计划，是指建立在信息技术基础上，对企业的所有资源（物流、资金流、信息流、人力资源）进行整合集成管理，采用信息化手段实现企业供销链管理，从而达到对供应链上的每一环节实现科学管理。

ERP 系统集信息技术与先进的管理思想于一身，成为现代企业的运行模式，反映时代对企业合理调配资源，最大化地创造社会财富的要求，成为企业在信息时代生存、发展的基石。在企业中，一般的管理主要包括三方面的内容：生产控制（计划、制造）、物流管理（分销、采购、库存管理）和财务管理（会计核算、财务管理）。

7. RE——逆向工程

RE（Reverse Engineering）即逆向工程，对实物作快速测量，并反求为可被 3D 软件接受的数据模型，快速创建数字化模型（CAD），进而对样品作修改和详细设计，达到快速开发新产品的目的。

8. AM——增材制造

AM（Additive Manufacturing）即增材制造，又称为 3D 打印，被认为是近年来制造技术领域的一次重大突破，其对制造业的影响可与数控技术的出现相媲美。不同种类的快速成型系统因所用成型材料不同，成型原理和系统特点也各有不同。但是，其基本原理都是一样的，那就是"分层制造，逐层叠加"，它可以在无需准备任何模具、刀具和工装夹具的情况下，直接接受产品设计（CAD）数据，快速制造出新产品的样件、模具或模型。因此，3D 打印技术的推广应用可以大大缩短新产品开发周期、降低开发成本、提高开发质量。

● 活动 2　了解数字化设计与制作的流程

早期设计师在进行产品的造型设计时，主要采用正向设计的方法，这是一个从概念设计起步到 CAD 建模与仿真、传统制造（数控编程、数控加工）的过程。但对于复杂的产品，正向设计的方法显示出了它的不足，设计过程难度系数大、周期较长、成本高，尤其是样机的生产需要花费较长的时间。目前由于快速成型技术的发展，可以通过3D打印的工艺对样机进行快速制造，能够及时针对制作出的产品进行修改，缩短了新产品开发的流程。正向设计一般流程如图1-1所示。

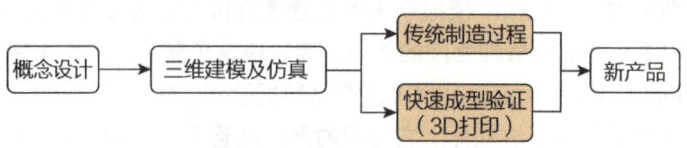

图1-1　正向设计一般流程

逆向设计通常是根据正向设计概念所产生的产品原始模型或者已有产品来进行改良，通过对产生问题的模型进行直接的修改、试验和分析得到相对理想的结果，然后再根据修正后的模型或样件通过扫描和造型等一系列方法得到最终的三维模型。逆向设计出来的产品也可以通过3D打印快速制作出产品，针对制作出的产品进行修改，缩短了新产品开发的流程。逆向设计一般流程如图1-2所示。

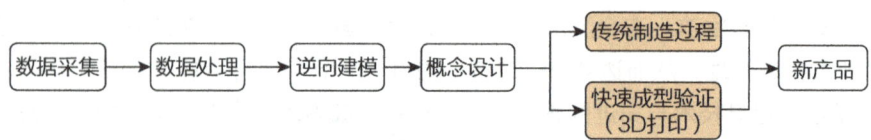

图1-2　逆向设计一般流程

数字化设计与制作过程中的一个核心内容就是设计软件的应用，常见的三维软件有很多，如Siemens NX、CATIA、PTC Creo、SolidWorks等，本书主要使用Siemens公司的UG（Unigraphics NX）软件，UG是一个交互式CAD/CAM（计算机辅助设计与计算机辅助制造）系统，它功能强大，可以轻松实现各种复杂实体及造型的建构。该软件涉及数字化设计与制造的多个过程，如三维模型创建、参数化设计、运动学及动力学仿真、数控编程等。

任务2　认识逆向设计

学习目标

● 知识目标

1. 了解逆向设计。
2. 了解三维扫描的形式。
3. 了解逆向设计的软件种类。

● 能力目标

1. 能够根据需求选择逆向设计方法。
2. 能够根据需求选择合适的逆向设计软件。

活动1　了解逆向设计

逆向工程（Reverse Engineering，RE），又名反向工程或反求工程，是对产品设计过程的一种描述。逆向工程产品设计即逆向设计是一个从产品到设计的过程，根据已经存在的产品，反向推出产品设计数据（包括各类设计图或数据模型）的过程。随着计算机辅助设计的流行，逆向工程变成了一种能根据现有的物理部件通过CAD、CAM、CAE或其他软件构筑3D虚拟模型的方法。

逆向设计过程是指设计人员对产品实物样件表面进行数字化处理（数据采集、数据处理），并利用可实现逆向三维造型设计的软件来重新构造实物的三维CAD模型（曲面模型重构），并进一步用CAD/CAE/CAM系统实现分析、再设计、数控编程、数控加工或快速成型的过程。逆向设计通常是应用于产品外观表面的设计。

在逆向设计的各个环节中，数据采集、数据处理、模型重构是产品逆向设计的三大关键环节。

1. 数据采集

数据采集也称三维扫描，主要用于对物体空间外形、结构进行扫描，以获得物体表面的空间坐标。通过此过程，能够将物体的立体信息转换为计算机能够直接处理的数字化信号，为实物数字化提供了方便快捷的手段。数据采集是进行产品逆向设计的第一步。三维扫描技术能实现非接触测量，具有速度快、精度高的优点，而且其测量结果能直接与多种软件兼容，应用日益广泛。

2. 数据处理

三维测量设备获取的物体三维数字化信息主要为空间离散的三维坐标信息，在模型重构前需要对获取的数据信息进行处理，以获得完整、准确的点云数据，数据处理的结果将影响模型重构的质量。在此阶段一般应进行点云去噪、点云光顺、点云采样等工作。

3. 模型重构

模型重构也就是通常所说的逆向造型过程，即将处理好的数据还原模型特征用于设计修改、加工或3D打印。三维模型重构一般有以下两种重构方法。

1）对于表面复杂但精度要求较低的产品（如艺术品等）的逆向设计，常采用基于三角面片的方式直接建模。

2）对于表面复杂但精度要求较高的产品的逆向设计，常采用拟合曲面或者参数曲面的方式建模，以点云为依据，通过构建点、线、面等元素，还原初始三维模型。

活动2　了解三维扫描

三维扫描是指集光、机、电和计算机技术于一体的高新技术，主要用于对物体空间外形和结构进行扫描，以获得物体表面的空间坐标。它的重要意义在于能够将实物的立体信息转换为计算机能直接处理的数字信号，为实物数字化提供了相当方便快捷的手段。用三维扫描仪对样品、模型进行扫描，可以得到其立体尺寸数据，这些数据能直接用于CAD/CAM软件，在CAD系统中可以对数据进行调整、修补，再送到传统加工设备或快速成型设备上制造，可以极大地缩短产品制造周期。

三维扫描仪的用途是创建物体几何表面的点云（point cloud），这些点可用来插补成物体的表面形状，越密集的点云可以创建更精确的模型（这个过程称作三维重建）。三维扫描仪分为接触式（contact）与非接触式（non-contact）两种，后者又可分为主动扫描（active）与被动扫描（passive）两种。

1. 接触式扫描

接触式三维扫描仪透过实际触碰物体表面的方式计算深度，如坐标测量机即是典型的接触式三维扫描仪。此方法相当精确，常被用于装备制造产业，然而因其在扫描过程中必须接触物体，待测物有遭到探针破坏损毁的可能，因此不适用于高价值对象，如古文物、遗迹等的重建作业。此外，相较于其他方法，接触式扫描需要较长的时间。

2. 非接触式扫描

非接触主动式扫描是指将额外的能量投射至物体，借由能量的反射来计算三维空间信息。常见的投射能量有一般的可见光、高能光束、超音波与X射线。如手持激光扫描仪就是常见的一种非接触主动式扫描，通过手持式设备，其对待测物发射出激光光点或线性激光。以两个或两个以上的侦测器（电偶组件或位置感测组件）测量待测物的表面到手持激光设备的距离，通常还需要借助特定引用点（通常是具黏性、可反射的贴片），用来当作扫描仪在空间中定位及校准使用。这些扫描仪获得的数据会被导入计算机中，并由软件转换成3D模型。手持激光扫描仪，通常还会综合被动式扫描（可见光）获得的数据（如待测物的结构、色彩分布），建构出更完整的待测物3D模型。

非接触被动式扫描仪本身并不发射任何辐射线（如激光），而是以测量由待测物表面反射的周遭辐射线的方法，达到预期的效果。由于环境中的可见光辐射是相当容易获取并利用的，大部分这类型的扫描仪以侦测环境的可见光为主。但相对于可见光的其他辐射线，如红外线，也是能被应用于这项用途的。因为大部分情况下，被动式扫描法并不需要规格太特殊的硬件支持，这类被动式产品往往相当便宜。

活动3　了解逆向设计软件

逆向设计中重要的环节是通过对测量数据的处理，提取模型所需的表征零件形状特征的数据。基于特征的模型重建的研究主要集中在特征识别，包括边界曲线和曲面，这需要通过相关的软件还原特征以及特征间的约束。

除了常用的综合性三维设计软件如Siemens NX、CATIA等可以进行正向、逆向设计外，还有一些软件如Geomagic Wrap、Geomagic Design X、Imageware等专门用于逆向设计，下面进行简单的介绍。

1. Geomagic Wrap

Geomagic Wrap（即Geomagic Studio）是由美国Geomagic公司出品的逆向工程和三

维检测软件，其数据处理的流程为点阶段—多边形阶段—曲面阶段，可轻易地从扫描所得的点云数据创建出多边形模型和网格，并可自动转换为 NURBS 曲面。Geomagic Wrap 软件在三维扫描后的数据处理方面具有明显的优势，本书后续任务中将会采用此软件进行前期的数据处理。

2. Geomagic Design X

Geomagic Design X 是 Geomagic 推出的一款正逆向结合建模工具，兼有逆向建模软件的采集原始扫描数据并进行预处理的功能和正向建模软件的正向参数化编辑、设计功能。Geomagic Design X 软件相对于其他逆向建模软件的优势在于融合了逆向建模技术和正向设计方法的长处，在一个完整的软件包中无缝结合了即时扫描数据（点云或网格面）编辑处理、二维截面草图创建、特征识别及提取、正向建模和装配构造等功能，体现了逆向工程技术发展的最新成果。本书后续任务中将采用此软件进行逆向建模。

3. Imageware 软件

Imageware 软件由美国 EDS 公司出品，具有强大的测量数据处理、曲面造型和误差检测功能，被广泛应用于汽车、航天、家电、模具、计算机零部件等设计与制造领域。Imageware 软件采用四边域曲面重构的方法来进行曲面模型的构建，即可表达和设计复杂的自由曲线、曲面，又可精确表示圆锥曲线、曲面，且进行曲面重构和一般的 CAD 系统兼容性好，可直接利用现有 CAD 系统的许多功能，便于和其他 CAD 系统进行数据交换。它处理数据的流程遵循点—曲线—曲面原则，流程简单清晰，软件易于使用。

任务 3　认识 3D 打印

学习目标

知识目标
1. 了解 3D 打印的种类。
2. 了解 3D 打印的特点。
3. 了解 3D 打印的应用。

能力目标
1. 能够区分常见的 3D 打印方法。
2. 能够根据使用场合选择适用的 3D 打印方法。

活动 1　了解 3D 打印的分类

快速成型（Rapid Prototyping，RP）是 20 世纪 80 年代末及 90 年代初发展起来的新兴制造技术，是由三维 CAD 模型直接驱动的快速制造任意复杂形状三维实体的总称。它把复杂的三维制造转化为一系列二维制造的叠加，可以在不用模具和工具的条件下生成几乎任意复杂的零部件，极大提高了生产效率和制造柔性。3D 打印是快速成型技术的一部分，它是一种以数字模型文件为基础，运用各种不同形态（粉末状、丝状、液体）的金属、塑料或树脂等可黏合材料，通过逐层堆叠累积的方式来构造物体的技术。

3D 打印是增材制造（Additive Manufacturing，AM）的主要实现形式，是一种采用材料逐渐累加的方法制造实体零件的技术，相对于传统的材料去除加工技术，是一种"自下而上"的制造方法。

目前 3D 打印的主要成型工艺方法很多，下面介绍六种常见的工艺。

1. 熔融沉积成型（FDM：Fused Deposition Modeling）

熔融沉积成型将材料在喷头内加热熔化，喷头沿零件截面轮廓和填充轨迹运动，同时将熔化的材料挤出，材料迅速固化，并与周围的材料黏结。每一个层片都是在上一层上堆积而成，上一层对当前层起到定位和支撑的作用，如图 1-3 所示。熔融沉积成型工艺的材料一般是热塑性材料，如 ABS、PLA、尼龙等，以丝状供料。

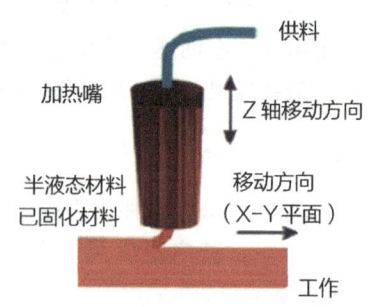

图 1-3 熔融沉积成型原理图

2. 光固化成型（SLA：Stereo Lithography Apparatus）

光固化成型是最早出现的快速成型工艺，其原理是基于液态光敏树脂的光聚合原理。光固化成型工艺以液态光敏树脂为原材料，通过计算机控制紫外激光器按预定的零件逐个分层截面的轮廓轨迹对液体树脂逐点扫描，使被扫描区的树脂薄层产生光聚合（固化）反应，从而形成零件的一个薄层截面。完成一个扫描区域的液态光敏树脂固化层后，工作台下降一个层厚，在固化好的树脂表面再铺上一层新的液态光敏树脂，然后重复扫描、固化，新固化的一层牢固黏接在上一层上，如此反复直至完成整个零件的固化成型，如图 1-4 所示。光固化成型是目前研究得最多的方法，也是技术上最为成熟的方法，一般层厚在 0.1mm 到 0.15mm，成型的零件精度较高。

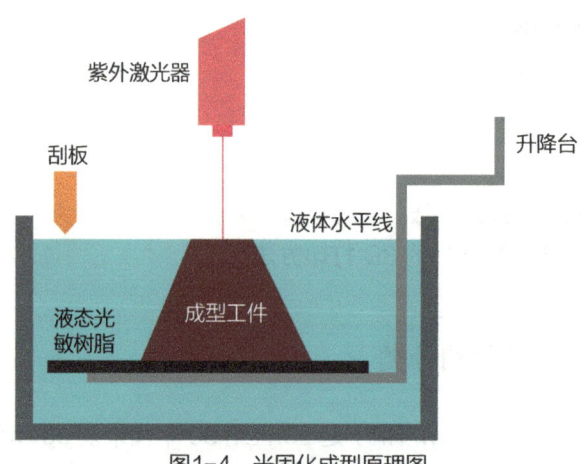

图 1-4 光固化成型原理图

3. 三维打印成型（3DP：Three Dimensional Printing）

三维打印成型是20世纪80年代末由美国麻省理工学院开发的一种基于微滴喷射的技术，该技术采用类似于喷墨打印机的独特喷墨技术，只是将喷墨打印机墨盒中的墨水换成了液体黏结剂或者成型树脂。喷头将黏结剂按照之前设计的模型数据逐层喷射出来，将成型材料凝结成二维截面，重复此过程，并将各个截面堆积并重叠黏接在一起，最后得到所需要的完整的三维模型，如图1-5所示。

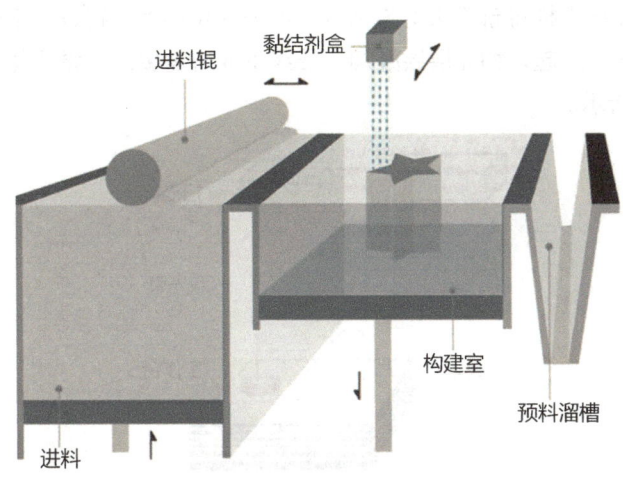

图1-5 三维打印成型原理图

4. 分层实体制造（LOM：Laminated Object Manufacturing）

分层实体制造由美国Helisys公司于1986年研制成功。LOM工艺采用薄片材料，如纸、塑料薄膜等。事先在片材表面单面涂覆上一层热熔胶，通过热压辊的压力和传热作用使材料表面达到一定温度，热熔胶熔化，使薄片黏合在一起。随后位于其上方的激光切割器按照CAD模型切片分层所获得的数据，将薄片材料切割出零件在该层的内外轮廓。激光切割器每加工完一层后，工作台下降相应的高度，然后再将新的一层片层材料叠加在上面，重复前述过程。如此反复，逐层堆积生成三维实体。非原型实体部分被切割成网格，保留在原处，起支撑和固定作用，制件加工完毕后，可用工具将其剥离。分层实体制造原理如图1-6所示。

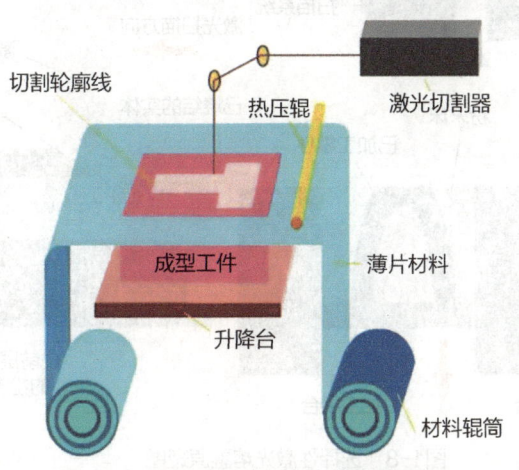

图1-6 分层实体制造原理图

5. 选择性激光烧结成型（SLS：Selective Laser Sintering）

选择性激光烧结成型又称粉末烧结，由美国德克萨斯大学奥斯汀分校于1989年研制成功。SLS工艺是利用粉末状材料成型，将粉末材料预热至材料熔融温度以下2~3℃，然后根据实体的几何形体各层截面的扫描轨迹参数，在计算机的控制下，激光以一定的扫描速度和能量密度有选择地对材料粉末分层扫描。材料粉末在高强度的激光照射下被烧结在一起，得到零件的截面，并与下面已成型的部分黏接；当一层截面烧结完后，电机驱动工作台下降一个层厚的高度，用铺粉机构将新粉末均匀铺放在前一固化层上，再进行下一层扫描烧结，新的一层和前一层烧结在一起，如此层层叠加，最终生成所需要的三维实体制件。选择性激光烧结原理如图1-7所示。

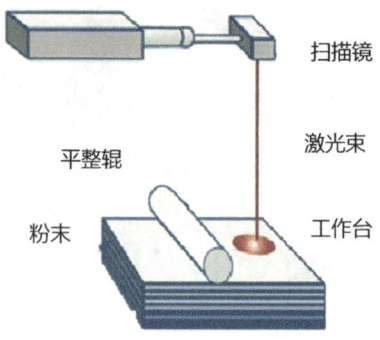

图1-7 选择性激光烧结原理图

6. 选择性激光熔融成型（SLM：Selective Laser Melting）

选择性激光熔融成型是20世纪90年代中期在SLS工艺的基础上发展起来的。SLM工艺可利用高强度激光熔融金属粉末，从而快速成型出致密且力学性能良好的金属零件。SLM原理为：在高能量密度激光作用下，使金属粉末完全熔化，经冷却凝固、层层累积成型出三维实体。SLM设备使用激光器，通过扫描反射镜控制激光束熔融每一层的轮廓。由于金属粉末被完全熔化，而不是使金属粉末黏结在一起，因此成型件的致密度可达到100%，强度和精度都高于激光烧结成型。选择性激光熔融原理如图1-8所示。

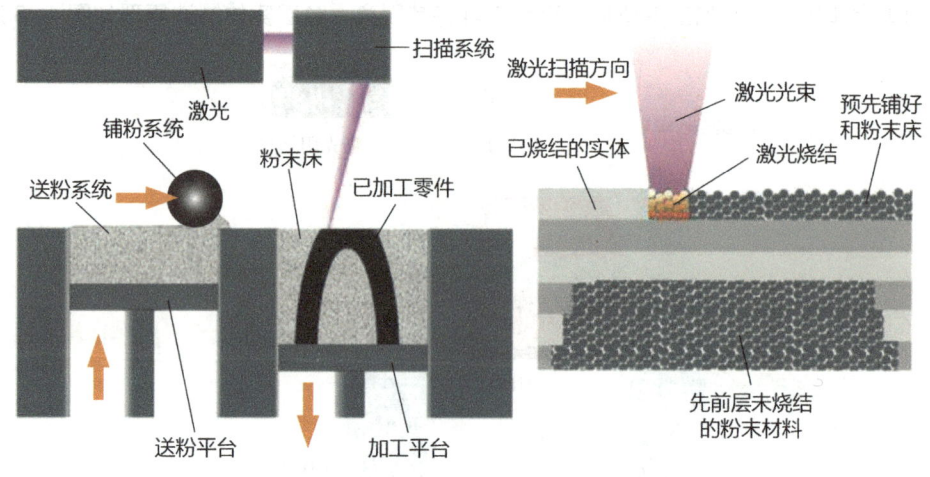

图1-8 选择性激光熔融原理图

SLM 的成型过程与 SLS 非常相似，其主要区别是 SLM 熔融金属材料温度极高，通常要使用惰性气体，如氩气或氦气来控制氧气的含量。其次，SLM 使用单纯金属粉末，而 SLS 使用添加了黏结剂的混合粉末，使得成品质量差异较大。

活动 2　了解 3D 打印的特点

3D 打印技术经过多年的发展，已基本形成了一套体系，可应用的行业也逐渐扩大。材料工程、医学研究、文化艺术、建筑工程等都逐渐使用 3D 打印技术，使得 3D 打印技术的发展有着广阔的前景。

与传统的切削加工方法相比，3D 打印技术主要有以下特点。

1. 制造效率高

从 CAD 数字设计或实体扫描获得的数据到制成成品，一般仅需要数小时或十几小时，速度比传统成型加工方法快得多。在新产品开发过程中改善了设计过程的人机交流，缩短了产品设计与开发周期，大大降低了新产品的开发成本和企业研制新产品的风险。

2. 由 CAD 模型直接驱动

无论哪种 3D 打印工艺，其材料都是通过逐点、逐层以添加的方式累积成型的，也都是通过 CAD 数字模型直接或间接地驱动 3D 打印设备进行制造的。这种由 CAD 数字模型直接或间接地驱动快速成型设备系统的原型制作过程也决定了其制作快速和自由成型的特征。

3. 无需组装

3D 打印能使部件一体化成型。传统的大规模生产建立在组装线基础上，在现代工厂，机器生产出相同的零部件，然后由机器人或工人组装。产品组成部件越多，组装耗费的时间和成本就越多。3D 打印机通过分层制造可以同时打印一扇门及上面的配套铰链，不需要组装。省略组装就缩短了供应链，节省了在劳动力和运输方面的成本。

4. 非技能制造

传统工人一般需要一年或几年的学徒才能熟练掌握所需要的技能。3D 打印制作过程降低了对技能的要求，然而传统的制造机器仍然需要熟练的专业人员进行机器调整和校准。3D 打印机从设计文件里获得各种指示，做同样复杂的物品，3D 打印机所需要的操作技能比注塑机少。非技能制造开辟了新的商业模式，并能在远程环境或极端情况下为人们提供新的生产方式。

5. 材料无限组合

对当今的制造机器而言，将不同原材料结合成单一产品是件难事，因为传统的制造机器在切割或模具成型过程中不能轻易地将多种原材料融合在一起。随着多材料 3D 打印技术的发展，人们有能力将不同原材料融合在一起。以前无法混合的原料混合后将形成新的材料，这些材料色调种类繁多，具有独特的属性或功能。

6. 精确的实体复制

未来，3D 打印将数字精度扩展到实体世界。扫描技术和 3D 打印技术将共同提高实体世界和数字世界之间形态转换的分辨率，我们可以扫描、编辑和复制实体对象，创建精确的副本甚至优化原件。

3D 打印技术由于其技术特点导致缺点也比较明显。任何一个产品都应该具有功能性，而如今由于受材料等因素限制，通过 3D 打印制造出来的产品在实用性上要打一个问号。

强度问题：房子、车子固然能"打印"出来，但是否能抵挡得住风雨，是否能在路上顺利行驶，与传统工艺相比，其强度方面还是有一定的差距。

精度问题：由于分层制造存在"台阶效应"，每个层次虽然很薄，但在一定微观尺度下，仍会形成具有一定厚度的一级级"台阶"。

材料的局限性：目前，供 3D 打印机使用的材料主要包括工程塑料、光敏树脂、橡胶类材料、金属材料和陶瓷材料等。除此以外，石膏材料、人造骨粉、细胞生物原料等材料也在 3D 打印领域得到了应用。但是，总的来说，3D 打印能够使用的材料只占材料种类中极少的一部分，材料的局限性大大限制了 3D 打印的使用范围。

活动 3　了解 3D 打印的应用

目前，3D 打印技术已在工业造型、机械制造、航空航天、军事、建筑、影视、家电、轻工、医学、考古、文化艺术、雕刻、首饰等领域得到了广泛应用，并且随着这一技术本身的发展，其应用领域将不断拓展。3D 打印技术的实际应用主要集中在以下几个方面。

1. 产品设计领域

在新产品造型设计过程中，应用 3D 打印技术为工业产品的设计开发人员建立了一种崭新的产品开发模式。运用 3D 打印技术能够快速、直接、精确地将设计思想转化为具有一定功能的实物模型（样件），这不仅缩短了开发周期，而且降低了开发费用，也使企业在激烈的市场竞争中占有先机。

2. 机械制造领域

由于 3D 打印技术自身的特点，使其在机械制造领域获得广泛的应用，多用于单件、小批量金属零件的制造。有些特殊复杂制件，由于只需单件或小批量生产，一般均用 3D 打印技术直接成型，成本低，周期短。

3. 模具制造领域

玩具制作等传统的模具制造领域，往往模具生产时间长、成本高，将 3D 打印技术与传统的模具制造技术相结合，可以大大缩短模具制造的开发周期，提高生产率，是解决模具设计与制造薄弱环节的有效途径。3D 打印技术在模具制造方面的应用可分为直接制模和间接制模两种。直接制模是指采用 3D 打印技术直接堆积制造出模具；间接制模是先制出快速成型零件，再由零件复制得到所需要的模具。

4. 航天技术领域

在航空航天领域中，空气动力学地面模拟实验（即风洞实验）是设计性能先进的天地往返系统（即航天飞机）必不可少的重要环节。该实验中所用的模型形状复杂、精度要求高、又具有流线型特性，采用 3D 打印技术，根据 CAD 模型，由 3D 打印设备自动完成实体模型，能够很好地保证模型质量。

5. 建筑设计领域

建筑模型的传统制作方式，渐渐无法满足高端设计项目的要求。如今众多设计机构的大型设施或场馆都利用 3D 打印技术先期构建精确建筑模型来进行效果展示与相关测试，3D 打印技术所发挥的优势和无可比拟的逼真效果为设计师所认同。

6. 医学领域

3D 打印技术在医学领域的应用研究较多。以医学影像数据为基础，利用 3D 打印技术制作人体器官模型，对外科手术有极大的应用价值。

7. 文化艺术领域

在文化艺术领域，3D 打印技术多用于艺术创作、文物复制、数字雕塑等。

随着 3D 打印技术的不断成熟和完善，它将会在越来越多的领域得到推广和应用。

项目测评

一、单选题

1. 计算机辅助设计的简称是（　　）。
   A. CAD　　　　B. CAE　　　　C. CAM　　　　D. CAPP
2. 逆向设计的软件不包括（　　）。
   A. Geomagic Wrap　　　　　　　B. Imageware
   C. Geomagic Design X　　　　　D. Auto CAD
3. 3D 打印的工艺不包括（　　）。
   A. FDM　　　　B. SLA　　　　C. STL　　　　D. 3DP
4. 3D 打印的特点不包括（　　）。
   A. 数字模型直接驱动　　　　　　B. 3D 打印的材料种类不受限制
   C. 前期准备工作少　　　　　　　D. 精确的实体复制

二、简答题

1. 3D 打印的优点有哪些？
2. 3D 打印的应用有哪些领域？

大师风范——3D 打印行业知名人物

> **学习目标**
>
> 了解 3D 打印行业大师的主要事迹与贡献,激励学生向大师学习,努力提升专业技能。

我国从 20 世纪 90 年代开始研究 3D 打印技术,起步时间虽然晚于西方国家,但随着国内一众高校与科学家,一直不断跟踪开发、扎根技术、持续研究,使得我国的 3D 打印技术迎头赶上,取得长足进步,逐渐从实验室研究走向了工程化、产品化,技术水平处于世界领先水平。下面一起来认识 3D 打印行业的大师们,领略他们的风采。

一、卢秉恒

卢秉恒,1945 年 2 月 5 日出生于安徽省亳州市,机械制造专家,中国工程院院士,西安交通大学教授、博士生导师、国家增材制造创新中心主任、中国增材制造标准委员会主任。卢秉恒院士主要从事增材制造、高端装备、生物制造、纳米制造等方面的科研和教学工作。开发了国际首创的紫外光快速成型机及具有国际先进水平的机、光、电一体化快速制造设备和一系列快速模具制造技术。

卢秉恒院士是一位在工厂一线工作过十余载的熟练工,也是我国增材制造技术的奠基人,被誉为"中国 3D 打印之父"。

二、颜永年

颜永年,1938 年出生,教授、博士生导师。颜永年教授承担并完成了多项国家自然科学重点基金、国家 863 计划及与企业的横向合作任务。在多功能快速成型制造系统、组织工程材料的大段骨快速成型制造等方面取得了国际领先水平的科研成果。获国家科技进步二、三等奖 3 项,省、部级奖 5 项,拥有发明专利 10 项,著、译书 12 册,发表论文 263 篇,其中 SCI 收录 21 篇、EI 收录 47 篇。

颜永年教授 20 世纪 70 年代初从事金属材料锻压成型工艺和设备,特别是预应力结构的重型模锻设备与工艺。沿着材料成型加工这条主线,1989 年开始进行快速成型研究;1998 年从事生物材料的快速成型从而进入生物制造领域。至今,已形成生物制造、快速成型和重型机器三个方向,均取得很好的成绩。

颜永年教授被业界誉为"中国 3D 打印第一人"。

三、王华明

王华明,1962 年出生,四川省泸州市合江人,金属增材制造专家、中国工程院院士、北京航空航天大学材料学院教授、航空科学与技术国家实验室(筹)首席科学家、国防科技工业激光增材制造技术研究应用中心主任、大型整体金属构件激光直接制造教育部工程研究中心主任、北京市大型关键金属构件激光直接制造工程技术研究中心主任、教育部创新团队学术带头人。

王华明院士长期从事大型金属构件增材制造和表面工程技术研究。突破钛合金、超高强度钢等高性能难加工金属大型复杂关键构件激光增材制造工艺、成套装备和工程应用关键技术，开拓机械装备严酷环境关键摩擦副零部件激光熔覆多元金属硅化物高温耐蚀耐磨特种涂层新领域，成果在飞机、导弹、卫星、航空发动机等装备研制和生产中应用。

王华明院士是我国激光 3D 打印技术的带头人，也是我国"金属 3D 打印"技术领域的第一位院士。他带领团队实现了用激光直接制造金属大型复杂构件的创新突破，使我国成为目前世界上唯一突破飞机钛合金大型主承力结构件激光快速成型技术、实现装机应用的国家。

四、戴尅戎

戴尅戎，1934 年出生于福建省厦门市，骨科学和骨科生物力学专家、中国工程院院士、法国国家医学科学院外籍通信院士、中国医学科学院学部委员、上海市创伤骨科与骨关节疾病临床医学中心首席科学家、上海交通大学医学院骨与关节研究所主任、上海交通大学医学院 3D 打印创新研究中心主任、数字医学临床转化教育部工程研究中心主任。

戴尅戎院士在国际上研发了骨粒骨水泥和我国第一代多孔表面人工关节，研发人工关节生物学固定新技术，在国内最早将 CAD/CAM、快速原型技术等用于定制型人工关节，创造性提出优先区定制、个体化人工关节等理念，研制出十余种新型人工假体并取得多项国家专利；在国内首先利用骨髓干细胞富集技术，开展了脊柱融合和骨不连病人的临床治疗。

戴尅戎院士是我国著名的骨外科和骨科生物力学专家、形状记忆合金医学应用的奠基人、我国人工关节领域的开拓者之一。

五、黄卫东

黄卫东，1956 年出生，西北工业大学教授、博士生导师。国家杰出青年科学基金获得者、凝固技术国家重点实验室主任、国家自然科学基金委员会金属学科评审专家、中国机械工程学会增材制造分会副理事长、国家科技部 3D 打印专家组首席专家、国家智能制造重大工程项目专家组成员、国家增材制造创新中心副主任、3D 打印领域世界首本国际杂志 *3D Printing and Additive Manufacturing* 编委。曾任中国铸造学会理事长，《铸造》和 *China Foundry* 杂志编委会主任。

黄卫东教授的研究方向为金属高性能增材制造技术（3D 打印）、凝固与晶体生长理论和大型复杂薄壁铸件精密铸造技术。

黄卫东教授发表学术论文 450 余篇，其中 SCI 收录 190 余篇，EI 收录 240 余篇；出版国防重点专著《激光立体成形》；培养增材制造领域 15 位博士和 42 位硕士，包括金属高性能增材制造的首位中国博士；获得省部级科技一等奖 3 项，二等奖 3 项，三等奖 1 项；授权中国发明专利 14 项，国防发明专利 1 项，实用新型专利 3 项。

六、史玉升

史玉升，1962 年出生，教授、博士生导师。华中科技大学华中学者领军岗特聘教授、华中科技大学国防科技创新特区主题专家组首席科学家、中国增材制造产业联盟专家委员会委员、中国机械工程学会增材制造分会副主任委员、世界 3D 打印联盟副理事长、湖北省 3D

打印联盟理事长。

史玉升教授围绕粉末成型、生态农业滴灌节水产品快速开发等领域的关键技术和基础理论开展了系统的研究。建立了选择性激光烧结快速成型技术的成套学术体系与系统，在国内外 200 多家单位得到广泛应用。继德国后，在国内率先研制成功了采用半导体泵浦和光纤激光器的商品化 SLM 装备，为复杂精细金属零件 / 模具的直接快速成型提供了新的制造模式和手段。

史玉升教授提出了将激光粉末快速成型与等静压技术复合起来近净成型制造高性能复杂结构零件的新思想；提出了随形冷却水道精密注塑模数字化设计制造的新原理；开创了节水产品低成本快速开发理论与方法，并得到广泛应用。

正向设计与 3D 打印篇

项目 2　中国象棋的数字化设计与 3D 打印

主要内容

一副中国象棋少了一颗棋子怎么办？扔掉，太可惜了吧。本项目介绍了如何设计中国象棋棋子及棋盘，并进行 3D 打印。除了可以补足你缺失的象棋棋子外，还可以设计具有个人独特风格的个性化象棋。通过特征参数化设计的应用，还可以快速改变整副象棋的大小。

本项目还介绍了 UG 中常用的建模命令，以及参数化设计的一般步骤和从数字化设计到 3D 打印的一般流程。

任务 1　中国象棋的数字化设计

学习目标

● 知识目标

1. 熟悉 UG 中常用的拉伸、旋转、派生曲线、管道、偏移等命令的使用。
2. 熟悉 UG 中装配相关的一般操作。

● 能力目标

1. 能够在 UG 中进行象棋棋子、棋盘的数字化设计。
2. 能够对象棋棋子和棋盘进行装配。

3. 能够用多种建模方法完成同一个建模，并能从中选择最优方案。

任务描述

应用三维设计软件，设计一副具有个人特点的象棋，包括棋子和棋盘，并进行装配。象棋的风格、尺寸等可以自己确定，但要考虑后续 3D 打印的特点，如设计尺寸过大，打印时间会较长或超出打印机的打印范围等。

任务分析

本任务采用 UG 软件进行三维数字化建模，分析象棋、棋盘的结构特点，设计过程中会涉及软件建模模块中拉伸、旋转、倒圆角、派生曲线、管道、文本、偏移等命令和装配模块中添加组件、移动组件、装配约束等命令，要能够从多种建模方法中选择最优方案。

知识链接

中国象棋是起源于中国的一种棋类，属于二人对抗性游戏的一种，在中国有着悠久的历史。中国象棋由棋子和棋盘组成，如图 2-1 所示。

棋子分为红、黑两组，每组十六个，共有三十二个，各分七种，其名称和数目如下：

红棋子：帅一个，车、马、炮、相、仕各两个，兵五个。

黑棋子：将一个，车、马、炮、象、士各两个，卒五个。

棋子活动的场所叫做"棋盘"。在方形的平面上，有九条平行的竖线和十条平行的横线相交组成，共有九十个交叉点，棋子就摆在交叉点上。中间部分，也就是棋盘的第五、第六两横线之间未画竖线的空白地带称为"河界"。两端的中间，也就是两端第四条到第六条竖线之间的正方形部位，以斜交叉线构成"米"字方格的地方，叫做"九宫"（它恰好有九个交叉点）。整个棋盘以"楚河""汉界"分为相等的两部分。

图2-1 中国象棋

任务实施

活动1 中国象棋棋子的数字化设计

如果是补充缺失的棋子，可以先通过测量工具测出其余象棋棋子的主要尺寸，如棋子的直径、高度、字体大小等，再进行数字化设计。如果是自主进行象棋棋子的数字化设计，可以自由确定棋子的各尺寸。以下设计过程中设定棋子的直径为18，高度为6，象棋棋子尺寸的确定除考虑要满足实际使

红帅建模

用需求外，还要考虑到与棋子配套的棋盘尺寸不要超过3D打印机的打印范围。中国象棋棋子的数字化设计的详细步骤如下。

Step1　启动 NX 12.0，选择下拉菜单【文件】|【新建】命令，系统弹出【新建】对话框。在【模板】选项卡中选取模板类型为【模型】，在【名称】文本框中输入文件名称"红帅.prt"，单击【确定】按钮，进入建模环境，如图2-2所示。

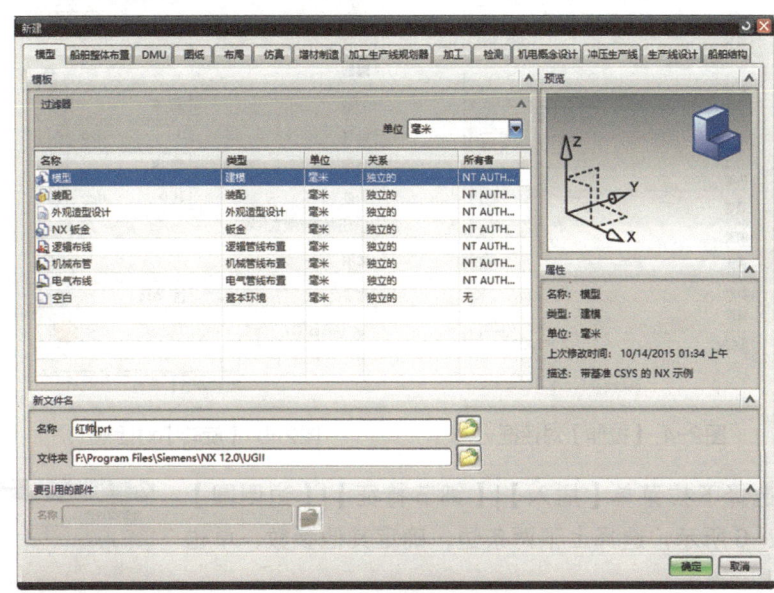

图2-2　【新建】对话框

Step2　选择下拉菜单【插入】|【草图】命令，弹出【创建草图】对话框，选择XOY平面，单击【确定】按钮，在XOY平面绘制一个直径为18的圆，如图2-3所示，单击"完成草图"。

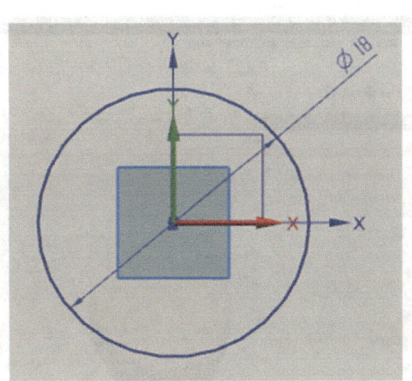

图2-3　草图绘制圆

Step3　选择下拉菜单【插入】|【设计特征】|【拉伸】命令，选择Step2绘制的圆为截面，限制栏中结束选中"对称值"，距离输入"3"，如图2-4所示，单击【确定】按钮进行拉伸。

Step4　选择下拉菜单【插入】|【设计特征】|【旋转】命令，选择Step2绘制的圆为截面，绕XC轴旋转"360"，布尔选择"求交"，如图2-5所示，单击【确定】按钮进行旋转。

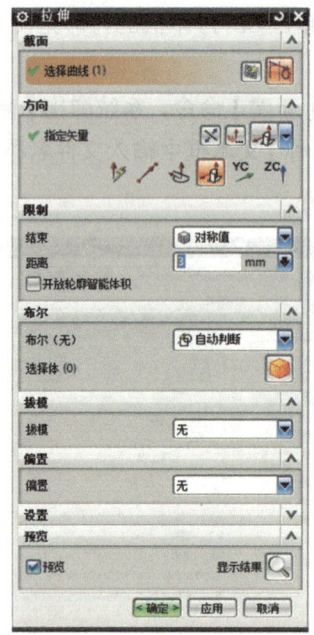 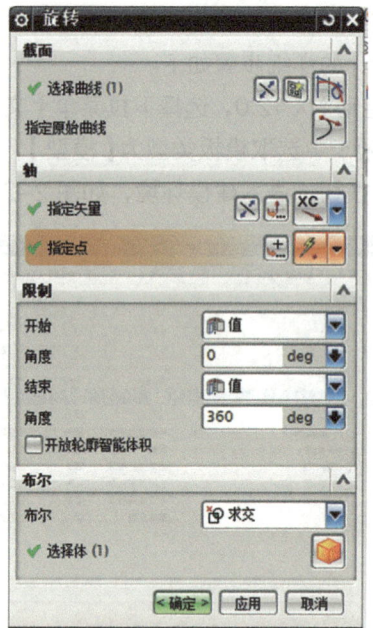

图2-4 【拉伸】对话框　　图2-5 【旋转】对话框

Step5 选择下拉菜单【插入】|【细节特征】|【边倒圆】命令,如图2-6所示,选择上下两条边,确定其他参数,单击【确定】按钮。

Step6 选择下拉菜单【插入】|【派生曲线】|【在面上偏置】命令,选择上表面上倒角圆作为截面线,偏置1mm,如图2-7所示。

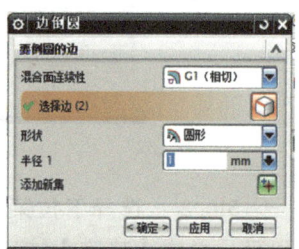

图2-6 【边倒圆】对话框

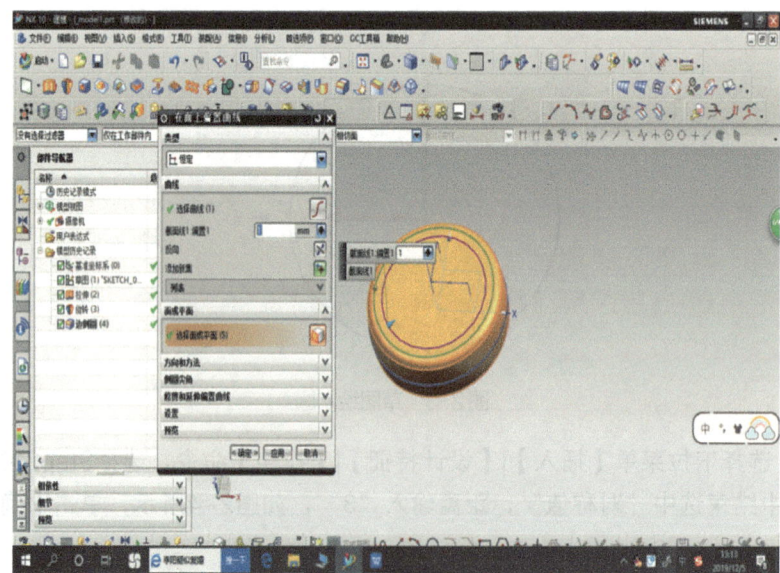

图2-7 【在面上偏置曲线】对话框

Step7 选择下拉菜单【插入】|【扫掠】|【管道】命令，如图2-8所示，选择Step6生成的偏置圆作为路径，确定其他参数，单击【确定】按钮。

Step8 选择下拉菜单【插入】|【曲线】|【文本】命令，如图2-9所示，选择上表面作为文本放置面，在文本属性中输入中文"帅"，确定其他参数，单击【确定】按钮。

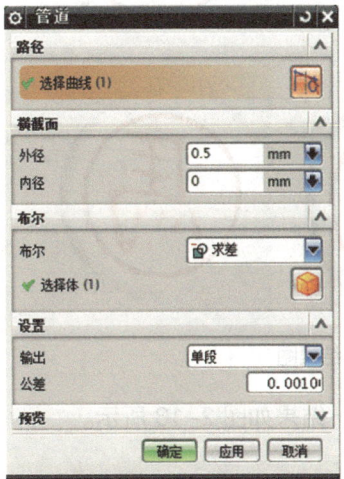
图2-8 【管道】对话框

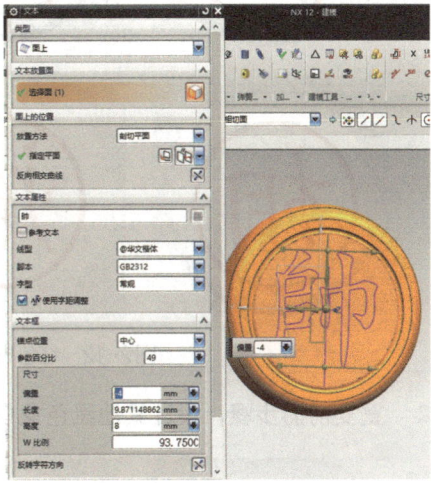
图2-9 【文本】对话框

Step9 选择下拉菜单【插入】|【设计特征】|【拉伸】命令，如图2-10所示，选择文本作为截面线，确定其他参数，单击【确定】按钮。注：为了使自己设计的棋子更具个人特点，可以在棋子的背面写上自己的名字或其他个性化图案进行拉伸。

Step10 选择下拉菜单【编辑】|【对象显示】命令，分别设置棋子主体、棋子上表面管道及字体颜色。最终设计的棋子显示结果如图2-11所示。

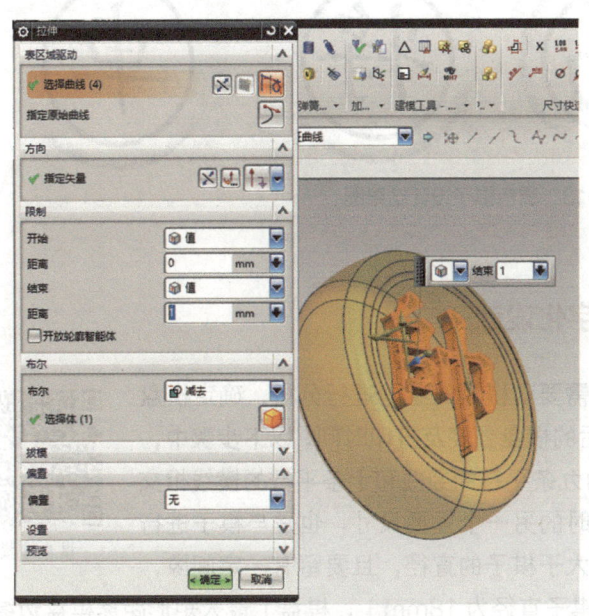
图2-10 【拉伸】对话框

图2-11 棋子设计图

Step11 重复前面步骤，设计其他红色象棋棋子，结果如图2-12所示。

图2-12 红色棋子设计结果图

Step12 重复前面步骤，设计其他黑色象棋棋子，结果如图2-13所示。

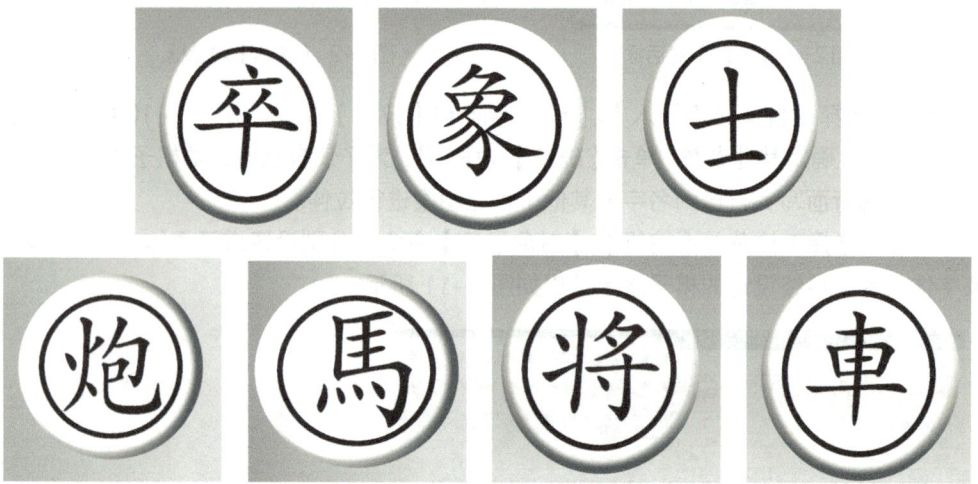

图2-13 黑色棋子设计结果图

活动2 中国象棋棋盘的数字化设计

要进行棋盘的数字化设计，首先需要对棋盘的结构进行分析，确定棋盘的主要尺寸。棋盘厚度主要考虑打印后的棋盘强度及打印时间，以下步骤中，棋盘厚度设为5mm。棋盘的上平面由九条平行的竖线和十条平行的横线相交组成，这些线之间的距离是进行设计时的另一个重要尺寸，也是与棋子进行配合的尺寸，两条线之间的距离必须大于棋子的直径，且要留有一定间隙，以下步骤中，设定的距离为20mm（棋子直径为18mm），棋盘上最大矩形距离棋盘边缘的距离也设定为20mm。中国象棋棋盘的数字化设计的详细步骤如下。

棋盘建模

Step1 启动 NX 12.0，选择下拉菜单【文件】|【新建】命令，系统弹出【新建】对话框。在【模板】选项卡中选取模板类型为【模型】，在【名称】文本框中输入文件名称"棋盘.prt"。单击【确定】按钮，进入建模环境。

Step2 选择下拉菜单【插入】|【草图】命令，弹出【创建草图】对话框，选择 XOY 平面，单击【确定】按钮，在 XOY 平面绘制一个长为 180，宽为 160 的矩形，单击"完成草图"。

Step3 选择下拉菜单【插入】|【设计特征】|【拉伸】命令，选择 Step2 绘制的矩形为截面，限制栏中，结束距离输入"5"，偏置设置为"单侧"，结束输入"20"，如图 2-14 所示，单击【确定】按钮进行拉伸。

Step4 选择下拉菜单【插入】|【设计特征】|【拉伸】命令，选择 Step2 绘制的矩形为截面，限制栏中，结束距离输入"1"，布尔设置为"减去"，偏置设置为"对称"，结束输入"1"，如图 2-15 所示，单击【确定】按钮进行拉伸。

 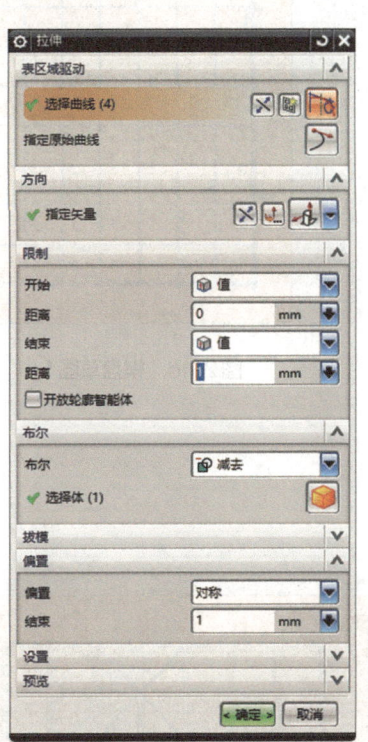

图2-14 【拉伸】对话框　　　　图2-15 【拉伸】对话框

Step5 选择下拉菜单【插入】|【草图】命令，弹出【创建草图】对话框，选择棋盘上平面，单击【确定】按钮，利用"直线""阵列""镜像"等指令绘制如图2-16所示棋盘，单击"完成草图"。

Step6 选择下拉菜单【插入】|【设计特征】|【拉伸】命令，选择Step5绘制的图形为截面，限制栏中，结束距离输入"1"，布尔设置为"减去"，偏置设置为"对称"，结束输入"1"，如图2-17所示，单击【确定】按钮进行拉伸。

Step7 选择下拉菜单【插入】|【草图】命令，弹出【创建草图】对话框，选择棋盘上平面，单击【确定】按钮，利用"直线"指令绘制如图 2-18 所示棋盘，单击"完成草图"。

Step8 选择下拉菜单【插入】|【设计特征】|【拉伸】命令，选择 Step7 绘制的图

形为截面，限制栏中，结束距离输入"1"，布尔设置为"减去"，偏置设置为"对称"，结束输入"1"，如图2-19所示，单击【确定】按钮进行拉伸。

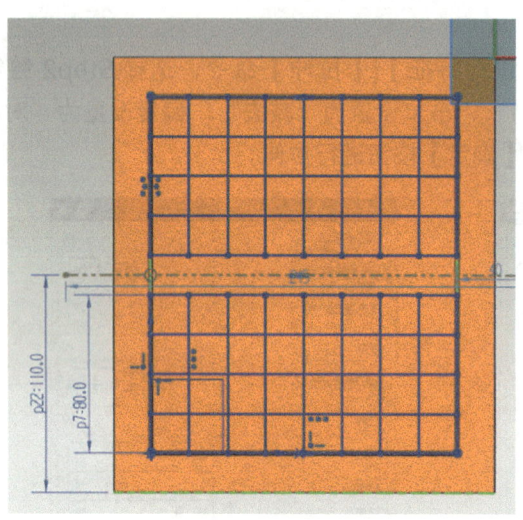

图2-16 棋盘草图1

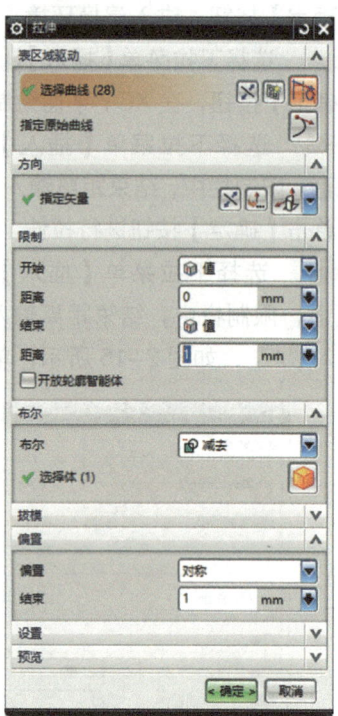

图2-17 【拉伸】对话框

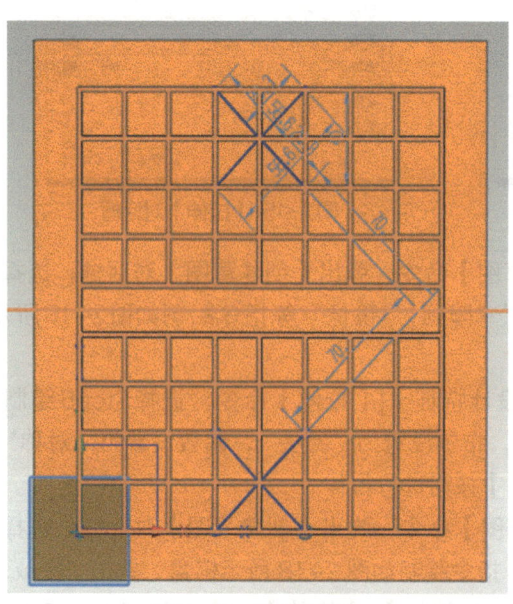

图2-18 棋盘草图2

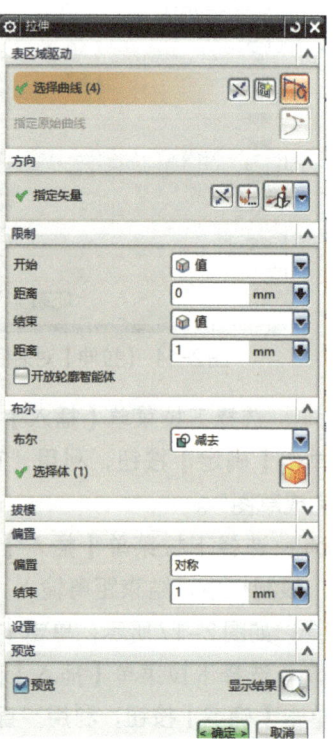

图2-19 【拉伸】对话框

Step9 选择下拉菜单【插入】|【基准/点】|【基准平面】命令，分别选择棋盘前后两个平面，如图 2-20 所示，单击【确定】按钮。

Step10 选择下拉菜单【插入】|【曲线】|【文本】命令，如图 2-21 所示，文本放置面选择上表面，放置方法选择"剖切平面"，指定平面选择 Step9 生成的基准平面，在文本属性中输入中文"楚河"，确定其他参数，单击【确定】按钮。用同样的方法，完成"汉界"的绘制。

Step11 选择下拉菜单【插入】|【设计特征】|【拉伸】命令，选择 Step10 的文本为截面，限制栏中结束距离输入"1"，布尔设置为"减去"，如图 2-22 所示，单击【确定】按钮进行拉伸。

Step12 选择下拉菜单【编辑】|【对象显示】命令，分别设置棋盘上槽及字体颜色，最终设计棋盘显示结果如图 2-23 所示。

图2-20 【基准平面】对话框

图2-21 【文本】对话框

图2-22 【拉伸】对话框

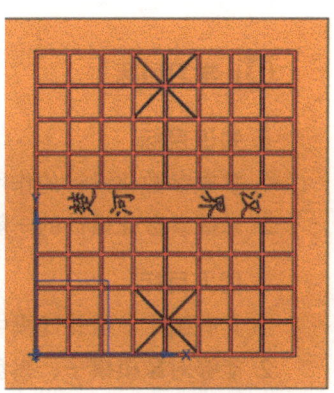

图2-23 棋盘几何模型

活动 3 棋子棋盘的装配

为了验证中国象棋棋子和棋盘的数字化模型尺寸匹配情况，可将完成的整套棋子棋盘进行装配。其数字化设计的详细步骤如下。

棋子棋盘装配

Step1 选择下拉菜单【文件】|【新建】命令，系统弹出【新建】对话框。在【模板】选项卡中选取模板类型为【装配】，在【名称】文本框中输入文件名称"象棋装配.prt"。单击【确定】按钮，进入装配环境。

Step2 单击【菜单】|【装配】|【组件】|【添加组件】命令，添加模型"棋盘.prt"，以同样的步骤添加模型"红帅.prt"，通过"装配约束"限定棋子和棋盘的相对位置，以同样的步骤完成其他棋子的添加和设置，最终完成象棋装配，如图2-24所示。

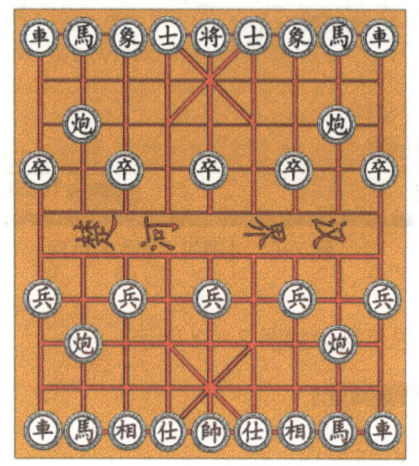
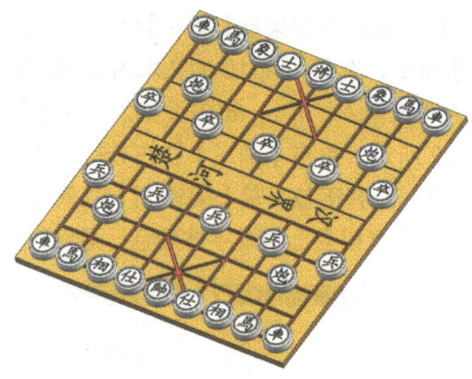

图2-24 中国象棋模型

任务2　中国象棋的参数化设计

学习目标

知识目标
1. 掌握参数化设计的作用。
2. 掌握参数化设计的一般步骤。

能力目标
1. 具有确定参数化建模中的参数的能力。
2. 能够对象棋棋子、棋盘进行参数化设计。

任务描述

应用三维设计软件，设计一套中国象棋，包括棋子和棋盘，要求设计的象棋棋子、棋盘能够通过简单的操作生成一系列同类的产品，所有产品外形具有相同的风格，象棋棋子的主要尺寸符合表2-1中要求。

表 2-1　象棋棋子主要尺寸要求

编号	系列 1	系列 2	系列 3	系列 4	系列 5
直径 d	18	24	30	45	75
高度 h	6	8	10	15	25

任务分析

本任务要求设计一系列象棋，如果每种尺寸的产品都采用任务 1 的步骤进行设计，将花费大量的时间，也无法体现数字化设计的优势。因此本任务采用参数化设计的方式，通过参数化设计，可以快速改变产品的尺寸，得到一系列不同尺寸、相同风格的产品。

知识链接

参数化设计也叫尺寸驱动，是指模型的尺寸用对应的关系表示，而不需用确定的数值，变化一个参数值，将自动改变所有与它相关的尺寸，从而生成新的同类型模型。尺寸驱动是参数化设计的关键。所谓尺寸驱动就是以模型的尺寸决定模型的形状，一个模型由一组具有一定相互关系的尺寸进行定义，通过修改尺寸而实现对模型的修改，生成形状相同但规格不同的零部件模型系列。其本质是在保持原有图形的拓扑关系不变的基础上，通过修改图形的尺寸（即几何信息），而实现产品的系列化设计。

参数化模型是通过捕捉模型中几何元素之间的约束关系，将几何图形表示为几何元素及其约束关系组成的几何约束模型。参数化建模的关键在于建立几何约束关系，即拓扑约束和尺寸约束。拓扑约束是对产品结构的定性描述，表示几何元素拓扑和结构上的关系，如平行、对称、垂直等，这些关系在图形的尺寸驱动过程中维持不变。尺寸约束是通过尺寸标注表示的约束，表示几何元素之间的位置关系，如距离尺寸、角度尺寸、半径尺寸等，它是参数化驱动的对象。

UG 中提供了两种约束：尺寸约束和几何约束（拓扑约束）。尺寸约束可以精确确定曲线的长度、角度、半径和直径等尺寸参数；几何约束可以精确确定曲线之间的相互位置，如同心、相切、垂直和平行等几何参数。

任务实施

活动 1　中国象棋棋子的参数化设计

要进行象棋棋子的参数化设计，首先要确定数字化设计过程中需要的参数值及它们之间的关系。通过对任务 1 象棋棋子的设计过程进行分析，建模过程中一共涉及表 2-2 所示的 7 个数据。以象棋棋子的直径和高度作为主要参数，从表 2-1 中给定的象棋棋子直径和高度尺寸进行分析，发现棋子高度为棋子直径的 1/3，这样，参数可以进一步简化，所有数据都可以与象棋棋子的直径建立联系，进行参数化，当棋子直径尺寸发生改变时，其他数据会随着棋子直径的变化而变化。

表 2-2 中国象棋棋子参数

参数或表达式	参数含义	
d	棋子直径	
h=d/3	棋子高度	
0.5×d	字体高度	
0.5×d	字体长度	
1	圆角半径	为了简化可直接设为1，也可以与直径 d 设置关联。
1	曲线偏置距离	
1	字体深度	

进行中国象棋棋子的参数化设计的具体步骤如下。

Step1 选择下拉菜单【文件】|【新建】命令，系统弹出【新建】对话框。在【模板】选项卡中选取模板类型为【模型】，在【名称】文本框中输入文件名称"参数化帅.prt"。单击【确定】按钮，进入建模环境，如图 2-25 所示。

参数化帅 1

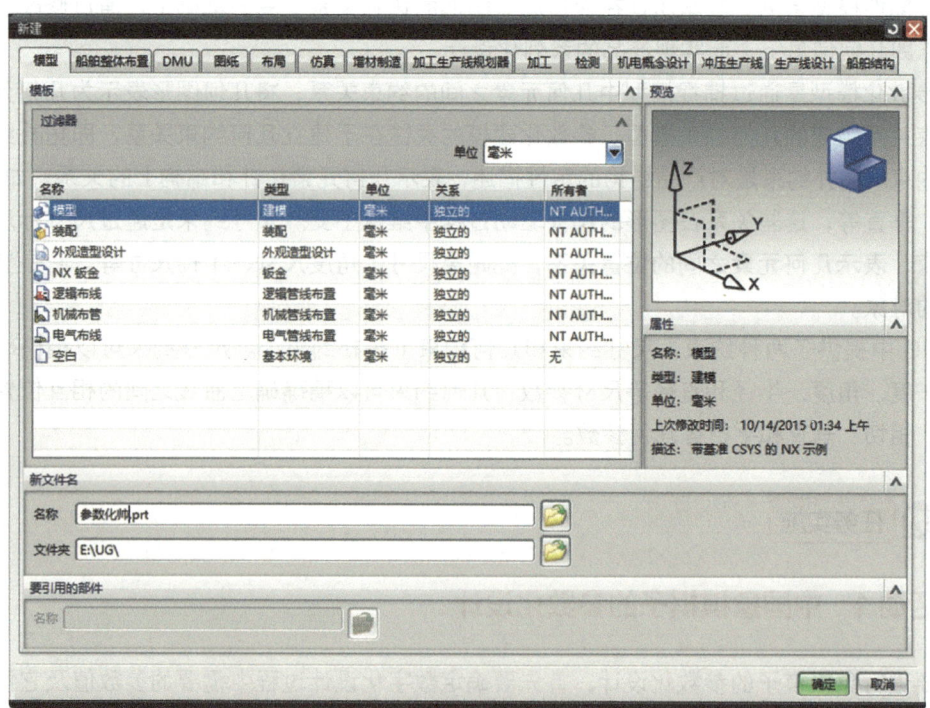

图2-25 【新建】对话框

Step2 选择下拉菜单【工具】|【表达式】命令，弹出【表达式】对话框，在【名称】和【公式】栏中依次输入"d"和"45"，单击【新建表达式】后的图标，在【名称】和【公式】栏中依次输入"h"和"d/3"，如图 2-26 所示，单击【确定】按钮。

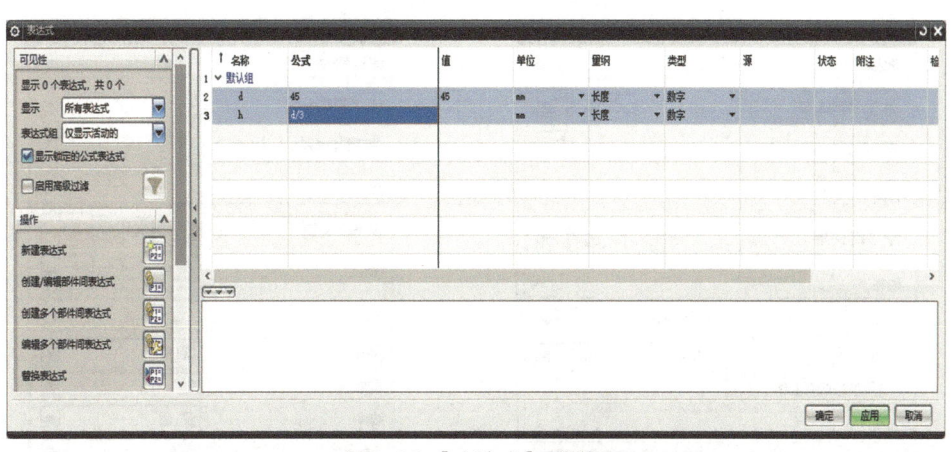

图2-26 【表达式】对话框

Step3 选择下拉菜单【插入】|【草图】命令,弹出【创建草图】对话框,选择XOY平面,单击【确定】按钮,在XOY平面绘制一个圆,双击修改尺寸,在尺寸栏中输入"d",如图2-27所示。

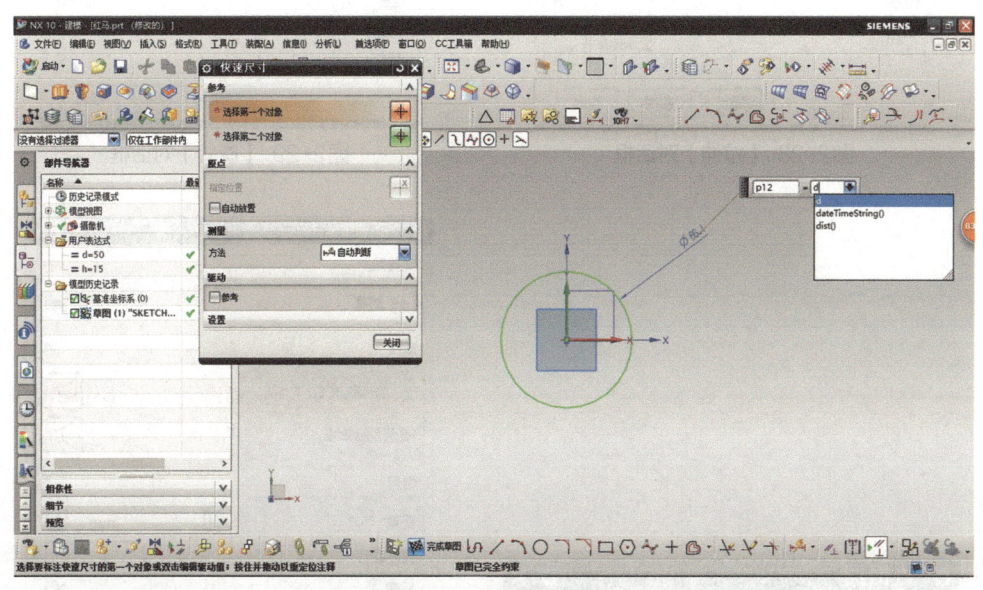

图2-27 直径参数设置

Step4 选择下拉菜单【插入】|【设计特征】|【拉伸】命令,选择Step3绘制的圆为截面,限制栏中结束选择"对称值",如图2-28所示,单击距离后的箭头,输入公式"h/2",单击【确定】按钮进行拉伸。

Step5 选择下拉菜单【插入】|【设计特征】|【旋转】命令,选择Step2绘制的圆为截面,绕XC轴旋转"360",布尔选择"相交",如图2-29所示,单击【确定】按钮,进行旋转。

Step6 选择下拉菜单【插入】|【细节特征】|【边倒圆】命令,如图2-30所示,选择上下两条边,确定其他参数,单击【确定】按钮。

Step7 选择下拉菜单【插入】|【派生曲线】|【偏置】命令,选择上表面上倒圆作为截面线,偏置栏中距离输入"1",如图2-31所示。

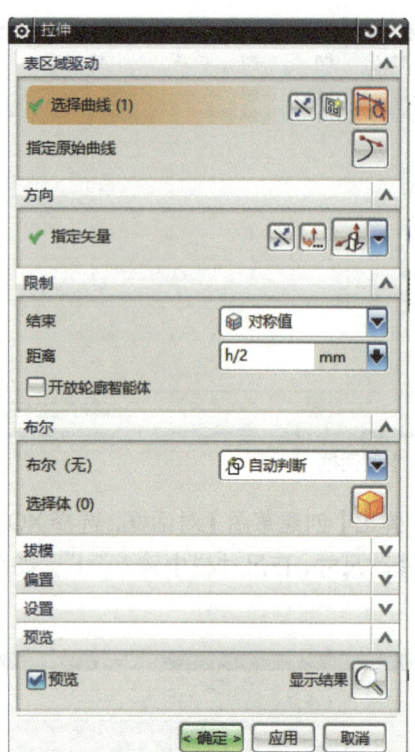

图2-28 【拉伸】对话框

图2-29 【旋转】对话框

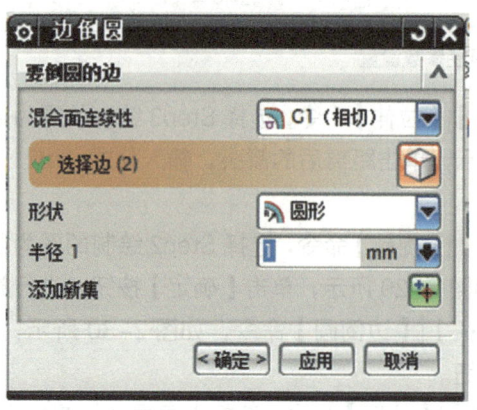

图2-30 【边倒圆】对话框

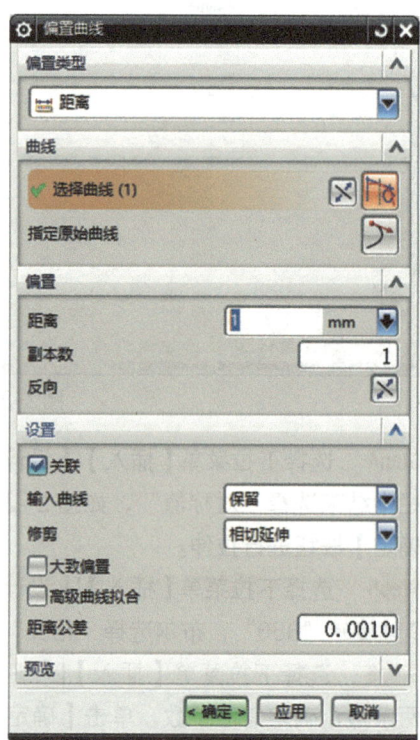

图2-31 【偏置曲线】对话框

Step8 选择下拉菜单【插入】|【扫掠】|【管道】命令，如图 2-32 所示，选择 Step7 生成的偏置圆作为路径，确定其他参数，单击【确定】按钮。

Step9 选择下拉菜单【插入】|【曲线】|【文本】命令，选择上表面作为文本放置面，在文本属性中输入中文"帅"，偏置输入公式"-0.25×d"，长度输入公式"0.5×d"，高度输入公式"0.5×d"，确定其他参数如图 2-33 所示，单击【确定】按钮。

Step10 选择下拉菜单【插入】|【设计特征】|【拉伸】命令，如图 2-34 所示，选择文本作为截面线，确定其他参数，单击【确定】按钮。

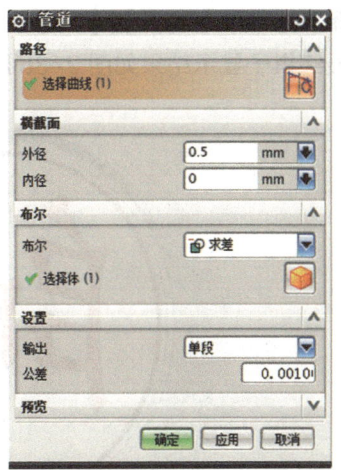

图2-32 【管道】对话框

参数化帅 2

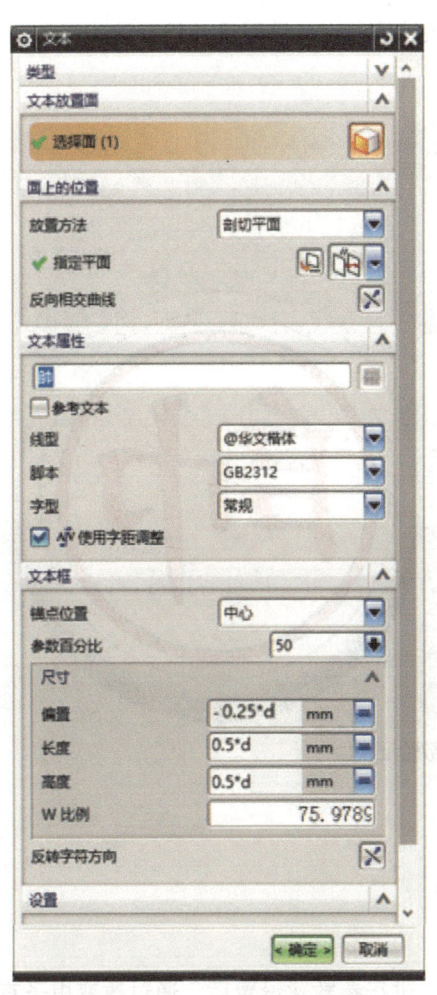

图2-33 【文本】对话框

图2-34 【拉伸】对话框

Step11 选择下拉菜单【编辑】|【对象显示】命令，分别设置棋子主体、棋子上表面管道及字体颜色，最终棋子显示结果如图 2-35 所示。

图2-35 棋子设计图

Step12 双击更改结构树用户表达式下的 d 和 h 值，验证模型尺寸是否更改，如图 2-36 所示。

图2-36 更改参数验证模型

Step13 重复前面步骤，设计其他象棋棋子。

活动 2 中国象棋棋盘的参数化设计

中国象棋棋盘的尺寸受象棋棋子大小的影响，进行参数化设置后，通过改变棋子直径的大小，棋盘可以随之进行相应的变化。中国象棋棋盘参数见表 2-3。

表 2-3 中国象棋棋盘参数

参数或表达式	参数含义	备注
d	棋子直径	引用棋子模型中棋子直径参数
1.1×d	棋盘上槽间距	
1.1×d	棋盘最大矩形框与棋盘边缘距离	
0.6×d	字体高度	
2×d	字体长度	
−0.3d	字体偏置	
5	棋盘厚度	
2	棋盘上槽宽	为了简化可将这些参数设为常数，也可以与直径 d 设置关联。
1	棋盘上槽深	
1	字深度	

进行中国象棋棋盘的参数化设计的具体步骤如下。

Step1 启动 NX 12.0，选择下拉菜单【文件】|【新建】命令，系统弹出【新建】对话框。在【模板】选项卡中选取模板类型为【模型】，在【名称】文本框中输入文件名称"参数化棋盘"。单击【确定】按钮，进入建模环境。

Step2 选择下拉菜单【工具】|【表达式】命令，弹出【表达式】对话框，单击【创建/编辑部件间表达式】后的图标，弹出【创建单个部件间表达式】，如图 2-37 所示，选择任务 2 活动 1 中创建的"参数化帅.prt"文件，选择参数 d，单击【确定】按钮，弹出【表达式】对话框，如图 2-38 所示，单击【应用】按钮。注：通过此步操作，棋盘可调用棋子的参数 d，d 的数值发生变化后，两个文件相关数据都会一起发生变化。

参数化棋盘

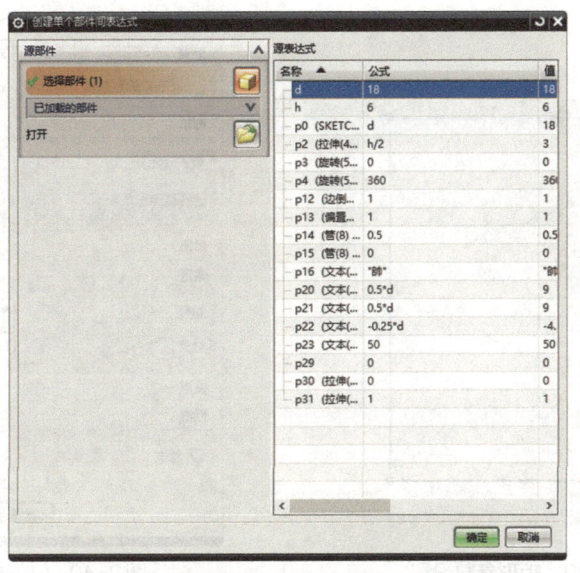

图 2-37 【创建单个部件间表达式】对话框

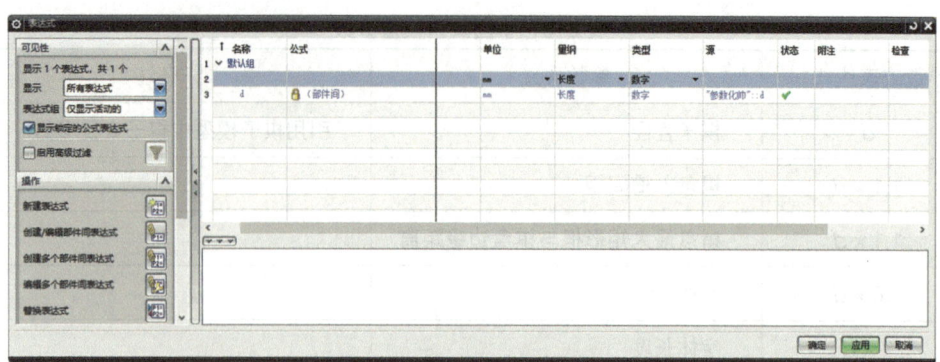

图2-38 【表达式】对话框

Step3 选择下拉菜单【插入】|【草图】命令,弹出【创建草图】对话框,选择XOY平面,单击【确定】按钮,在XOY平面绘制一个矩形,长为8×1.1×d,宽为9×1.1×d,如图2-39所示,单击"完成草图"。

Step4 选择下拉菜单【插入】|【设计特征】|【拉伸】命令,选择Step3绘制的矩形为截面,限制栏中结束距离输入"5",偏置设置为"单侧",结束输入"1.1×d",如图2-40所示,单击【确定】按钮进行拉伸。

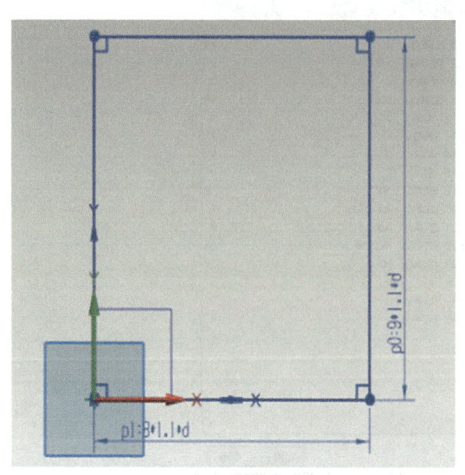

图2-39 矩形参数设置

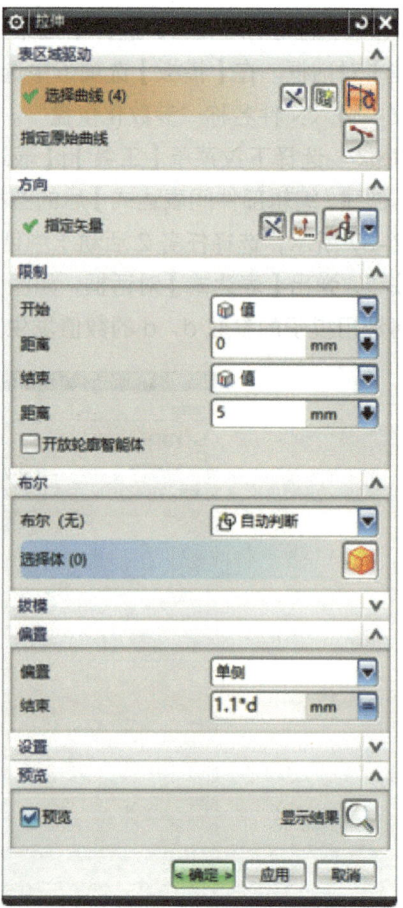

图2-40 【拉伸】对话框

Step5 选择下拉菜单【插入】|【设计特征】|【拉伸】命令，选择 Step3 绘制的矩形的一条边为截面，限制栏中结束距离输入"1"，布尔设置为"减去"，偏置设置为"对称"，结束输入"1"，如图 2-41 所示，单击【确定】按钮进行拉伸。

Step6 选择下拉菜单【插入】|【关联复制】|【阵列特征】命令，选择 Step5 的拉伸特征，进行阵列操作，节距输入"1.1×d"，如图 2-42 所示，单击【确定】按钮进行阵列。

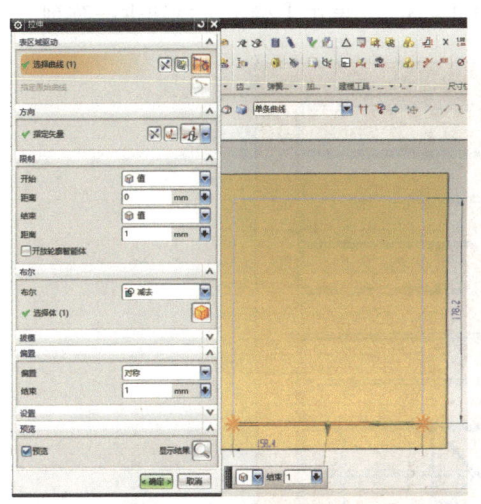 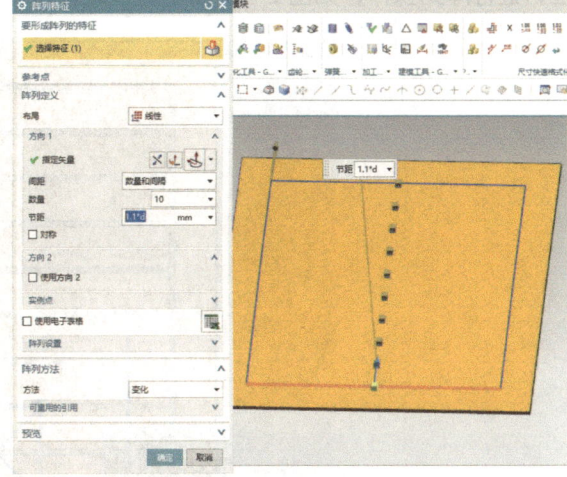

图2-41 【拉伸】对话框　　　　　　　　图2-42 【阵列特征】对话框

Step7 选择下拉菜单【插入】|【设计特征】|【拉伸】命令，选择 Step3 绘制的矩形的另一条边为截面，限制栏中结束距离输入"1"，布尔设置为"减去"，偏置设置为"对称"，结束输入"1"，如图 2-43 所示，单击【确定】按钮进行拉伸。

Step8 选择下拉菜单【插入】|【关联复制】|【阵列特征】命令，选择 Step7 的拉伸特征，进行阵列操作，如图 2-44 所示，节距输入"8×1.1×d"，单击【确定】按钮进行阵列。

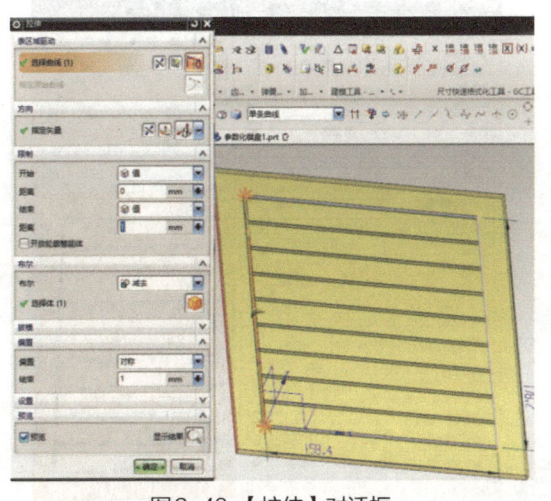 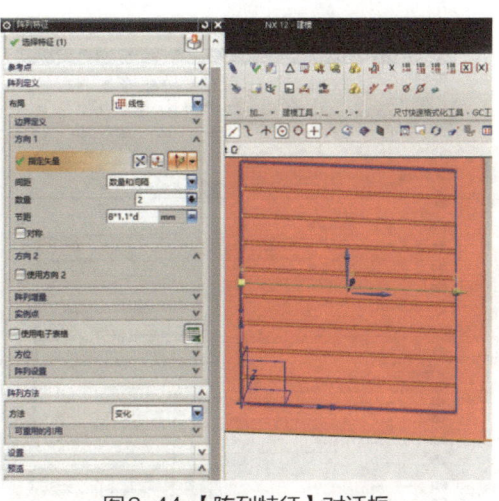

图2-43 【拉伸】对话框　　　　　　　　图2-44 【阵列特征】对话框

Step9 选择下拉菜单【插入】|【草图】命令，弹出【创建草图】对话框，选择棋盘上平面，单击【确定】按钮，利用"直线"指令绘制如图 2-45 所示棋盘，设置各直线距离，棋

盘每格距离为 1.1×d，单击"完成草图"。

Step10 选择下拉菜单【插入】|【设计特征】|【拉伸】命令，选择 Step9 绘制的左侧直线为截面，限制栏中结束距离输入"1"，布尔设置为"减去"，偏置设置为"对称"，结束输入"1"，如图 2-46 所示，单击【确定】按钮进行拉伸。

Step11 选择下拉菜单【插入】|【关联复制】|【阵列特征】命令，选择 Step10 的拉伸特征，进行阵列操作，如图 2-47 所示，节距输入"1.1×d"，单击【确定】按钮进行阵列。

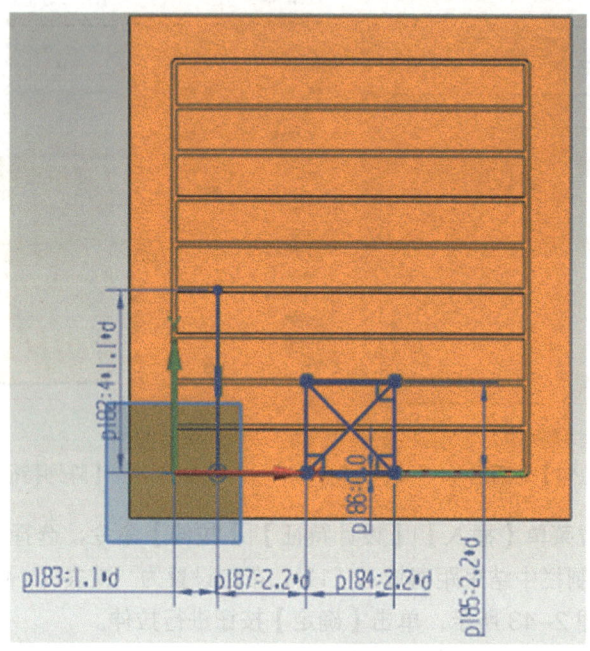

图2-45 棋盘草图

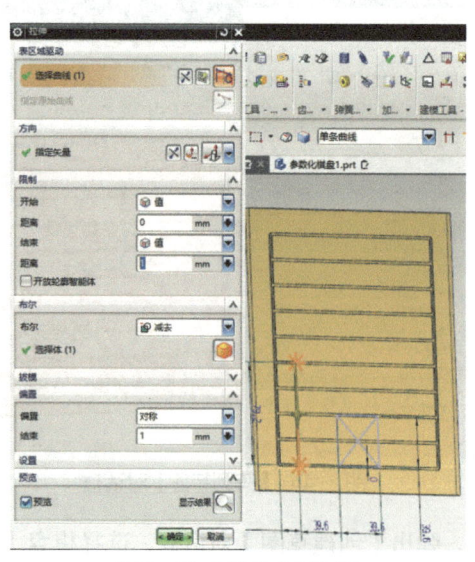

图2-46【拉伸】对话框

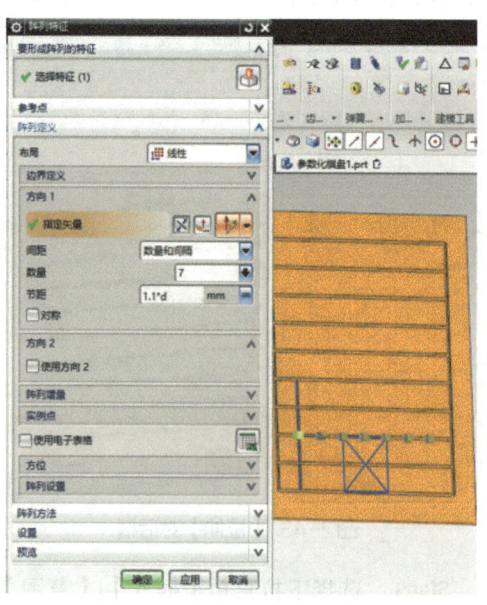

图2-47【阵列特征】对话框

Step12 选择下拉菜单【插入】|【设计特征】|【拉伸】命令，选择Step9绘制的十字交叉直线为截面，限制栏中结束距离输入"1"，布尔设置为"减去"，偏置设置为"对称"，结束输入"1"，如图2-48所示，单击【确定】按钮进行拉伸。

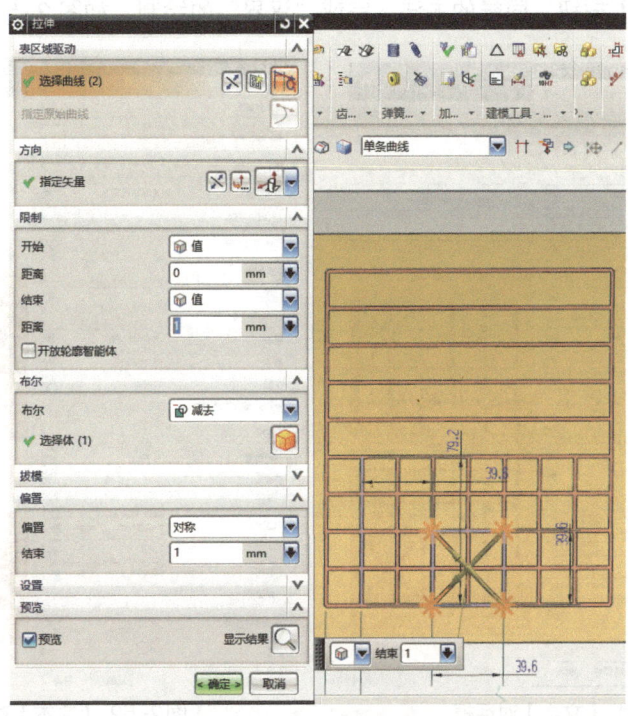

图2-48 【拉伸】对话框

Step13 选择下拉菜单【插入】|【基准/点】|【基准平面】命令，分别选择棋盘前后两个平面，如图2-49所示，单击【确定】按钮。

Step14 选择下拉菜单【插入】|【关联复制】|【镜像特征】命令，选择Step10、Step11、Step12的特征，进行镜像操作，单击【确定】按钮，镜像后结果如图2-50所示。

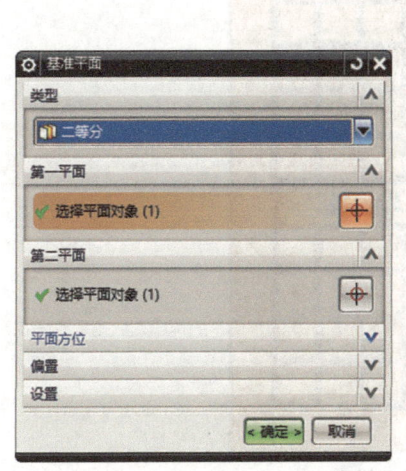

图2-49 【基准平面】对话框

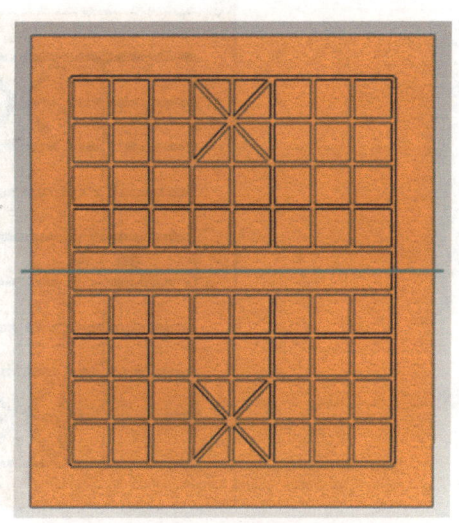

图2-50 镜像后模型

Step15 选择下拉菜单【插入】|【曲线】|【文本】命令，文本放置面选择上表面，放置方法选择"剖切平面"，指定平面选择Step13生成的基准平面，在文本属性中输入中文"楚河"，偏置设置为"−0.3×d"，长度为"2×d"，高度为"0.6×d"，其他参数如图2-51所示，单击【确定】按钮。同样的方法，完成"汉界"的绘制，如图2-52所示。

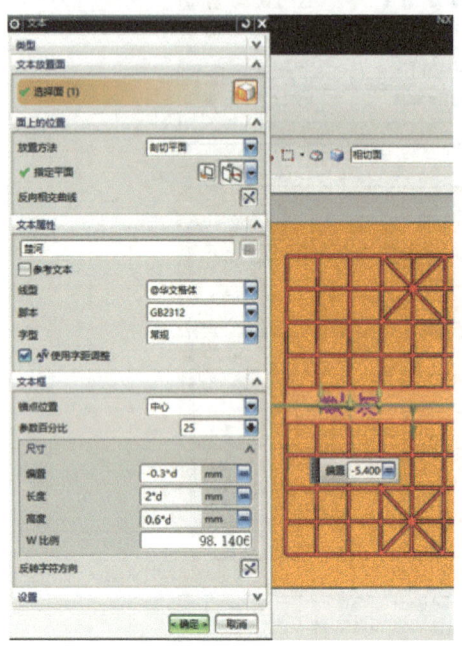 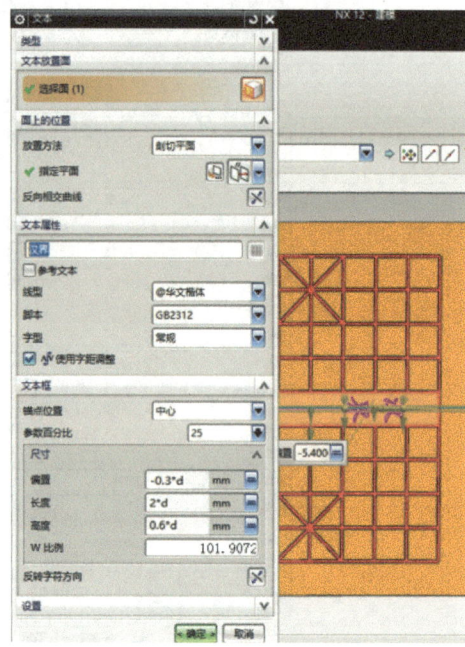

图2-51 【文本】对话框　　　　　图2-52 【文本】对话框

Step16 选择下拉菜单【插入】|【设计特征】|【拉伸】命令，选择Step15的文本为截面，限制栏中结束距离输入"1"，布尔设置为"减去"，单击【确定】按钮进行拉伸。

Step17 选择下拉菜单【编辑】|【对象显示】命令，分别设置棋盘及字体颜色，最终棋盘显示结果如图2-53所示。

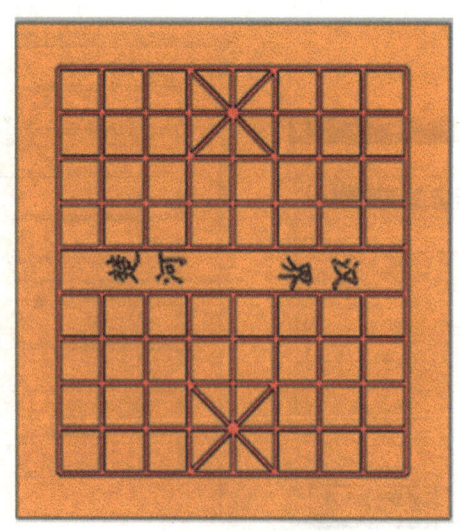

图2-53 棋盘几何模型

任务 3　中国象棋的 3D 打印

学习目标

◉ **知识目标**
1. 掌握 3D 打印的一般流程及软件的使用方法。
2. 掌握装配件打印的方法。

◉ **能力目标**
1. 能够利用 3D 打印前处理软件进行打印前处理。
2. 能够对设计的模型应用 FDM 打印机进行 3D 打印。
3. 能够对装配好的象棋进行整体、分开打印。

任务描述

应用 FDM 3D 打印机，对任务 1 或任务 2 中设计的棋子及配套的棋盘进行打印。

任务分析

在进行 3D 打印前，首先需要对在三维软件中设计的模型进行格式转换，转换成一般 3D 打印软件能够识别的 STL 格式。后续通过 3D 打印机配套的软件进行切片处理，生成 3D 打印机能够识别的格式后再进行打印。一副象棋棋子较多，如果需要打印全套棋子，如采用单个棋子打印的方法，不但操作复杂，而且效率低下，可以通过装配件一起进行打印。

知识链接

将 3D 打印机运用到现实生活中除了需要考虑强度、精度和时间以外，对于装配件，还需要考虑组件之间的公差配合，充分考虑打印材料的热胀冷缩及打印精度对成品零件的影响。这使得整个打印过程中的任何一个环节对最后的结构都起着决定性的作用，必须对各个影响因素进行考虑。

目前 FDM 打印机所用的材料主要是塑料、尼龙、石蜡等低熔点材料。市场上普遍可以购买到的成型线材包括 ABS、PLA、人造橡胶、铸蜡等，其中 ABS 和 PLA 最常用。从表面上，很难区分 ABS 和 PLA，通过对比观察，ABS 呈亚光，而 PLA 很光亮。加热到 195℃，PLA 可以顺畅挤出，ABS 不可以。加热到 220℃，ABS 可以顺畅挤出，PLA 会出现鼓起的气泡，甚至被碳化，碳化会堵住喷嘴，导致无法打印。机械性能上，ABS 要优于 PLA，但是 PLA 是可生物降解材料，是被公认的环保材料，打印时 PLA 的气味为棉花糖气味，不像 ABS 那样有刺鼻的气味。耗材到底选 ABS 还是 PLA？医疗、教学、食品等行业选择 PLA，PLA 材料打印模型更容易塑形，也更容易保持造型，难变形可降解的环保材料更适合医疗、教学、食品等环保要求较高的行业。制造业可选择 ABS，ABS 材料强度大于 PLA，抗冲击性、耐热性、耐低温性、耐化学药品性及电气性能好，稍难降解、环保性稍差，更适合制造业领域。

任务实施

活动 1　单个棋子模型的格式转换

在进行 3D 打印前，首先需要对在三维软件中设计的模型进行格式转换，转换成一般 3D 打印软件能够识别的 STL 格式。具体步骤如下。

打开 NX 软件，打开文件"红帅.prt"，选择下拉菜单【文件】|【导出】|【STL】命令，系统弹出【STL 导出】对话框，选择象棋模型，按图 2-54 所示进行填写，单击【确定】按钮，即完成格式转换。

红帅格式转换

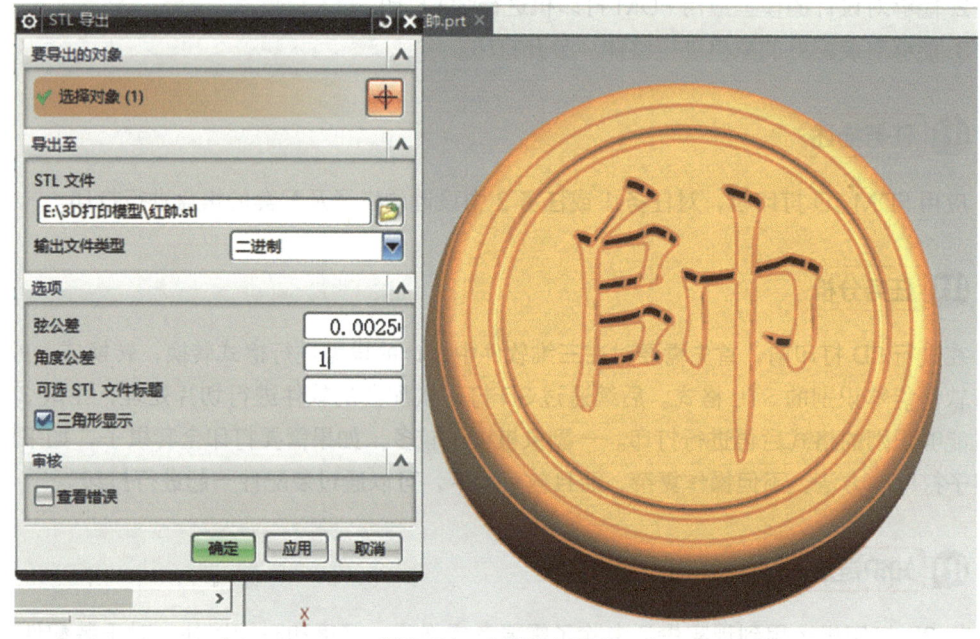

图 2-54　文件导出界面

活动 2　装配象棋模型的格式转换

对于装配体文件，可以同时对装配体内所有文件同时进行 3D 打印。在打印前，首先需要对在三维软件中设计的模型进行格式转换，转换成一般 3D 打印软件能够识别的 STL 格式。具体步骤如下。

打开 NX 软件，打开文件"象棋装配.prt"，选择下拉菜单【文件】|【导出】|【STL】命令，系统弹出【STL 导出】对话框，按 <Ctrl+A> 组合键选择所有对象，按图 2-55 所示进行填写，单击【确定】按钮，即完成格式转换。

象棋格式转换

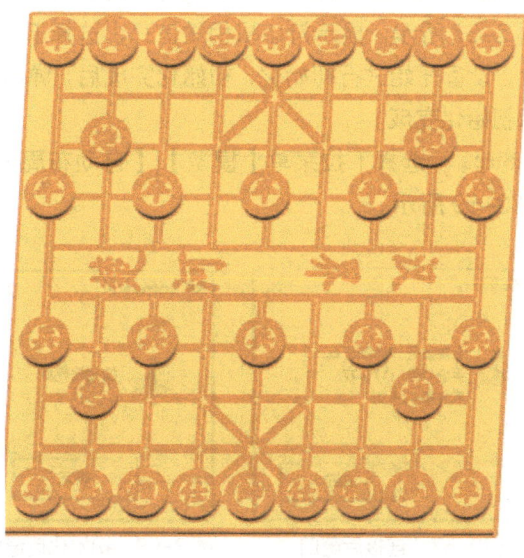

图2-55 文件导出界面

活动3 单个棋子的3D打印

将装有ModelWizard软件的计算机与3D打印设备通过USB线连接后,打开3D打印设备电源及设备开关后,即可进行相关操作。具体操作步骤如下。

Step1 打开ModelWizard软件,选择下拉菜单【文件】|【载入】命令,弹出【打开】对话框,在对应的存储位置选择需要3D打印的文件,如图2-56所示,单击【打开】按钮。

棋子导入3D打印机

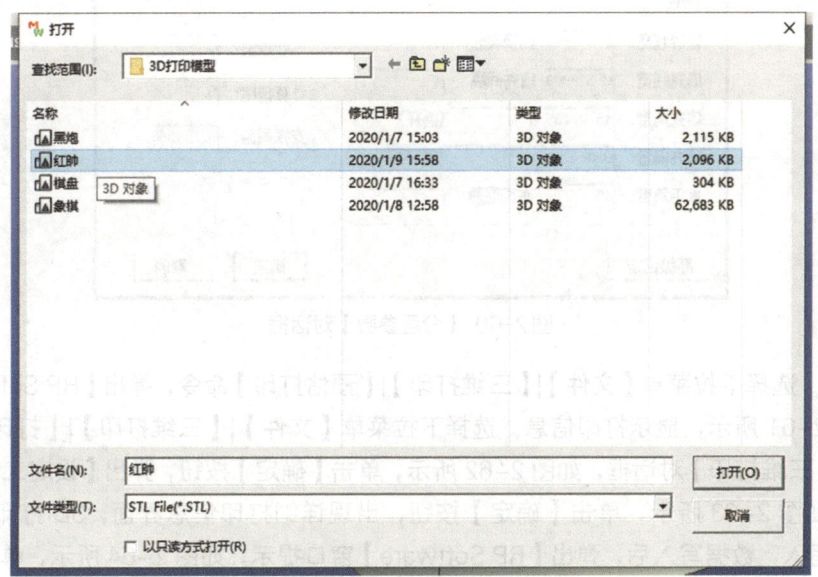

图2-56 【打开】对话框

Step2 选择下拉菜单【文件】|【三维打印机】|【连接】命令，弹出【RP Software】窗口，如图2-57所示，显示打印机相关信息，选择下拉菜单【文件】|【三维打印机】|【初始化】命令，设备开始进行初始化，初始化完成后，弹出【RP Software】对话框，如图2-58所示，显示初始化完成。

Step3 选择下拉菜单【模型】|【自动布局】命令，棋子自动在打印区域内进行布局，如图2-59所示。

   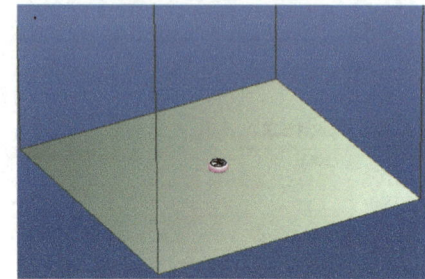

图2-57 连接后窗口　　图2-58 初始化后窗口　　图2-59 棋子自动布局

Step4 选择下拉菜单【模型】|【分层】命令，弹出【分层参数】对话框，如图2-60所示，单击【确定】按钮。

图2-60 【分层参数】对话框

Step5 选择下拉菜单【文件】|【三维打印】|【预估打印】命令，弹出【RP Software】窗口，如图2-61所示，显示打印信息；选择下拉菜单【文件】|【三维打印】|【打印模型】命令，弹出【三维打印】对话框，如图2-62所示，单击【确定】按钮，弹出【设定工作台高度】对话框，如图2-63所示，单击【确定】按钮，出现详细打印信息界面，3D打印设备开始进行数据写入，数据写入后，弹出【RP Software】窗口提示，如图2-64所示，单击【确定】按钮，3D打印设备开始打印，如图2-65所示。

图2-61 预估打印提示窗口

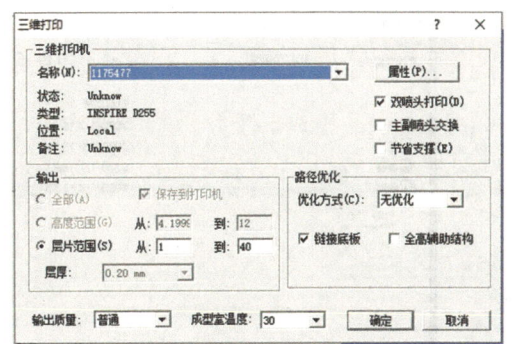

图2-62 【三维打印】对话框

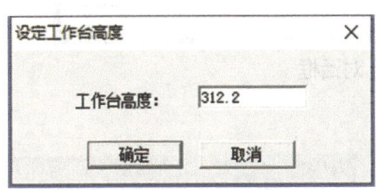

图2-63 【设定工作台高度】对话框

图2-64 数据写入提示窗口

Step6 棋子打印完成，完成图如图2-66所示。打开设备柜门，用铲刀取出打印好的模型，去除底部辅助材料，使用砂纸、小刀、挫等工具对模型进行修整。

图2-65 单个棋子打印过程图

图2-66 单个棋子打印完成图

活动4 装配象棋的3D打印

将装有ModelWizard软件的计算机与3D打印设备通过USB线连接后，打开3D打印设备电源及设备开关后，即可进行相关操作。具体操作步骤如下。

Step1 打开ModelWizard软件，选择下拉菜单【文件】|【载入】命令，弹出【打开】对话框，在对应的存储位置选择需要3D打印的文件，如图2-67所示，单击【打开】按钮。

象棋整体打印

Step2 选择下拉菜单【文件】|【三维打印机】|【连接】命令，弹出【RP Software】对话框，显示打印机相关信息，选择下拉菜单【文件】|【三维打印机】|【初始化】命令，设备开始进行初始化，初始化完成后，弹出【RP Software】对话框，显示初始化完成。

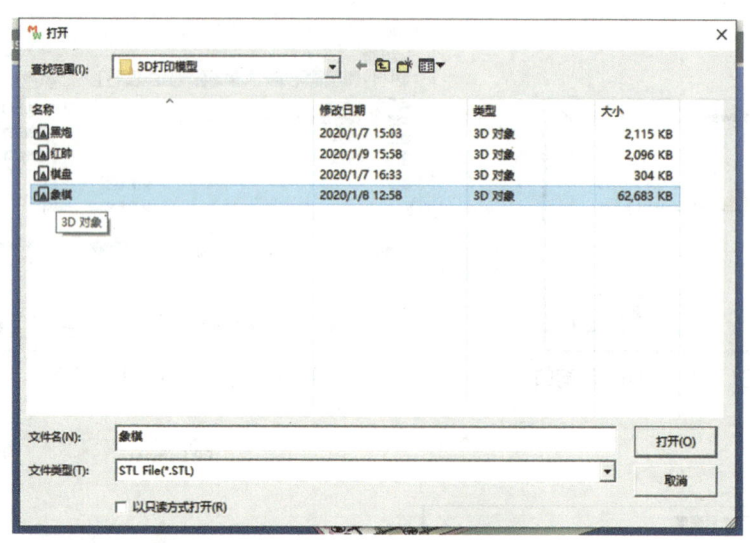

图2-67 【打开】对话框

Step3 选择下拉菜单【模型】|【自动布局】命令，象棋自动在打印区域内进行布局，如图2-68所示。如果按此模板打印，棋子和棋盘将会打印成一体，此方法不可取。

Step4 选择下拉菜单【模型】|【分解】命令，象棋装配体分解为"象棋_1"至"象棋_33"共33个部分，如图2-69所示，通过下拉菜单【模型】|【变形】命令，弹出【几何变换】对话框，如图2-70所示，可以移动单个棋子的位置，移动到合适位置后可进行3D打印。

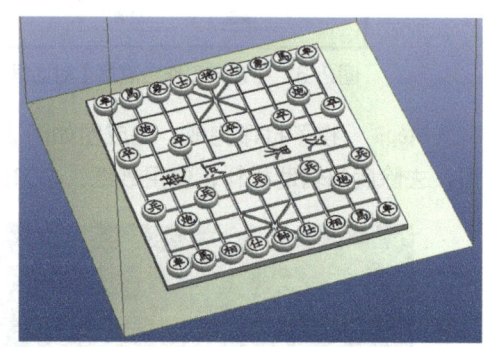

图2-68 棋子自动布局

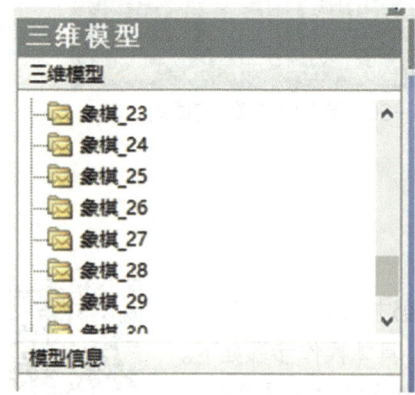

图2-69 分解后模型

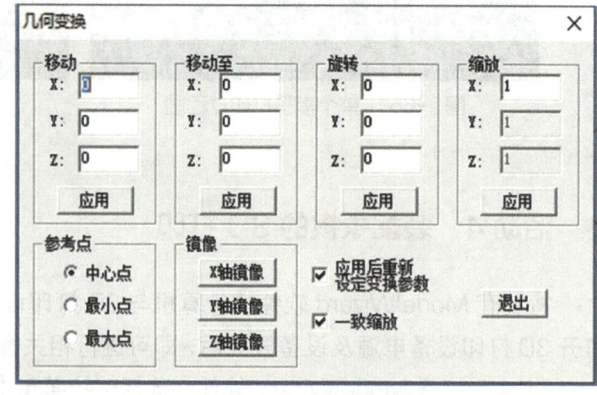

图2-70 【几何变换】对话框

Step5 为了提高打印速度，可以把棋盘和棋子分开打印，可将棋盘删除，先将所有棋子进行打印。先找到棋盘模型对应的名称，如图2-71所示，右击"象棋_2"，单击"卸载象棋_2"。选择下拉菜单【模型】|【自动布局】命令，棋子自动在打印区域内进行布局，如图2-72所示。

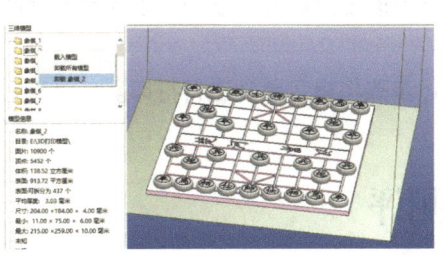
图2-71 卸载棋盘

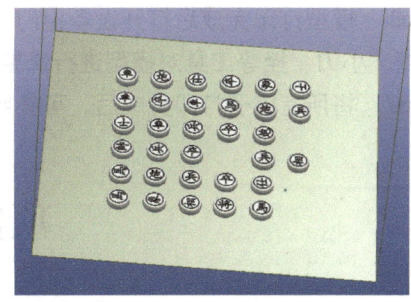
图2-72 棋子自动布局

Step6 选择下拉菜单【模型】|【分层】命令，弹出【分层参数】对话框，如图2-73所示，单击【确定】按钮。

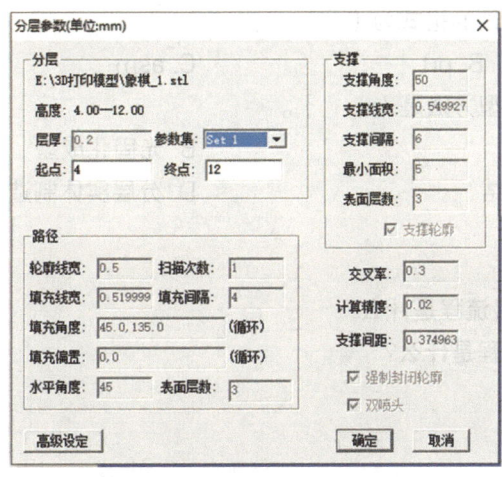
图2-73 【分层参数】对话框

Step7 选择下拉菜单【文件】|【三维打印】|【预估打印】命令，弹出【RP Software】窗口，显示打印信息；选择下拉菜单【文件】|【三维打印】|【打印模型】命令，弹出【三维打印】对话框，如图2-74所示，单击【确定】按钮，弹出【设定工作台高度】对话框，单击【确定】按钮，出现详细打印信息界面，3D打印设备开始进行数据写入，数据写入后，弹出【RP Software】窗口提示，如图2-75所示，单击【确定】按钮，3D打印设备开始打印。

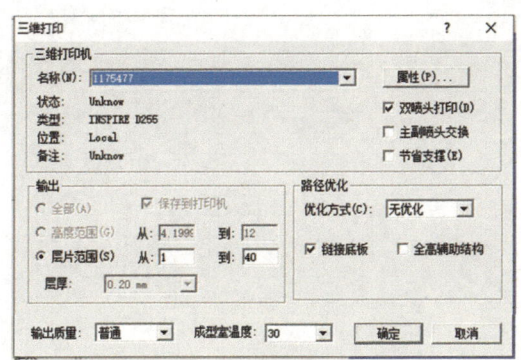
图2-74 【三维打印】对话框

图2-75 数据写入提示窗口

Step8 模型打印完成后打开设备柜门，用铲刀取出打印好的模型，去除底部辅助材料，使用砂纸、小刀、挫等工具对模型进行修整。

Step9 将所有棋子打印完成后，可参照上述步骤将棋盘单独进行打印。

项目测评

一、单选题

1. UG 软件中模型文件的文件后缀名为（　　）。
   A. .stl　　　　B. .prt　　　　C. .asm　　　　D. .dwg
2. 3D 打印机可以识别的格式为（　　）。
   A. stl　　　　B. prt　　　　C. asm　　　　D. dwg
3. FDM 打印机的成型方法是（　　）。
   A. 熔融沉积成型　　　　　　　　B. 光固化成型
   C. 选择性激光烧结　　　　　　　D. 分层实体制造

二、简答题

1. 参数化设计的一般流程是什么？
2. 3D 打印的一般流程是什么？

群雄崛起——3D 打印领域知名企业

学习目标

了解国内知名 3D 打印企业及发展现状,培养学生的职业自信。

随着 3D 打印市场的增长,国内涌现出一批大型 3D 打印制造企业,这些企业在一定程度上代表着 3D 打印产业化应用的前进方向,代表着大国重器的脊梁,代表着我国科技自主创新的成果。下面一起来认识了解这些企业。

一、西安铂力特增材技术股份有限公司

铂力特是我国领先的金属增材制造技术全套解决方案提供商,公司为国家高新技术企业、国家企业技术中心,拥有"金属增材制造国家地方联合工程研究中心"资质。公司成立于 2011 年 7 月。2019 年 7 月 22 日正式在上交所科创板挂牌上市。2020 年获批国家企业技术中心,2021 年 1 月获批博士后工作站设立资格。截至 2023 年 12 月 31 日,公司拥有员工约 1720 人,研发人员占 30%,申请金属增材制造技术相关自主专利 542 项。

公司为用户提供全方位的金属增材制造与再制造技术解决方案,包括:设备、打印服务、原材料、技术服务等。公司运用多年金属增材制造技术的专业经验,通过持续创新为航空航天、能源动力、医疗齿科、工业模具、汽车制造等行业客户提供服务。铂力特打印服务目前主要使用三项金属 3D 打印技术,即激光选区熔化技术(SLM)、激光熔覆沉积技术(LSF)、电弧增材制造技术(WAAM)。公司开发的设备包括 BLT-S 系列、BLT-A 系列、BLT-C 系列产品。铂力特生产增材制造专用的气雾化钛及钛合金粉末,具有优良的流动性、高松装密度、低空心粉率、氧/氮/氢含量可控的特点,主要包括 TC4、TA15、TA1 等。

铂力特 3D 打印工厂如图 2-76 所示,BLT-S800 金属打印机如图 2-77 所示,航空发动机风扇叶片如图 2-78 所示。

图 2-76 铂力特 3D 打印工厂

图2-77 BLT-S800金属打印机　　图2-78 航空发动机风扇叶片

二、湖南华曙高科技股份有限公司

华曙高科成立于2009年,是工业级3D打印领航企业、工信部颁布的3D打印智能制造试点示范项目企业,拥有高分子复杂结构增材制造国家工程实验室、国际视野的研发体系和全球销售服务网络。2023年4月17日,华曙高科在上海证券交易所科创板首次公开发行A股上市。

华曙高科拥有现代化的3D打印产业园、研发生产基地和生产车间。华曙高科在美国奥斯汀和德国斯图加特设有分公司,销售网络覆盖30多个国家和地区,截至2024年6月,华曙高科在全球客户端销量突破1100台,海外销售额持续占到30%以上。截至2024年4月,公司累计申请专利与软件著作权超600项,其中发明专利280余项,实用新型专利200余项,外观专利近60余项,软件著作权50余项。

华曙高科填补了许多市场空白,完全自主研发了全套3D打印控制系统、高分子光纤激光烧结技术Flight、超高温高分子3D打印设备、开源金属3D打印设备,以及基于"连续增材制造解决方案(CAMS)"理念设计的大尺寸、高温高分子3D打印设备,大型金属增材制造设备以及11款高分子3D打印材料,为客户提供从设备、软件、材料到应用和服务的全产业链增材制造解决方案。

华曙高科为航空航天、医疗(含口腔)、汽车、快速成型、工业模具、教育科研、电动工具、消费品(眼镜、鞋底、首饰)、设计创意等行业提供高质量的选择性激光烧结和选择性激光熔融技术增材制造设备、材料、软件和服务。

华曙高科拥有3D打印金属材料研发团队,能提供15种3D打印金属粉末材料,开发了铝合金、钛合金、镍基高温合金、钨合金等10余种材料的选区激光熔融工艺。2016年年初,华曙高科3D打印应用研发团队对金属3D打印技术进行了系统的研究,攻克了钨、钽、铜等3D打印金属粉末材料激光精密成型的种种难点,是国内率先成功烧结钨、钽、铜合金材料的3D打印企业。

FS621M打印机如图2-79所示,燃烧室火焰筒如图2-80所示。

三、深圳市创想三维科技股份有限公司

深圳市创想三维科技股份有限公司成立于2014年,是全球消费级3D打印机领导品牌,

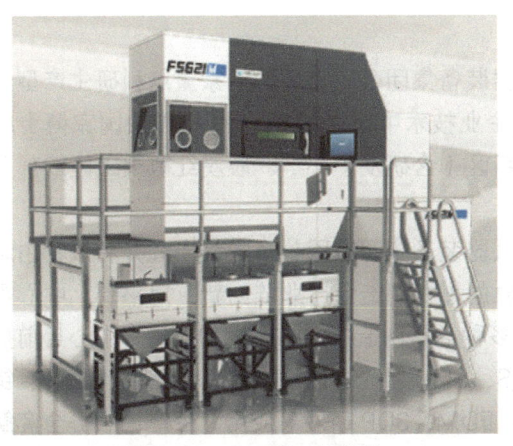 

图2-79　FS621M打印机　　　　图2-80　燃烧室火焰筒

国家高新技术企业，专注于3D打印机的研发和生产，产品覆盖"FDM和光固化"，拥有160多项消费级、工业级、教育级3D打印机授权专利。目前自主研发制造的熔融沉积和光固化3D打印机在国内处于领先水平。创想三维一直致力于3D打印机的市场化应用，为个人、家庭、学校、企业提供高效实惠的3D打印综合方案。

公司总部位于深圳，在北京、上海、武汉、成都等地设有分公司，并与多所高校合作建立产学研教学实习基地，研发、制造、售后体系完备，技术实力雄厚，拥有先进的大型研发中心、3D打印实验室、创想研究院以及现代化生产线。

HALOT R6 3D打印机如图2-81所示，G40工业级颗粒3D打印机如图2-82所示，大尺寸金属3D打印机CM-280如图2-83所示，树脂及PLA打印耗材如图2-84所示。

图2-81　HALOT R6 3D打印机　　　　图2-82　G40工业级颗粒3D打印机

图2-83　大尺寸金属3D打印机CM-280　　　　图2-84　树脂及PLA打印耗材

四、湖南云箭集团有限公司

湖南云箭集团有限公司是中国兵器装备集团公司直属的国家重点科研生产型企业，全面承担"保军"任务。拥有国家级国防企业技术中心，2013年获批建设国家博士后工作站。企业按地域分布由辰溪总厂区、长沙新区（含研发中心）、辰溪红敏火工区三部分组成，在册员工3100余人，资产总额20亿元。

增材制造研究应用中心是经中国兵器装备集团有限公司党组研究并决策，由湖南云箭集团联合国内增材制造行业领军企业成立的增材制造全产业链创新应用平台。中心秉承"保军报国 强企富民"的核心精神，致力于多种增材制造技术的研发和应用。中心目前拥有金属及非金属3D打印装备278台，具备SLS、SLM激光选区烧结装备的研发、生产、销售和应用服务能力，可针对客户需求提供SLA、FDM、3DP研发、应用、生产、服务全套解决方案。中心以"创新制造带来无限可能"为发展愿景，立足湖南、辐射全国，聚焦军工、服务全社会，充分发挥中国兵器装备集团有限公司雄厚的技术研发实力，以及在军工领域的广泛实践应用经验，力争成为我国3D打印技术高水平的创新基地，服务于军工、航空航天、铸造、汽车、模具、医疗、教育等领域。

定制化样件快速制造如图2-85所示，SLA快速熔模+铸造如图2-86所示。

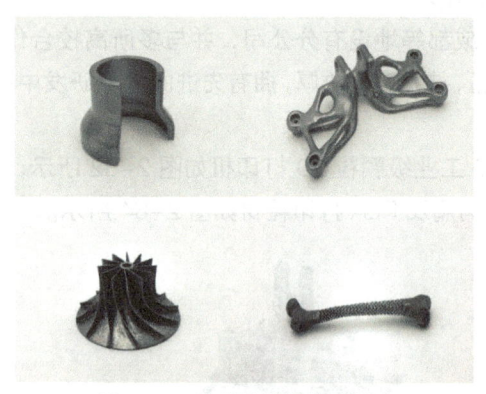

图2-85 定制化样件快速制造

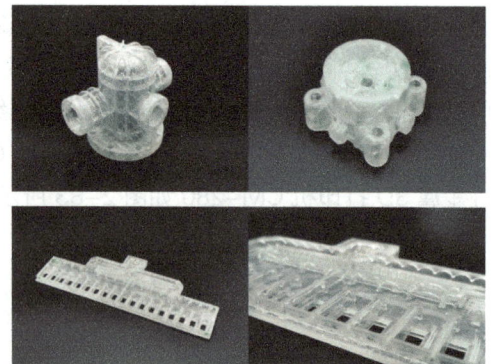

图2-86 SLA快速熔模+铸造

五、北京太尔时代科技有限公司

太尔时代创立于2003年，通过对技术不断的创新与实践，致力于为机械工程、工业设计、小批量生产和教育等各种领域提供增材制造解决方案。公司总部位于北京并在海外设有办事处，作为一家拥有超过200名员工的国际化企业，同时代理商遍布全球超过65个国家和地区。

从UP Plus 3D打印机，太尔时代使用其打印机控制软件为3D打印带来了简单和功能的新维度。借助自动喷嘴标准、软件辅助校准、智慧支撑、3D模型缺陷检测和自动床铺调平等功能，UP Studio可以使用户从打印机拆箱到打印模型，比任何开源替代方案都省力，更快打印，更少设置。同时，太尔时代通过技术不断的硬件革新，从多孔打印板到UP mini 2和BOX+内置HEPA过滤器，每一代太尔产品都在重新定义3D打印机的功能性，安全性以及质量。

太尔时代开发的第一批快速原型产品是"Inspire"系列。这些机器具有大尺寸、大批量生产和双挤压机，适用于中国的工业和高等教育市场。

2011年，第一款太尔时代桌面机UP Plus发布，并取得了成功。

2013年，UP Plus 2发布。它是同类产品中第一台具有自动平台校准系统的3D打印机，可提供可靠和高质量的3D打印效果。Make杂志曾经两次在封面上展示UP Plus 2，并将UP Plus 2评为年度"最佳打印"和"最佳整体体验"。

在UP Plus 2之后，太尔时代还发布了他们的消费者型号UP mini和专业型号UP BOX以及UP300等系列产品，对市场产生了很大的影响。太尔时代成为目前全球主要的桌面3D打印机制造商之一。

UP300桌面3D打印机如图2-87所示。

图2-87　UP300桌面3D打印机

六、上海联泰科技股份有限公司

联泰科技UnionTech成立于2000年，是我国较早参与3D打印技术应用实践的企业之一，见证了我国3D打印技术的整体发展进程。目前拥有国内光固化3D打印技术较大市场份额和用户群体，国内市场占有率超过60%，产业规模位居行业前列，其技术被广泛应用于航空航天、电子电器、口腔医疗、文化创意、教育、鞋业、建筑等行业，在工业端3D打印的应用领域具有较大的品牌知名度及行业影响力。联泰科技从2个人起步，发展到如今200多人的团队、3个多亿的年产值企业，是我国3D打印产业的代表性企业之一。

联泰科技UnionTech定位于以三维数字化制造技术为基础，通过3D打印技术创造用户价值和提升用户体验，致力于为多行业用户在"分布式制造"和"规模化定制"之间构建连接，不断融合、创造、演进全新商业模式，对3D打印行业、制造业乃至人们的生活方式带来变革。联泰科技设备产品包括SLA、DLP、SLM、FDM等工艺的3D打印设备，还包括三维扫描仪。Lite 600 SLA打印机如图2-88所示。

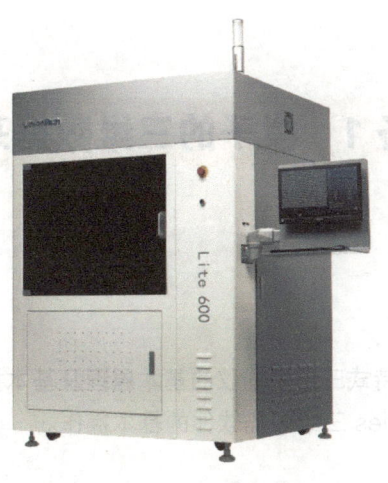

图2-88　Lite 600 SLA打印机

逆向设计与 3D 打印篇

项目 3　国际象棋的数字化设计与 3D 打印

主要内容

　　国际象棋，又称西洋棋，是一种二人对弈的棋类游戏，一副国际象棋共有 32 个棋子，如果一副国际象棋中不小心丢失了一个棋子，是否可以像补充中国象棋棋子那样通过测量棋子尺寸来建模，再通过 3D 打印实现呢？显然不行，因为国际象棋的棋子不像中国象棋那样简单，其中有的棋子如马等还有一些不规则曲面。本项目介绍了通过三维扫描、逆向设计、3D 打印来实现数字化设计和 3D 打印的流程。

　　本项目还介绍了扫描仪及相关软件的操作，国际象棋棋子点云数据的处理、逆向建模的设计流程，并对设计的国际象棋棋子进行 3D 打印。

任务 1　棋子的三维数据采集

学习目标

◉ **知识目标**

1. 掌握 EinScan-Pro 手持式三维扫描仪的基本原理及基本操作步骤。
2. 掌握 EinScan-Pro series 三维扫描软件的基本操作。

◉ **能力目标**

1. 能够进行扫描仪的正确接线操作。
2. 能够独立完成扫描前标定操作。

3. 能够应用三维扫描设备进行国际象棋棋子外形的扫描。
4. 能够获取符合要求的三维点云数据。

任务描述

应用 EinScan-Pro 手持式三维扫描仪对国际象棋棋子国王、王后和马进行三维扫描，通过 EinScan-Pro series 三维扫描软件的使用，得到合格的三维点云数据，完成对国际象棋棋子外形的三维数据采集。

任务分析

在利用扫描仪对国际象棋棋子进行三维扫描前，需要正确连接手持式扫描仪、转台及计算机的接线，然后进行扫描仪的标定工作。扫描过程中利用 EinScan-Pro series 三维扫描软件得到国际象棋棋子完整的点云数据，并对数据进行保存，便于后续进行数据的处理。

知识链接

1. 国际象棋简介

国际象棋（Chess）为国际通行棋种，也是一项智力竞技运动，曾一度被列为奥林匹克运动会正式比赛项目。棋盘为正方形，由 64 个黑白（深色与浅色）相间的格子组成。棋子分黑白（深色与浅色）两方，共 32 枚，每方各 16 枚，由对弈双方各执一组，如图 3-1 所示。双方兵种是一样的，分为六种，见表 3-1。

图 3-1 国际象棋棋具

表 3-1 国际象棋棋子

棋子名称	王	后	车	象	马	兵
英文原意	国王	王后	战车	主教	骑士	禁卫军
英文全称	King	Queen	Rook	Bishop	Knight	Pawn
棋子数量	1	1	2	2	2	8
棋子图形						

2. EinScan-Pro 手持式三维扫描仪

本项目采用 EinScan-Pro 手持式三维扫描仪来进行数据采集，EinScan-Pro 扫描仪为先临三维公司产品，满足中小尺寸实物的多种细节和精度要求的 3D 扫描建模需求，扫描仪结构轻便小巧，软件操作简单。下面对此扫描仪进行介绍。

EinScan-Pro 手持式三维扫描仪产品包含基础模块与工业模块两个部分。两部分包含的配件如图 3-2 和图 3-3 所示。

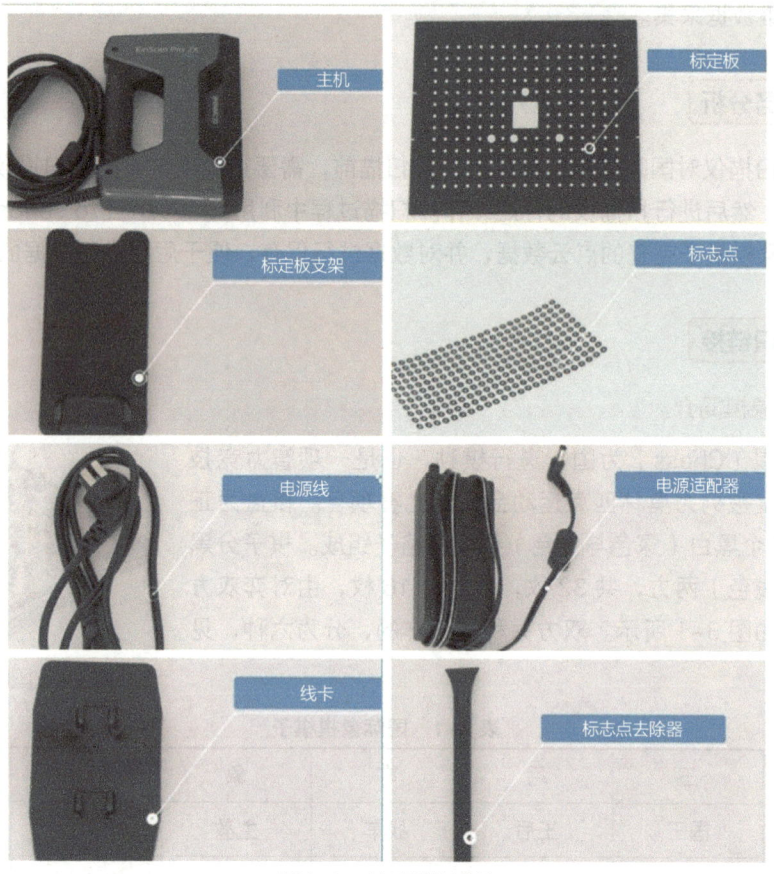

图3-2　基础模块清单

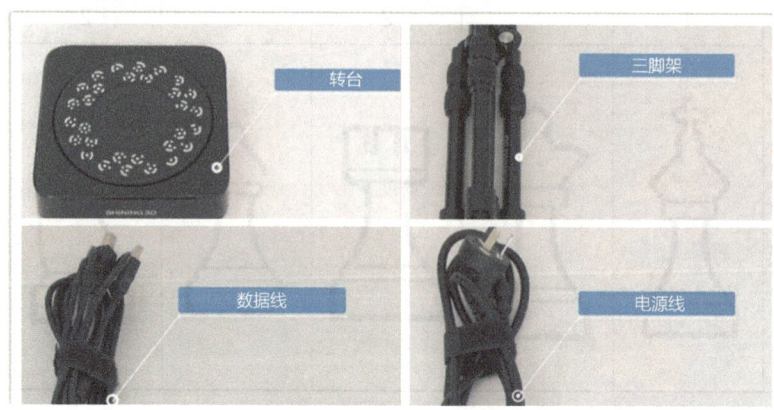

图3-3　工业模块清单

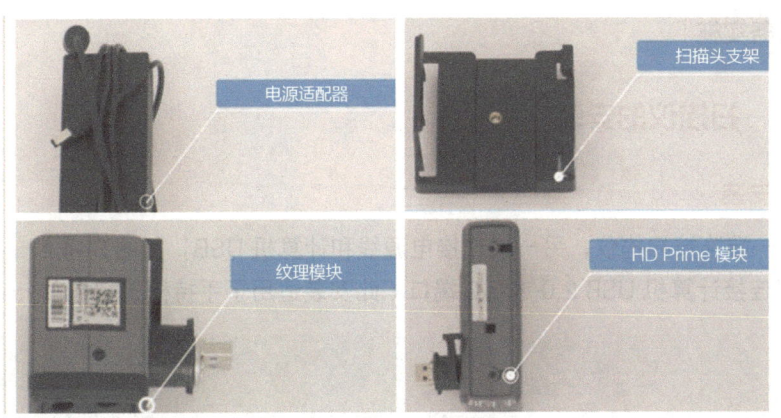

图3-3 工业模块清单（续）

扫描仪主要参数见表3-2。

表3-2 扫描仪主要参数

参数	指标			
扫描模式	手持精细扫描	手持快速扫描	固定扫描（使用转台）	固定扫描（无转台）
扫描精度	0.1mm	0.3mm	单片精度 0.05mm	单片精度 0.05mm
扫描速度	15 帧/s	10 帧/s	单幅扫描时间 < 2s	单幅扫描时间 < 2s
空间点距	0.2~2.0mm	0.5~2.0mm	0.16mm	
单片扫描范围	210mm×150mm			
光源	白光 LED			
拼接模式	标志点拼接	特征拼接、标志点拼接和混合拼接	转台编码点拼接、特征拼接、标志点拼接、手动拼接	同时兼容标志点拼接、特征拼接、手动拼接
纹理扫描	不支持	支持（需购买纹理模块）		
户外操作	不支持（受强光影响）			
特殊扫描物体处理	—	特征拼接，需要丰富表面特征	—	—
	透明、反光、半透明物体不能直接扫描，需先喷粉处理			
可打印数据输出	支持			
数据格式	OBJ/STL/ASC/PLY/3MF			
扫描头重量	0.8kg			
系统支持	Win7，Win8，Win10（64bit）			
计算机要求	显卡：NVIDIA GTX660 及以上；显存：大于 2GB；处理器：i5 及以上；内存：8GB 及以上			

> 任务实施

活动1 扫描仪的安装

1. 硬件安装

数据线一端连接扫描仪，另一端连接电源线和计算机 USB，如图 3-4 所示。USB 端连接计算机 USB 2.0 或 3.0 端口（此安装适用于手持模式扫描）。

扫描仪安装

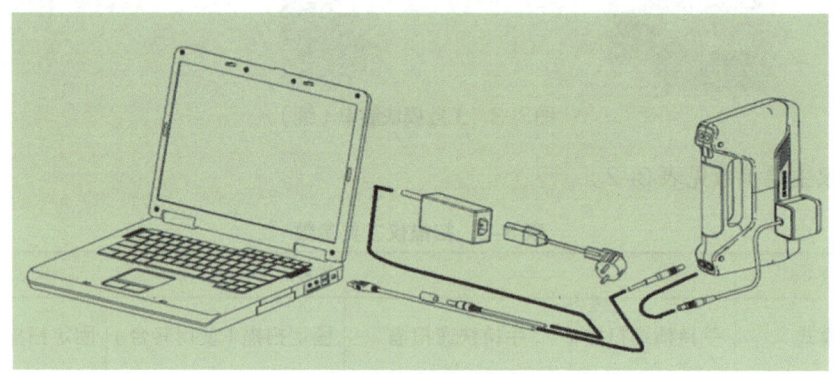

图3-4 基础模块的安装

基础模块安装完后放入三脚架托盘上，另外一根 USB 线长口端连接计算机，方口端连接转台，连接好转台电源适配器，并调整测头与转台的位置，如图 3-5 所示（此安装模式适合固定模式扫描）。

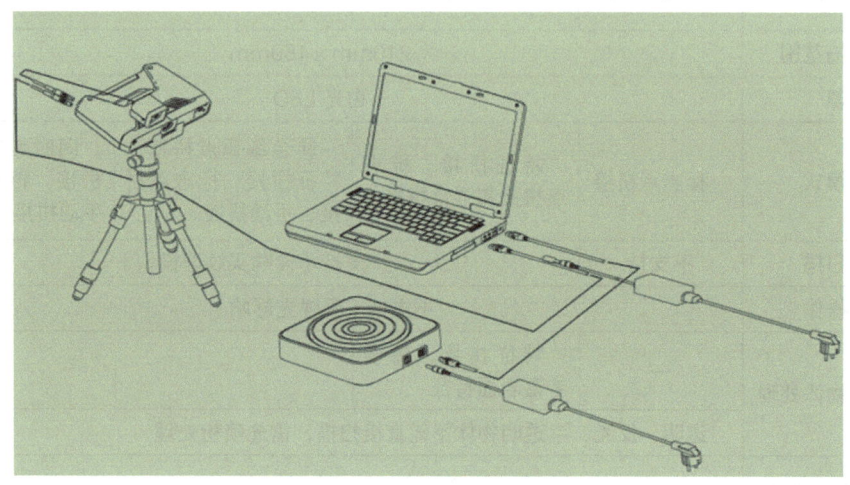

图3-5 工业模块的安装

2. 软件安装

双击 EinScan-Pro series 软件安装包，根据安装提示完成软件的安装，建议将软件安装在默认路径下。安装完成后，桌面上会出现 （软件启动图标）和 （预览工具图标）

快捷方式图标。EinScan-Pro series 软件提供固定扫描、手持精细扫描和手持快速扫描三种扫描模式，兼顾便携性和高精细度。

活动 2 扫描仪的标定

第一次使用设备、长途运输之后、有过剧烈碰撞之后等情况下，扫描仪在扫描前需要先进行标定，不标定无法进入扫描模式。下面介绍标定的相关内容。

扫描仪标定

首次打开 EinScan-Pro series 软件后的界面如图 3-6 所示，选择设备类型 EinScan-Pro，单击【下一步】按钮后，软件会自动进入标定界面。

进入扫描模式，若许可证与设备不匹配，会自动弹出获取许可证工具，也可单击相应激活按钮打开获取许可证工具，如图 3-7 所示。

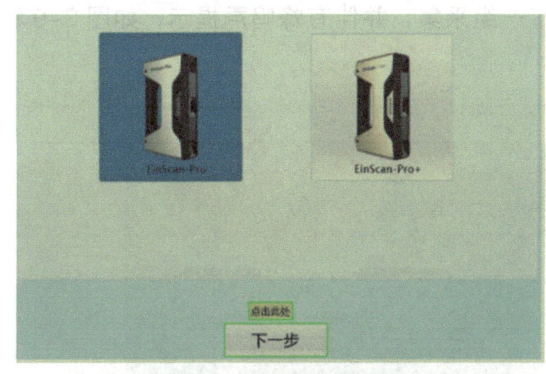

图3-6 设备类型的选择

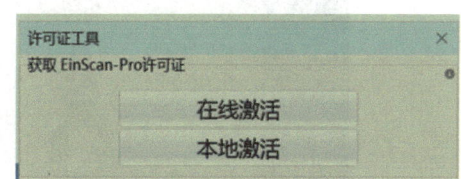

图3-7 激活软件

若无标定数据，软件会提示"没有标定数据，请先进行标定"。

无标定数据时，选择扫描模式界面的【下一步】按钮不可用。无纹理相机时，左侧导航只有相机标定和手持精细扫描标定。若有纹理相机，纹理相机连接正常情况下，左侧导航包括相机标定、手持精细扫描标定和白平衡。

无纹理相机时，标定流程为两步：①相机标定；②手持精细扫描标定。

有纹理相机时，标定流程为三步：①相机标定；②手持精细扫描标定；③纹理相机白平衡。下面以有纹理相机标定为例介绍标定操作。

相机标定界面左侧是导航条，右侧是标定操作的视频。

相机标定时标定板需摆放 5 个位置，每个位置采集 5 幅图片，位置摆放根据软件向导操作。首先根据软件向导提示，调整好投影仪与标定板之间的距离（350~450mm）。第一组平放标定板，摆放的方位和图示的方位一致，扫描仪十字对准标定板白框内，确保扫描仪与摆放标定板平面垂直，如图 3-8 所示。

单击软件界面上【开始/结束】按钮采集图片或按一下扫描仪上的【开始/结束】按钮后，开始自动采集，此时采集状态为开，由上而下或者由下而上移动扫描仪，直到距离指示条全部填充成绿色，则此位置图片采集完成，一组采集完成后，软件会蜂鸣提示。在采集过程中若提示"距离太近"，则需要将扫描仪往上提；若提示"距离太远"，则需要向下移动扫描仪。

057

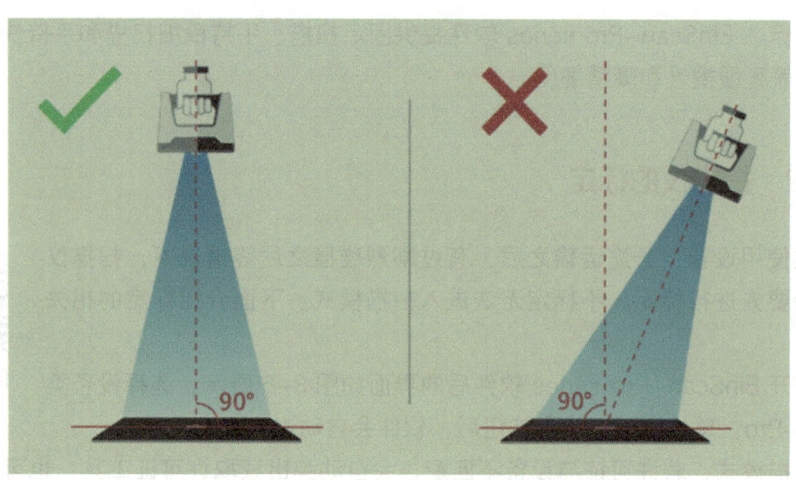

图3-8　标定时扫描仪摆放方位示例

此组图片采集完成后软件将自动跳转下一组采集，并伴有蜂鸣声提示，如图3-9和图3-10所示。

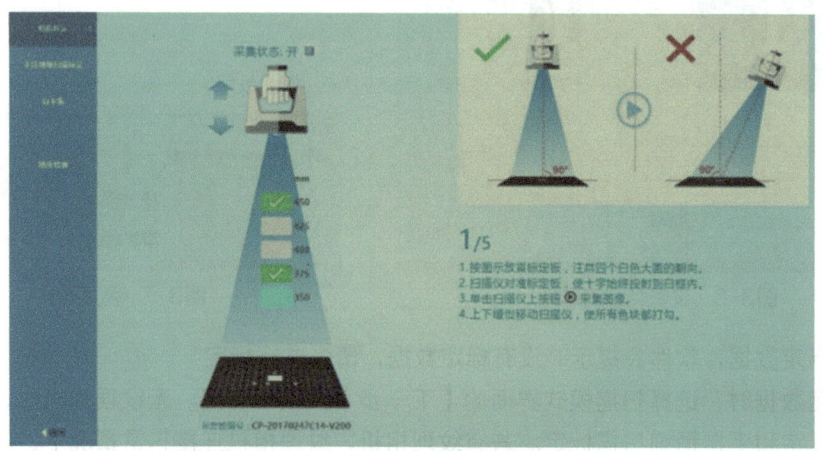

图3-9　相机标定采集数据界面1

图3-10　相机标定采集数据界面2

按照向导指示位置将标定板放置到支架上，采集操作同上组，扫描仪与放置标定板的平面垂直。直到5个位置采集完成，软件会自动进行标定计算，如图3-11所示。

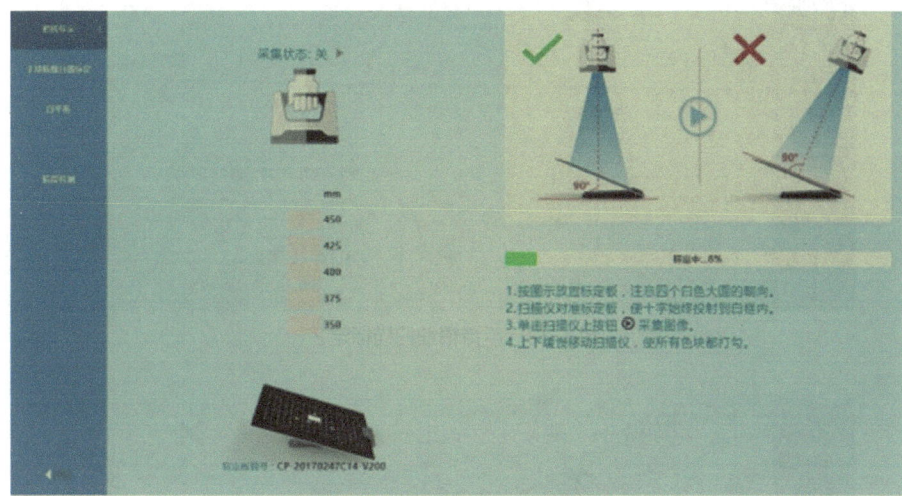

图3-11　自动标定计算

相机标定过程中，在进度52%时会保持一段时间，请耐心等待。相机标定成功后会提示"标定成功"，之后软件自动进入手持精细扫描标定。

相机标定成功后软件直接跳转至手持精细扫描标定模式，如图3-12所示（若不需要手持精细扫描可直接单击【跳过】按钮，跳过该标定）。

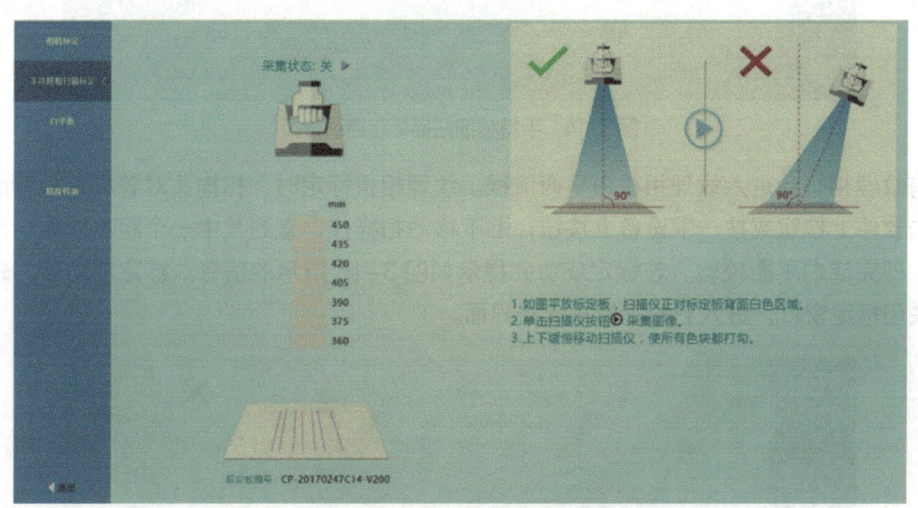

图3-12　手持精细扫描标定1

根据向导，按照指示图摆放好标定板位置，线平面对着标定板背面白色平整区域。单击软件上按钮或按一下设备上按钮，上下移动扫描仪，软件自动采集图片直至距离条全部填充为绿色，如图3-13所示。

距离条全部填充完绿色打钩后，软件自动开始标定，标定成功后提示"手持精细标定完成"，如图3-14所示。如无纹理相机，则软件会自动退出标定界面，进入扫描模式选择界面。

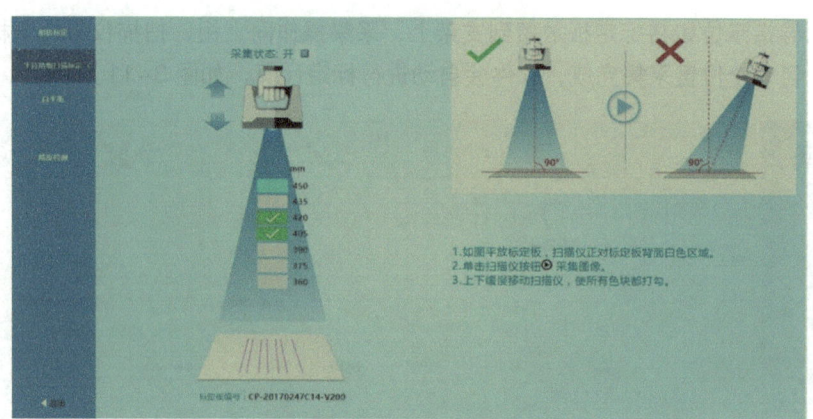

图3-13 手持精细扫描标定2

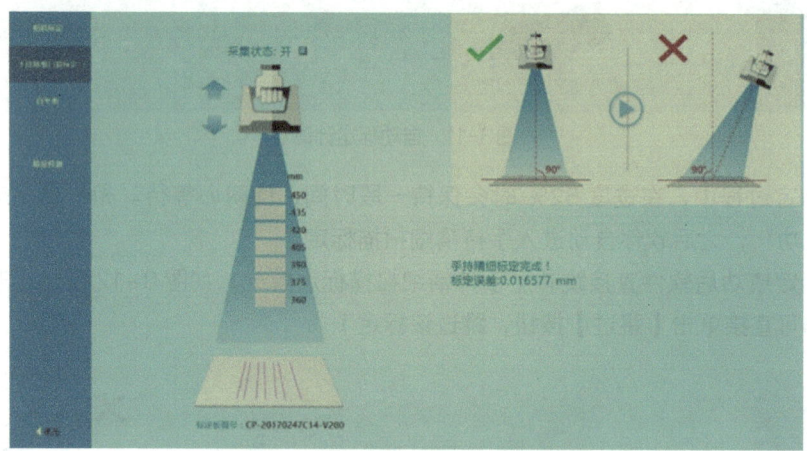

图3-14 手持精细扫描标定自动计算

有纹理相机会进入纹理相机白平衡流程。纹理相机标定时，扫描头对着标定板背面白色区单击软件上按钮或按一下设备上按钮，上下移动扫描仪，直到其中一个距离块显示为绿色打钩，即完成白平衡校验。若标定成功会提示如图3-15所示的信息。标定成功后，软件会自动关闭标定窗口，进入到扫描模式选择界面。

图3-15 白平衡标定

活动3　棋子的三维扫描

下面以国际象棋中"马"的数据采集为例,介绍采用 EinScan-Pro 三维扫描仪进行三维扫描的详细步骤,其他品牌或型号扫描仪操作步骤略有不同,但最终都得到".asc"格式的点云数据文件或".stl"格式的三角网格文件。

扫描棋子马

Step1　扫描模式选择。

软件激活后,选择扫描模式,国际象棋棋子外形的扫描采用"固定扫描"模式,如图3-16所示。

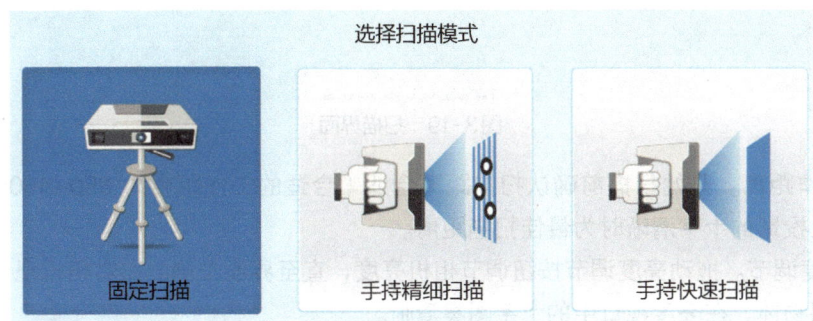

图3-16　扫描模式的选择

Step2　新建工程。

进入新建工程界面,默认工程保存位置为桌面,如图3-17所示,单击【新建工程】按钮,输入工程名。

Step3　应用非纹理扫描。

进入纹理选择界面,纹理功能只有带纹理相机时才能使用,本次扫描选择非纹理扫描,如图3-18所示。

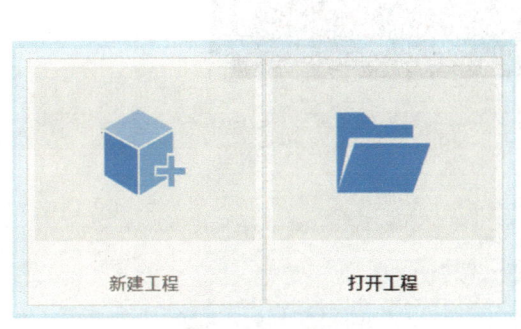

图3-17　新建工程

图3-18　非纹理扫描

单击【应用】按钮,进入扫描界面,勾选使用转台后,扫描界面如图3-19所示。

Step4　扫描前设置(见图3-20)。

①相机视口。可通过勾选显示右相机,左相机视口是一直处于显示状态。单击相机视口右下角放大图标,可放大相机视口。

图3-19 扫描界面

② 工作距离。开始扫描前确认扫描距离合适（合适的工作距离为 350~450mm），在扫描物体上投影的十字清晰时为最佳扫描距离。

③ 亮度调节。拖动亮度调节按钮调节相机亮度，直至界面左侧的左右相机视口的亮度能清晰查看到物体，在亮度视口中的十字图案清晰。

④ 转台扫描数据。选中使用转台复选框，使用转台进行扫描，扫描前，设置转台一圈扫描的次数，选择默认值为 8 次。

⑤ 拼接模式。默认拼接模式为转台编码点拼接，本次扫描选择特征拼接模式。

⑥ 多曝光。多曝光开启后可扫描亮暗相间物体，扫描国际象棋棋子时关闭多曝光。

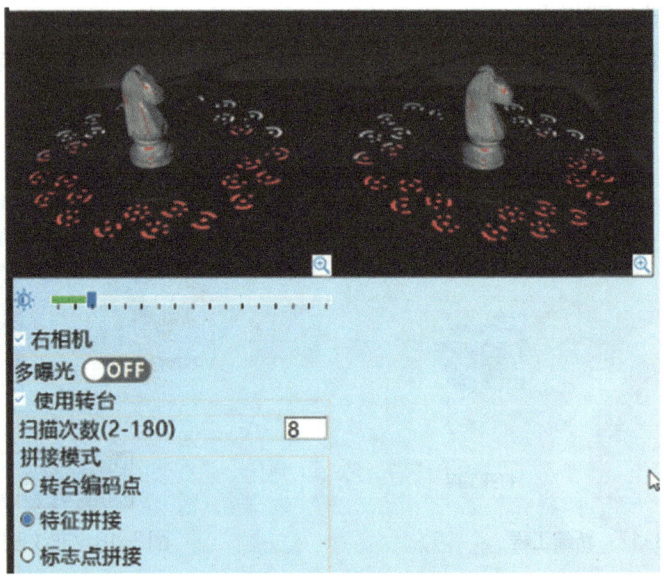

图3-20 扫描前设置

Step5 扫描操作。

单击【开始扫描】按钮开始扫描，扫描前进行自动校准，校准过程中相机和棋子均要保持固定不动，否则校准失败，如图 3-21 所示。

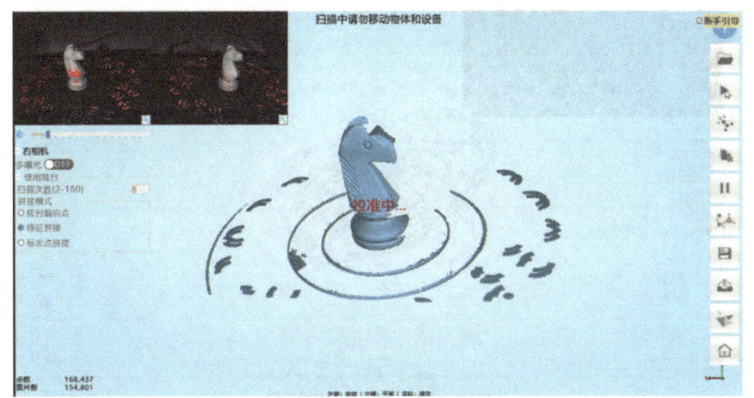

图3-21 自动校准

每扫描一组数据，可利用编辑工具对当前扫描的单组数据进行编辑，删除数据多余部分或杂点，第一次扫描完成，如图3-22所示。

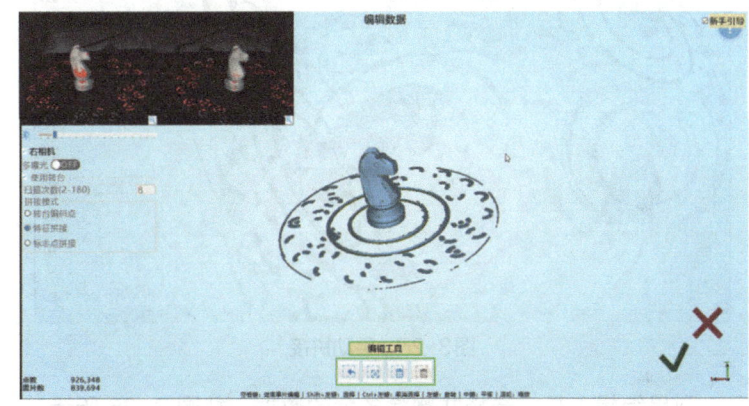

图3-22 第一次扫描完成

观察第一次扫描结果，棋子"马"的底部与头顶部分数据缺失，将棋子倒放在转台上进行第二次扫描，如图3-23所示。

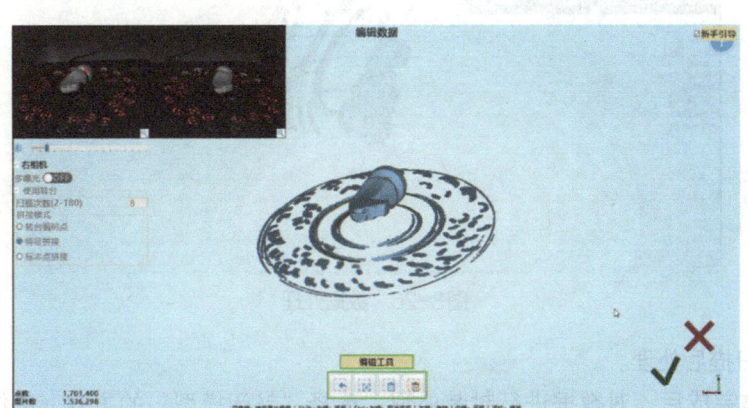

图3-23 第二次扫描完成

第二次扫描完成后，软件会自动将两次扫描结果进行拼接，如图3-24所示。

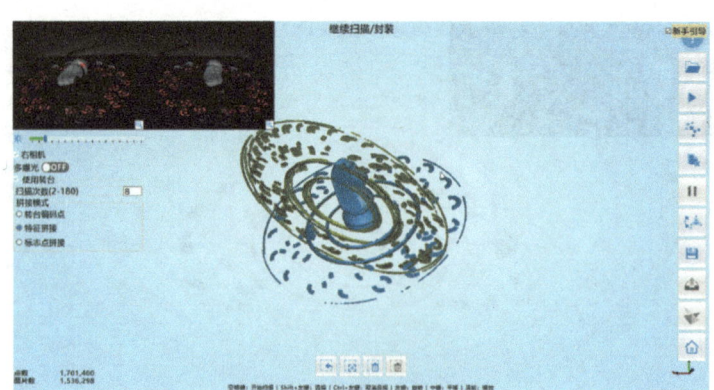

图3-24 自动拼接计算

拼接结果不满意可以进行手动拼接。选择对应的三个点进行拼接计算,如图3-25所示。

图3-25 手动拼接

扫描完成后,利用编辑工具,选择并删除多余的数据,如图3-26所示。

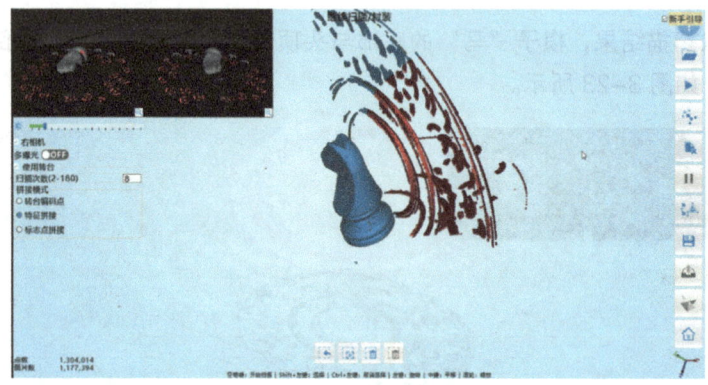

图3-26 数据处理

Step6 扫描后处理。

数据扫描完成后,对数据进行封装处理,选择"封闭模型"的方式,物体的细节程度选择"中细节",如图3-27所示。封装过程中,会出现【数据简化】对话框,如图3-28所示,可对数据进行简化、平滑和锐化操作,选择默认值,单击【应用】按钮即可。

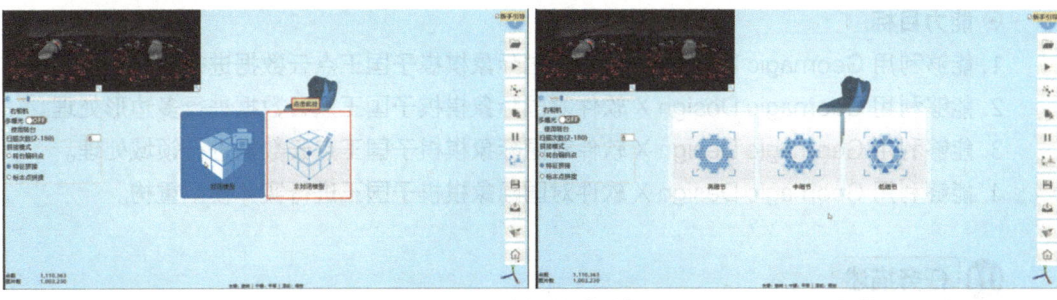

图3-27 中细节封闭模型

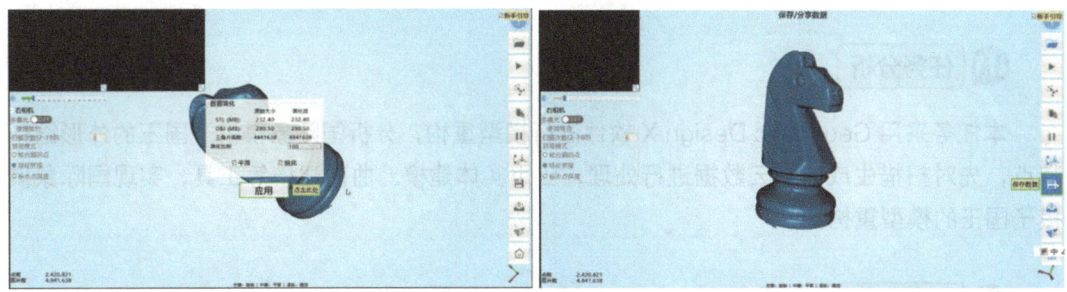

图3-28 封闭模型结果

Step7 保存数据。

封装完成后,保存文件,保存文件时需要选择"asc(整体)",缩放比例选择默认值"100"。

本项目后续任务2用到的棋子国王的点云数据,其扫描过程与上面棋子马的过程类似,这里不再赘述。

任务2 棋子国王的逆向建模

学习目标

◉ 知识目标

1. 掌握Geomagic Design X软件中逆向建模的一般流程。
2. 掌握Geomagic Design X软件中点云处理的相关命令。
3. 掌握Geomagic Design X软件中多边形处理的相关命令。
4. 掌握Geomagic Design X软件中领域处理的相关命令。
5. 掌握Geomagic Design X软件中对齐坐标系的操作。
6. 掌握Geomagic Design X软件中模型重构的相关命令。

◉ 能力目标

1. 能够利用 Geomagic Design X 软件对国际象棋棋子国王点云数据进行点云处理。
2. 能够利用 Geomagic Design X 软件对国际象棋棋子国王点云数据进行多边形处理。
3. 能够利用 Geomagic Design X 软件对国际象棋棋子国王点云数据进行领域处理。
4. 能够利用 Geomagic Design X 软件对国际象棋棋子国王进行实体模型重构。

任务描述

应用逆向设计软件,对国际象棋棋子国王的扫描数据进行处理,最终实现模型重构。

任务分析

本任务采用 Geomagic Design X 软件进行模型重构,分析国际象棋棋子国王的外形结构特点,先对扫描生成的点云数据进行处理,应用实体建模、曲面建模等工具,实现国际象棋棋子国王的模型重构。

知识链接

逆向设计过程是指设计师对产品实物样件表面进行数字化处理,并利用可实现逆向三维造型设计的软件来重新构造实物的三维 CAD 模型,再进一步用 CAD/CAE/CAM 系统实现分析、再设计、数控编程、数控加工的过程。

本项目中应用 EinScan-Pro 三维扫描仪可得到 ".asc"".stl" 两种格式的文件,3D 打印通常需要 ".stl" 格式的文件,但是通常扫描完成后生成的 ".stl" 格式模型数据不完整,不能直接用于 3D 打印,所以通常采用 Geomagic Design X 软件对点云数据进行处理,并通过后续逆向建模,利用 NX 软件再生成 ".stl" 格式的文件进行 3D 打印。逆向设计及打印流程如图 3-29 所示。

图3-29 逆向设计及打印流程

任务实施

活动 1 点云的处理

在对模型进行重构前,首先需要对扫描生成的点云数据进行处理,其详细步骤如下。

Step1 选择【菜单】|【插入】|【导入】命令,打开【导入】对话框,选择扫描生成的国际象棋棋子国王的 asc 数据文件。单击【仅导入】按钮导入文件,如图 3-30 所示。

国王建模

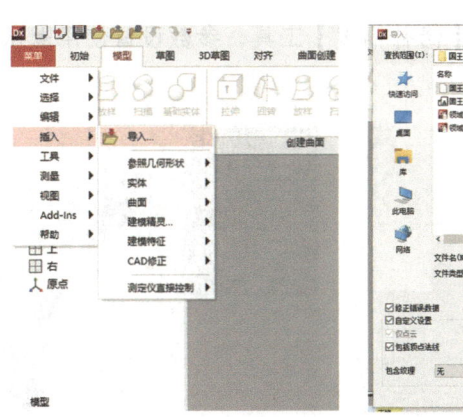 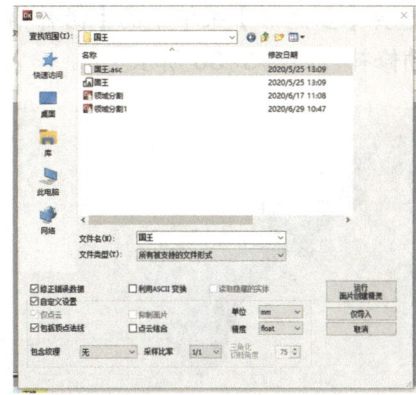

图3-30　导入扫描数据文件

Step2　选择【点】菜单下的【杂点消除】工具，每个杂点群集内的最大单元点数量设置为"100"，如图3-31所示。

Step3　选择【点】菜单下的【采样】工具，选择统一比率的采样方法，对象单元顶点数使用默认值，采样比率选择"80%"，详细设置勾选"保持边界"，如图3-32所示。

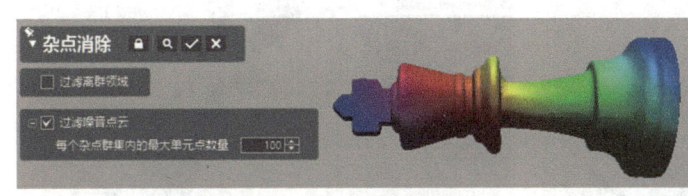 

图3-31　杂点消除　　　　　　　　　　图3-32　采样处理

Step4　选择【点】菜单下的【平滑】工具，强度和平滑程度选择合适位置，许可偏差采用自动计算，如图3-33所示。

Step5　选择【点】菜单下的【三角面片化】工具，采用"构造面片"的方式，其余选项使用默认值，如图3-34所示。

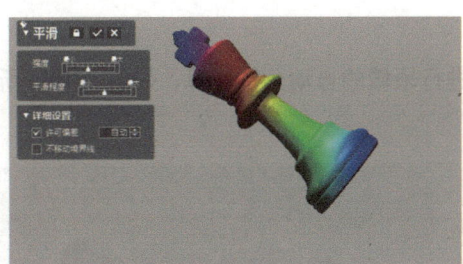 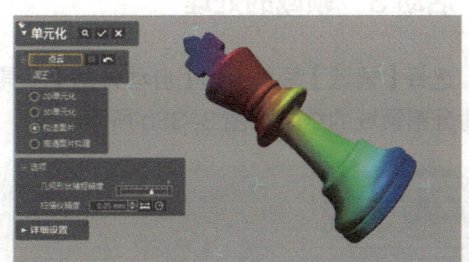

图3-33　平滑处理　　　　　　　　　　图3-34　三角面片化

活动2　多边形的处理

Step1　选择【多边形】菜单下的【填孔】工具，选择数据确实的两个境界边界线，利用【内部孔】工具将其填充，如图3-35所示。

Step2 选择【多边形】菜单下的【修补精灵】工具，参数设置使用默认值，完成面片文件的自动修补，如图 3-36 所示。

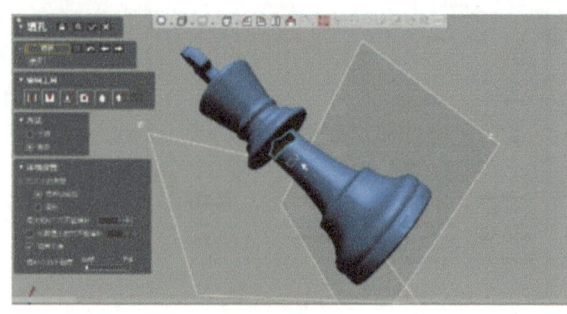

图3-35 填孔　　　　　　　　　　　　图3-36 修补精灵

Step3 分别选择【多边形】菜单下的【加强形状】及【面片的优化】工具，完成面片的再次优化处理，如图 3-37 所示。

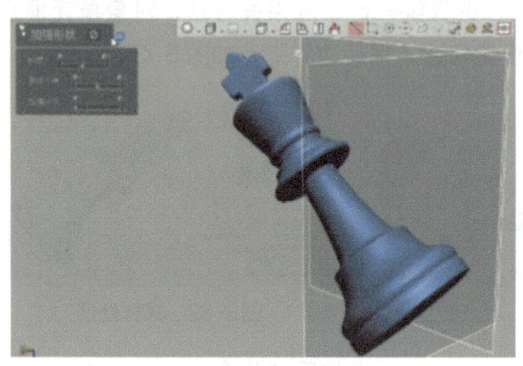
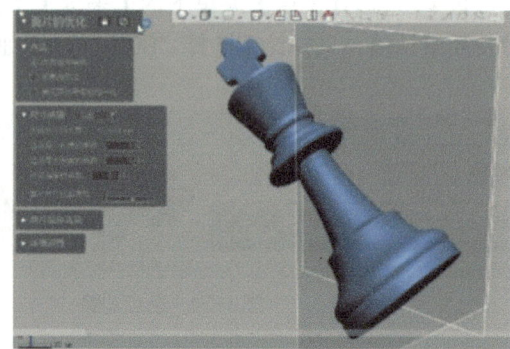

a）加强形状　　　　　　　　　　　b）面片的优化

图3-37 面片优化处理

活动3　领域的处理

选择【领域】菜单下的【自动分割】工具，进行领域的自动分割计算，如图 3-38a 所示。自动分割领域的结果如图 3-38b 所示。

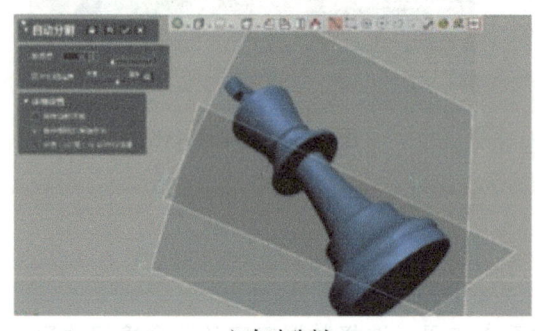
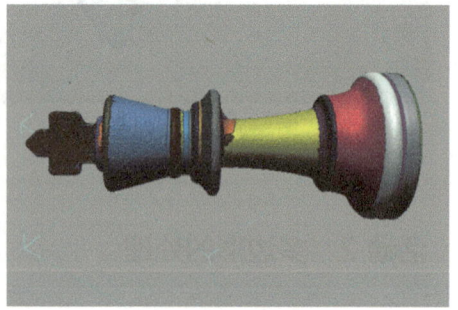

a）自动分割　　　　　　　　　　　b）自动分割领域结果

图3-38 领域的处理

活动 4　对齐坐标系

选择【对齐】菜单下的【对齐向导】工具，选择一个系统提供的合适坐标系，单击 ✓ 按钮，观察并确认棋子国王已经摆正，如图 3-39 所示。

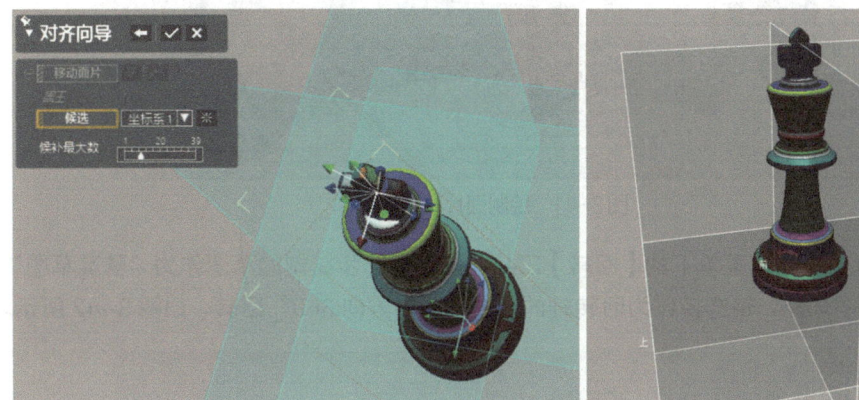

图3-39　对齐坐标系

活动 5　模型重构

分析国际象棋棋子国王的外形结构特点得知，可将模型分为两部分：下部的支撑柱和上部的十字架。重构模型时，两部分独立建模。

◆ 下部的支撑柱建模

Step1　选择【草图】菜单下的【面片草图】工具，选择"平面投影"方式，"基准平面"选择上面，其余设置为默认值，如图 3-40 所示。

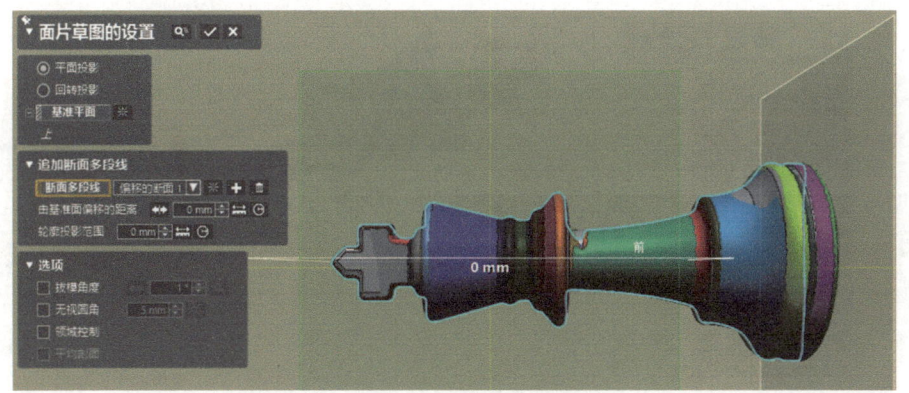

图3-40　面片草图的设置

Step2　利用【草图】菜单下的直线、圆弧、剪切等命令绘制面片草图，如图3-41所示。单击 ✗ 按钮完成草图的绘制。

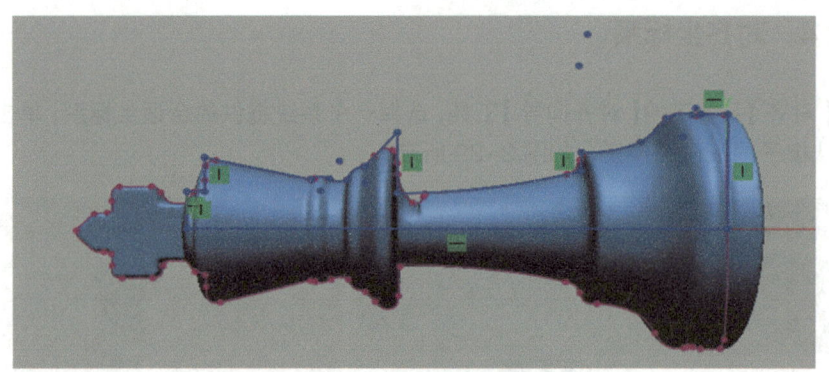

图3-41 绘制面片草图

Step3 选择【模型】菜单下的【回转】工具,选择上一步绘制的草图作为"基准草图",轮廓选封闭的草图环路,轴选择作为回转轴的直线,单侧方向360°回转,如图3-42所示。

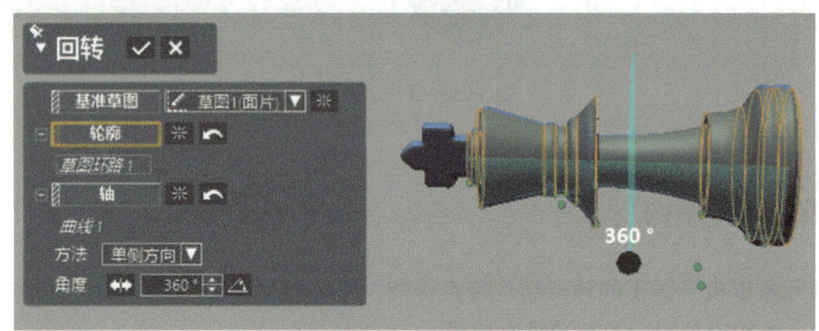

图3-42 生成回转实体

Step4 选择【模型】菜单下的【圆角】工具,选择"固定圆角",选择需要倒圆角的图线作为要素,将圆角半径的估算值圆整后填入【半径】文本框,其余参数设置为默认值,如图3-43所示。

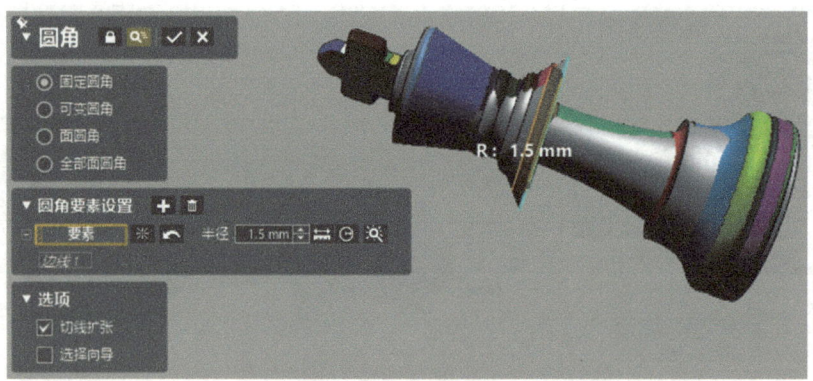

图3-43 生成圆角

◆ 上部的十字架建模

Step1 选择【草图】菜单下的【面片草图】工具,选择"平面投影"方式,"基准平面"选择上面,其余设置为默认值,如图3-44所示。

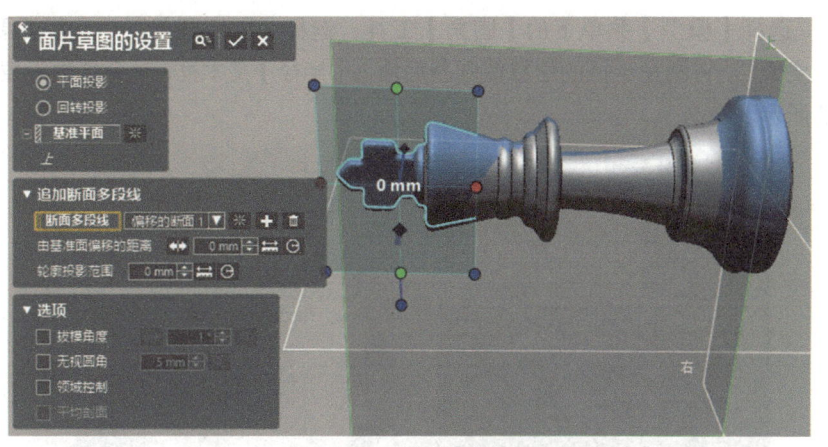

图3-44 面片草图的设置

Step2 利用【草图】菜单下的直线、圆弧、剪切等命令绘制面片草图，单击 ✕ 按钮完成草图的绘制，如图3-45所示。

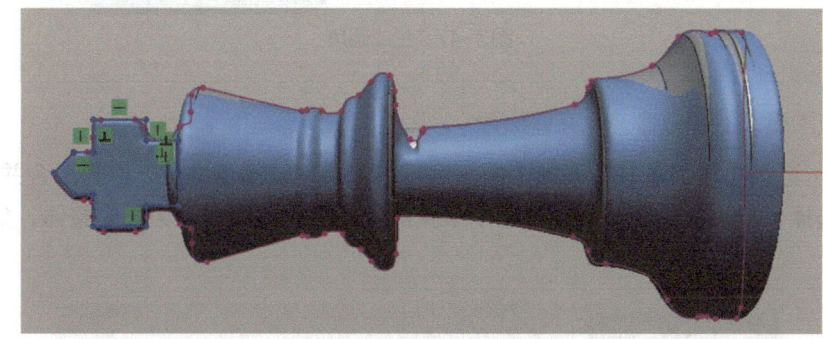

图3-45 绘制面片草图

Step3 选择【模型】菜单下的【拉伸】工具，选择上一步绘制的面片草图作为"基准草图"，选择封闭的草图环路作为"轮廓"，"方向"栏中方法选择"平面中心对称"，移动图中的蓝色箭头至十字架大平面领域处，自动获取拉伸长度，"结果运算"设置为空，如图3-46所示。

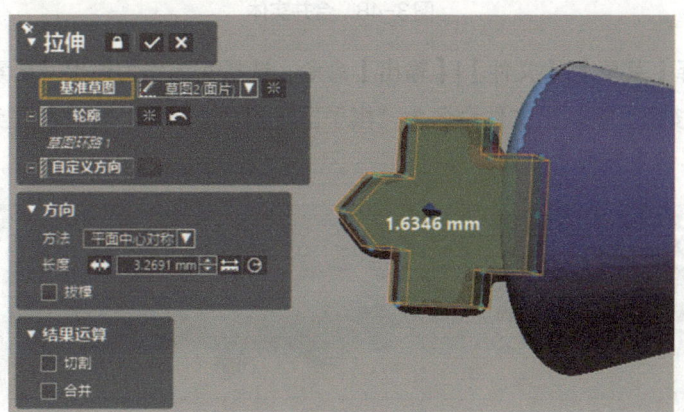

图3-46 拉伸实体

Step4 选择【模型】菜单下的【圆角】工具,选择"固定圆角",选择需要倒圆角的图线作为"要素",将圆角半径的估算值圆整后填入【半径】文本框,其余参数设置为默认值,如图 3-47 所示。

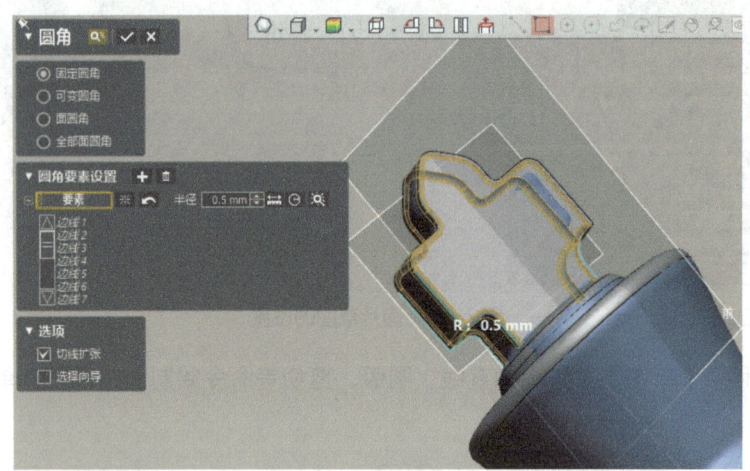

图 3-47 生成圆角

◆ 棋子国王上下部分合并及文件保存

Step1 选择【模型】菜单下的【布尔运算】工具,"操作方法"选择"合并","工具要素"选择下部支撑柱实体与上部十字架实体,将两个实体合并为一个整体,如图 3-48 所示。

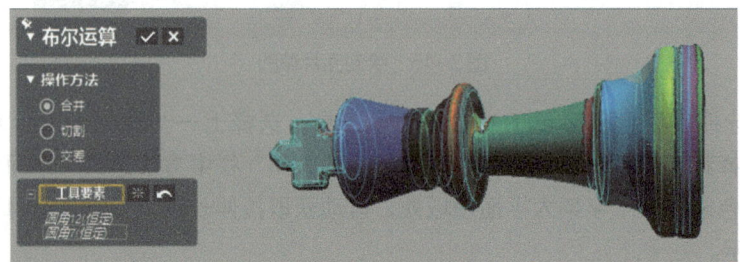

图 3-48 合并实体

Step2 选择【菜单】|【文件】|【输出】命令,选择实体作为输出"要素",如图 3-49 所示,单击 ✓ 按钮。将输出文件命名为"棋子国王模型重构",保存类型选择"STEP File(*.stp)",单击【保存】按钮。

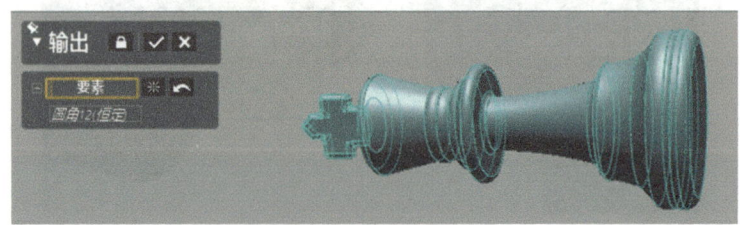

图 3-49 输出实体

任务 3　棋子王后的逆向建模

▶ 学习目标

◉ 知识目标
1. 掌握 Geomagic Design X 软件中逆向建模的一般流程。
2. 掌握 Geomagic Design X 软件中点云处理的相关命令。
3. 掌握 Geomagic Design X 软件中多边形处理的相关命令。
4. 掌握 Geomagic Design X 软件中对齐坐标系的操作。
5. 掌握 Geomagic Design X 软件中模型重构的相关命令。

◉ 能力目标
1. 能够利用 Geomagic Design X 软件对国际象棋棋子王后的点云数据进行点云处理。
2. 能够利用 Geomagic Design X 软件对国际象棋棋子王后的点云数据进行多边形处理。
3. 能够利用 Geomagic Design X 软件对国际象棋棋子王后进行实体模型重构。

▶ 任务描述

应用逆向设计软件,对国际象棋棋子王后的扫描数据进行处理,最终实现模型重构。

▶ 任务分析

本任务采用 Geomagic Design X 软件进行模型重构,分析国际象棋棋子王后的外形结构特点,先对扫描生成的点云数据进行处理,应用实体建模、曲面建模等工具,实现国际象棋棋子王后的模型重构。

▶ 知识链接

本任务中棋子王后模型比任务 2 中的棋子国王模型结构更复杂,可以通过回转命令生成规则特征,不规则曲面构成的特征建模主要通过 Geomagic Design X 软件中的"面片拟合""圆形阵列""切割"等命令来实现。

▶ 任务实施

▶ 活动 1　点云的处理

在对模型进行重构前,首先需要对扫描的点云数据进行处理,其详细步骤如下。

王后点云面片处理

Step1 选择【菜单】|【插入】|【导入】命令，打开【导入】对话框，选择国际象棋棋子王后的 asc 数据文件。单击【仅导入】按钮导入文件，如图 3-50 所示。

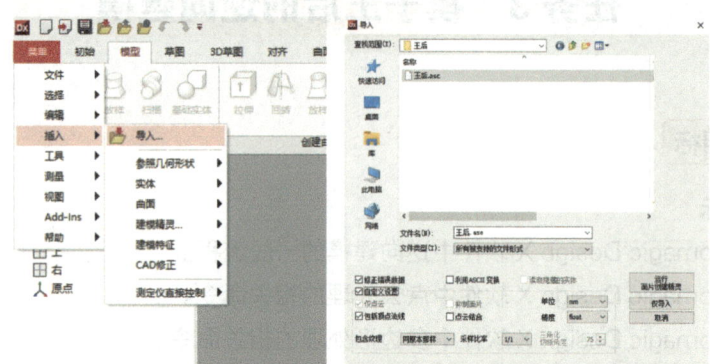

图3-50 导入扫描数据文件

Step2 选择【点】菜单下的【杂点消除】工具，每个杂点群集内的最大单元点数量设置为"100"，如图 3-51 所示。

Step3 选择【点】菜单下的【采样】工具，选择统一比率的采样方法，对象单元顶点数使用默认值，采样比率选择"80%"，详细设置勾选"保持边界"，如图 3-52 所示。

图3-51 杂点消除　　　图3-52 采样处理

Step4 选择【点】菜单下的【平滑】工具，强度和平滑程度选择合适位置，许可偏差采用自动计算，如图 3-53 所示。

Step5 选择【点】菜单下的【三角面片化】工具，采用"构造面片"的方式，其余选项使用默认值，如图 3-54 所示。

 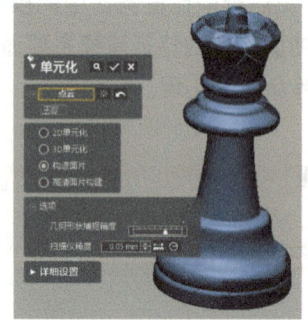

图3-53 平滑处理　　　图3-54 三角面片化

活动2　多边形的处理

Step1　选择【多边形】菜单下的【修补精灵】工具，参数设置使用默认值，如图3-55所示。

Step2　选择【多边形】菜单下的【整体再面片化】工具，参数设置使用默认值，如图3-56所示。

图3-55　修补精灵

图3-56　整体再面片化

活动3　对齐坐标系

Step1　选择【模型】菜单下的【平面】工具，方法选择"选择多个点"，在模型底面选择不在一条直线的至少三个点，如图3-57所示，单击 ✓ 按钮，生成平面1。

王后坐标对齐

图3-57　生成平面

Step2　选择【草图】菜单下的【面片草图】工具，选择平面1，进入面片草图模式，用鼠标拖动长箭头，切割王后模型，如图3-58所示，单击 ✓ 按钮。单击工具栏中【创建圆】按钮，单击对应参照线绘制圆；单击工具栏中【直线】按钮，绘制经过圆心且相互垂直的两条直线，如图3-59所示。

图3-58　面片草图

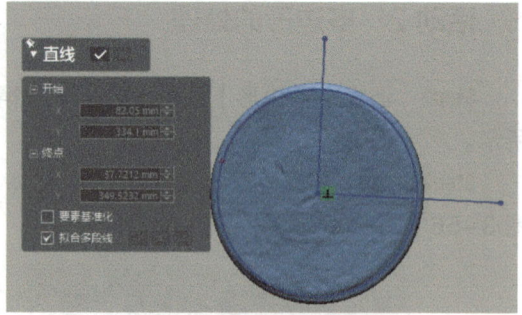
图3-59　绘制圆及直线

Step3　选择【对齐】|【手动对齐】命令，系统弹出【手动对齐】对话框，单击➡按钮，选择"X-Y-Z"对齐方式，位置选取两直线交点即圆心处，X轴选择水平直线，Y轴选择垂直线，如图3-60所示，设置完成后单击✓按钮，退出手动对齐模式，坐标系创建完成。注：用于辅助建立坐标系的平面1及草图1（面片）在建立坐标系后可隐藏或删除。

图3-60　手动对齐

活动 4　模型重构

Step1　选择【模型】菜单下的【线】工具，分别选择"右""上"基准面，单击✓按钮，如图3-61所示，生成参照线即回转轴线。

王后模型重构

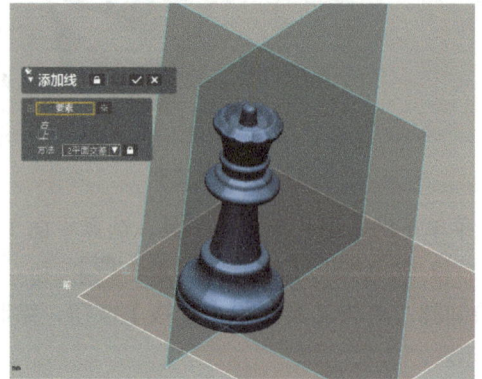
图3-61　生成回转轴线

Step2 选择【草图】菜单下的【面片草图】工具，选择"回转投影"方式，分别选择中心轴及基准平面，拖动回转位置至截面最大处，如图3-62所示，单击✓按钮，进入草图绘制界面。利用草图菜单下的自动草图或直线、圆弧、剪切等命令，完成回转截面绘制，如图3-63所示，单击✗按钮完成草图的绘制。

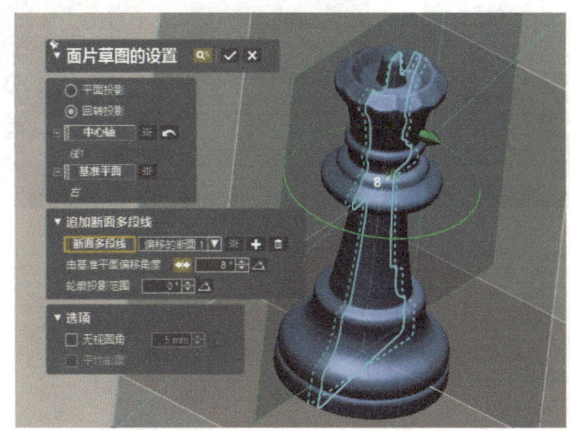
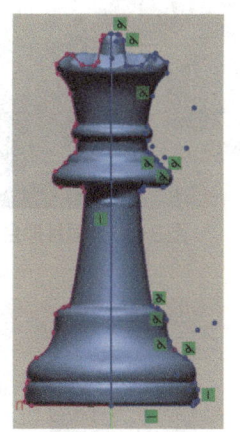

图3-62　面片草图设置　　　　图3-63　绘制面片草图

Step3 选择【模型】菜单下创建实体中的【回转】工具，选择上一步绘制的草图作为"基准草图"，轮廓选封闭的草图环路，轴选择作为回转轴的直线，单侧方向360°回转，如图3-64所示。

Step4 选择【画笔选择模式】，用画笔完成领域绘制后单击【插入】按钮，领域生成结果如图3-65所示。

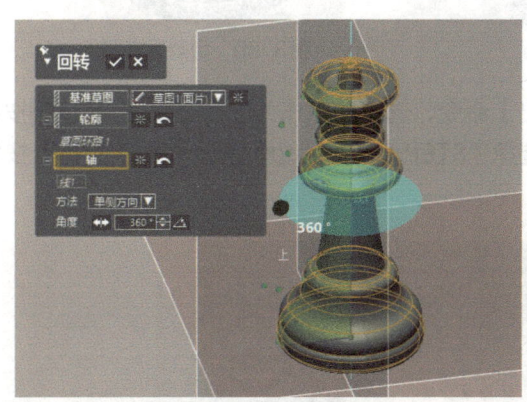
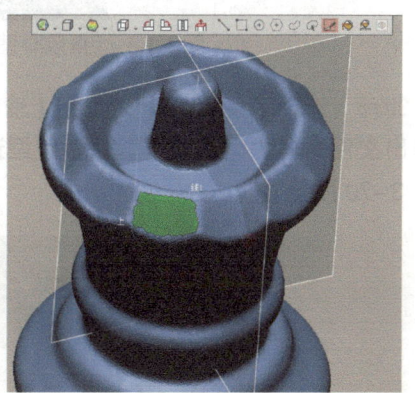

图3-64　生成回转实体　　　　图3-65　生成领域

Step5 选择【模型】菜单下向导中的【面片拟合】工具，选择上个步骤中生成的领域，如图3-66所示，调整面片方向及大小，单击✓按钮，完成面片拟合。

Step6 选择【模型】菜单下阵列中的【圆形阵列】工具，如图3-67所示完成设置，单击✓按钮，完成面片的阵列。

Step7 选择【模型】菜单下编辑中的【切割】工具，利用生成的面片切割实体，具体设置如图3-68所示。切割后模型如图3-69所示。

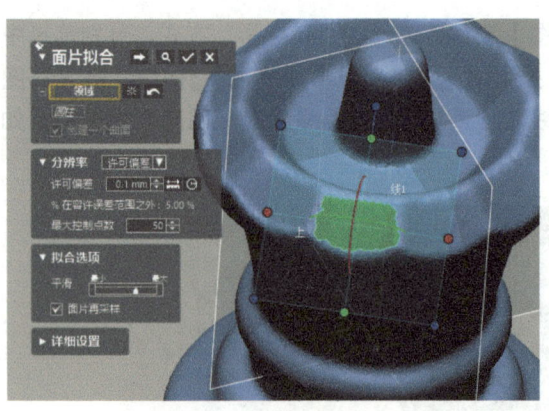

图3-66 面片拟合设置

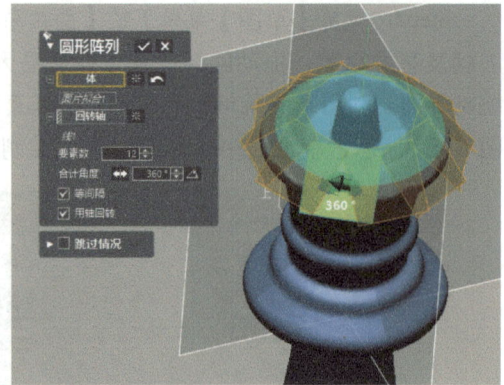

图3-67 面片圆形阵列

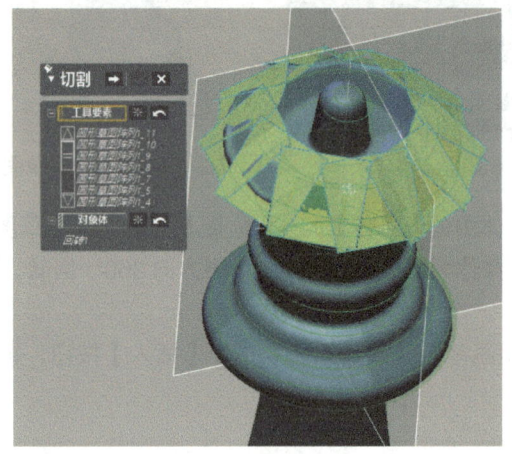

图3-68 切割实体图

图3-69 切割后模型

Step8 选择【菜单】|【文件】|【输出】命令，选择实体作为输出要素，单击 ✓ 按钮。将输出文件命名为"王后"，保存类型选择"STEP File（*.stp）"，单击【保存】按钮，如图3-70所示。

图3-70 输出实体

任务 4 棋子马的逆向建模

学习目标

● 知识目标

1. 掌握 Geomagic Design X 软件中不规则曲面模型逆向建模的一般流程。
2. 掌握 Geomagic Design X 软件中点云处理、多边形处理、领域处理的相关命令。
3. 掌握 Geomagic Design X 软件中对齐坐标系的操作。
4. 掌握 Geomagic Design X 软件中不规则曲面模型重构的相关命令。

● 能力目标

1. 能够利用 Geomagic Design X 软件对国际象棋棋子马的点云数据进行点云处理、多边形处理、领域处理。
2. 能够利用 Geomagic Design X 软件对国际象棋棋子马进行实体模型重构。

任务描述

应用逆向设计软件,对国际象棋棋子马的扫描数据进行处理,最终实现模型重构。

任务分析

本任务采用 Geomagic Design X 软件进行模型重构,分析国际象棋棋子马的外形结构特点,先对扫描生成的点云数据进行处理,应用实体建模、曲面建模等工具,实现国际象棋棋子马的模型重构。

知识链接

本任务中棋子马与任务 2 中的棋子国王的模型结构有很大的不同,国王模型整体较规则,所有特征都可以通过回转、拉伸等命令完成,而马的模型除了这些规则特征外,还有很多不规则的曲面,这些曲面特征的建模主要通过 Geomagic Design X 软件中的"面片拟合""剪切曲面"等命令来实现。

任务实施

◉ 活动 1 点云的处理

Step1 选择【菜单】|【插入】|【导入】命令,打开【导入】对话框,选择国际象棋棋子马的 asc 数据文件。在【导入】对话框中,选中"仅点云"

棋子马逆向建模 1

复选框。单击【仅导入】按钮导入文件，如图3-71所示。

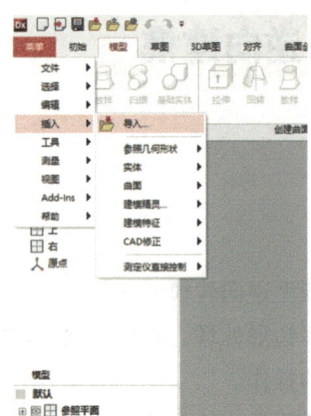 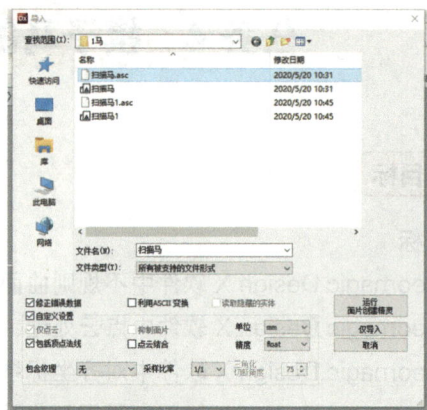

图3-71 导入扫描数据文件

Step2 选择【点】菜单下的【杂点消除】工具，每个杂点群集内的最大单元点数量设置为"100"，如图3-72所示。

Step3 选择【点】菜单下的【采样】工具，选择统一比率的采样方法，对象单元顶点数使用默认值，采样比率选择"80%"，详细设置勾选"保持边界"，如图3-73所示。

图3-72 杂点消除　　　　　　　　　图3-73 采样处理

Step4 选择【点】菜单下的【平滑】工具，强度和平滑程度选择合适位置，许可偏差采用自动计算，如图3-74所示。

Step5 选择【点】菜单下的【三角面片化】工具，采用"构造面片"的方式，其余选项使用默认值，如图3-75所示。

 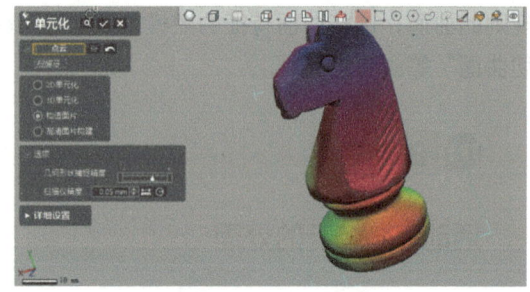

图3-74 平滑处理　　　　　　　　　图3-75 三角面片化

活动2　多边形的处理

Step1　选择【多边形】菜单下的【修补精灵】工具,参数设置使用默认值,如图3-76所示。

图3-76　修补精灵

Step2　分别选择【多边形】菜单下的【加强形状】、【整体再面片化】及【面片的优化】工具,完成面片的再次优化处理,如图3-77所示。

 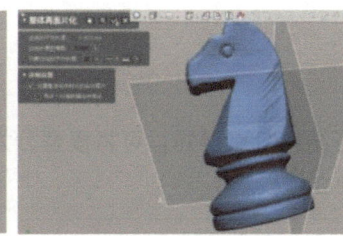 

a)加强形状　　　　　　　　b)整体再面片化　　　　　　　c)面片的优化

图3-77　优化处理

活动3　领域的处理

选择【领域】菜单下的【自动分割】工具,进行领域的自动分割计算,如图3-78所示。自动分割领域的结果如图3-79所示。

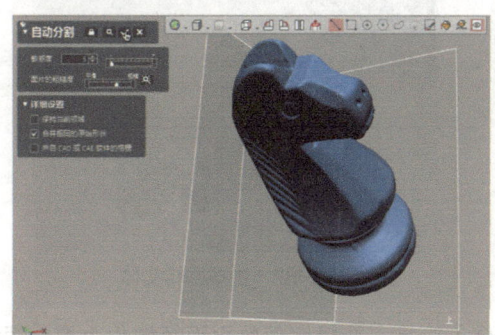 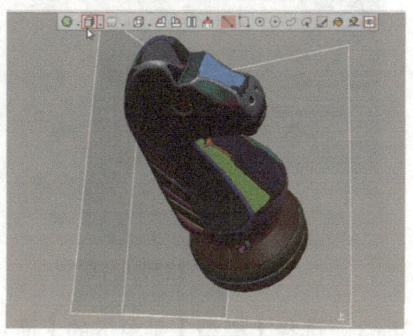

图3-78　自动分割　　　　　　　　　图3-79　自动分割领域结果

活动 4　对齐坐标系

选择【对齐】菜单下的【对齐向导】工具，选择一个系统提供的合适坐标系，单击 ✓ 按钮，观察并确认棋子马已经摆正，如图 3-80 所示。

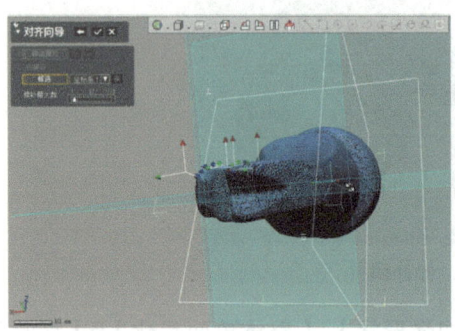
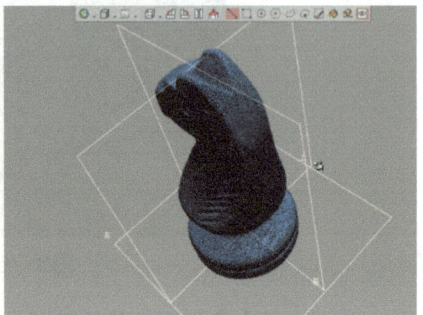

图3-80　对齐坐标系

活动 5　模型重构

分析国际象棋棋子马的外形结构特点得知，可将模型分为两部分：下部的支撑柱和上部的马头。重构模型时，两部分独立建模。

◆ 下部的支撑柱建模

Step1　利用草图菜单下的直线、圆弧、剪切等命令绘制面片草图，单击 ✕ 按钮完成草图的绘制，如图3-81所示。

Step2　选择【模型】菜单下的【回转】工具，选择草图环路1作为回转轮廓，选择回转轴线，单侧回转360度，单击完成支撑柱的回转，如图3-82所示。

棋子马逆向建模 2

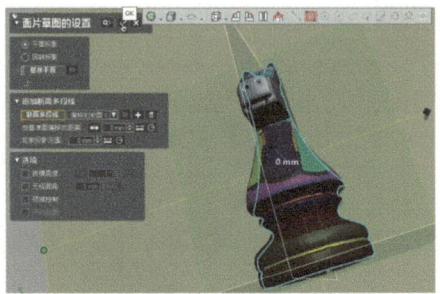
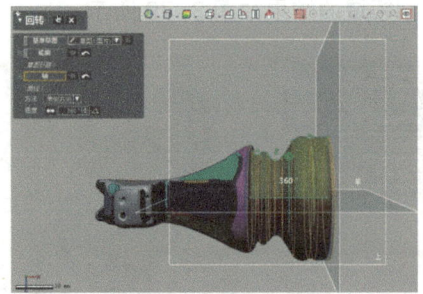

图3-81　绘制面片草图　　　　图3-82　生成回转实体

Step3　选择【模型】菜单下的【面片拟合】工具，选择底部的平面领域作为拟合领域，参数选择默认值，完成支撑座底面的曲面创建，如图3-83所示。

图3-83 面片拟合

Step4 选择【模型】菜单下的【切割】工具，工具要素选择面片拟合1，对象体选择棋子马下部支撑座的回转体，残留体选择回转体的上部。单击✓按钮，切除支撑座底部多余实体，如图3-84所示。

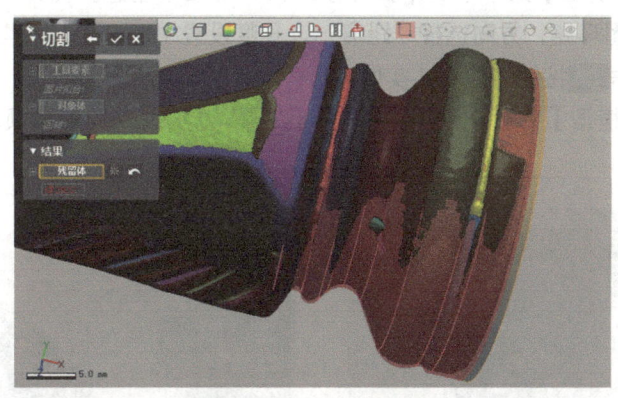

图3-84 曲面切割实体

Step5 选择【模型】菜单下的【圆角】工具，选择"固定圆角"，要素选择需要倒圆角的边线，圆角半径设置为2mm，选项默认为"切线扩张"，单击✓按钮，完成圆角的创建，如图3-85所示。

Step6 关闭面片，查看棋子马的下部支撑柱建模情况，如图3-86所示。

图3-85 创建圆角

图3-86 棋子马的下部支撑柱实体

◆ 上部马头建模

Step1 选择【草图】菜单下的【面片草图】工具，选择"平面投影"方式，选择前面作为基准面，基准面偏移的距离选择默认值0，轮廓投影范围设置为50，将整个马头包容在投影范围内。其余选项设置为默认值,单击✓按钮。如图3-87所示。

Step2 应用草图工具中的直线、圆弧、剪切、圆角等作图工具,完成马头轮廓草图的绘制,如图3-88所示。单击【退出】按钮完成草图绘制。

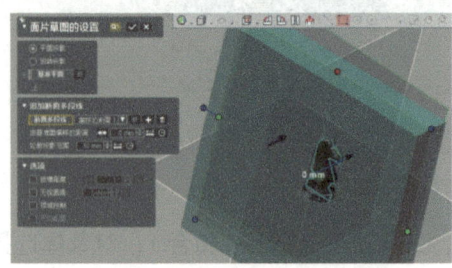
图3-87 面片草图

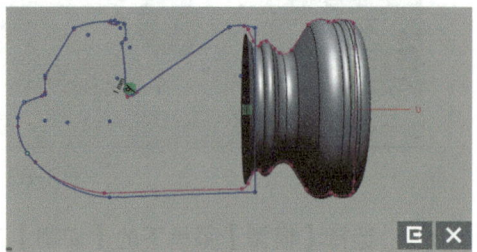
图3-88 绘制草图

Step3 选择【模型】菜单下的【拉伸】工具,基准草图选择面片草图2,轮廓选择上一步绘制的马头草图环路,方向选择"距离",长度设置15mm,其余均设置为默认值,如图3-89所示。单击✓按钮完成马头实体的拉伸。

Step4 选择【模型】菜单下的【面片拟合】工具,选择马头脸部的领域,拟合脸部曲面,如图3-90所示。

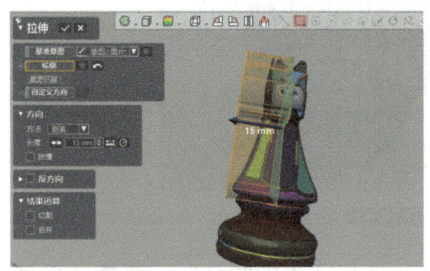
图3-89 拉伸实体

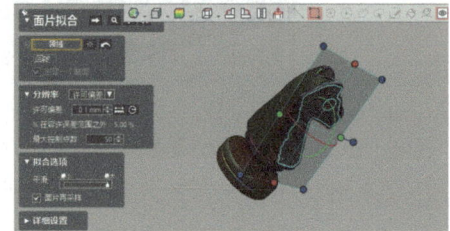
图3-90 面片拟合

Step5 重复上一步操作,选择马头背部领域,拟合背部曲面,如图3-91所示。

Step6 选择【模型】菜单栏下的【切割】工具,工具要素选择上一步拟合的两个曲面,对象体选择马头实体,残留体选择需要保留的部分,单击✓按钮完成切割,如图3-92所示。

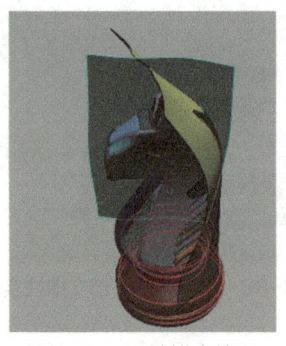
图3-91 面片拟合结果

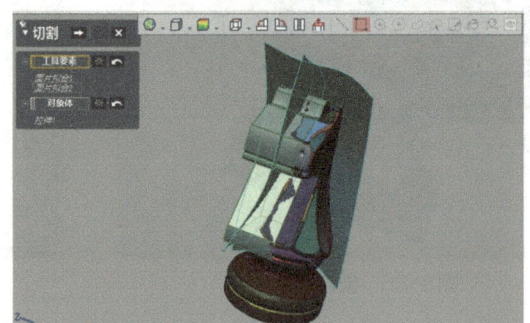
图3-92 曲面切割实体

Step7 选择【模型】菜单下的【面片拟合】工具,选择马身体正前方的平面领域,拟合身体正前曲面,如图3-93所示。

Step8 重复上一步操作，选择马左前方的平面领域，拟合身体左前曲面，如图3-94所示。

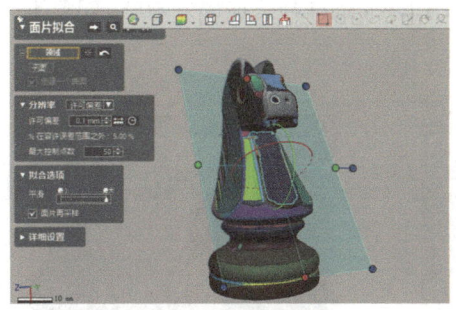

图3-93 面片拟合

图3-94 面片拟合结果

Step9 选择【3D草图】菜单下的【3D面片草图】，沿着马的下巴部分绘制一条样条曲线，如图3-95所示。

Step10 选择【模型】菜单下创建曲面的【拉伸】工具，基准草图选择上一步绘制的3D面片草图，轮廓选择3D草图链，自定义方向选择前面，即基准面前面的法线方向作为曲面拉伸方向，方法选择"平面中心对称"，长度设置为"30mm"，其余参数均选择默认值。单击✓按钮完成马下巴部分曲面的拉伸，如图3-96所示。

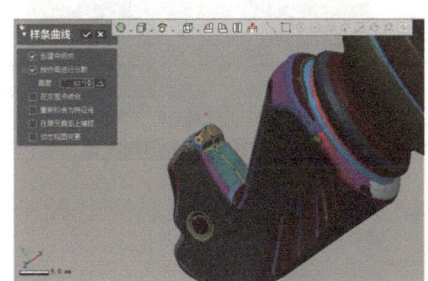

图3-95 3D草图

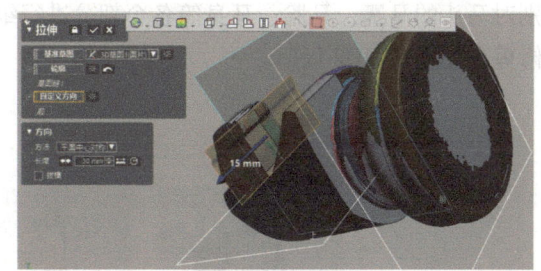

图3-96 拉伸曲面

Step11 选择【模型】菜单下的【延长曲面】工具，将马下巴部分对应曲面延长，使该曲面后部与马身正前曲面及马身左前曲面均有交集，前部超出马身实体，如图3-97所示。

Step12 选择【模型】菜单下的【剪切曲面】工具，工具和对象体均选择马身正前曲面、马身左前曲面及马下巴曲面，残留体选择与马身实体有接触的切割部分，如图3-98所示。单击✓按钮，完成三个曲面的相互剪切。

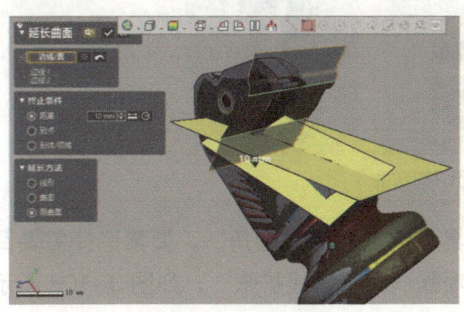

图3-97 延长曲面

图3-98 剪切曲面

Step13　选择【模型】菜单下的【切割】工具，工具要素选择上一步完成的剪切曲面，对象体选择马身实体，残留体选择需要保留的实体部分，如图3-99所示。

Step14　选择【模型】菜单下的【面片拟合】工具，选择马头顶部分领域，如图3-100所示，拟合头顶缺口部分曲面。

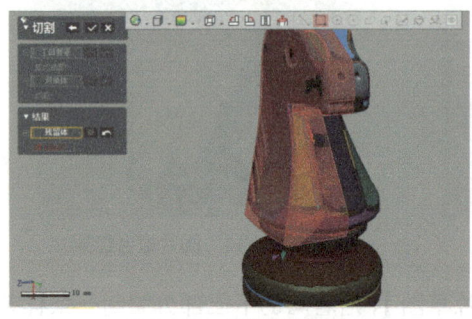
图3-99　曲面切割实体

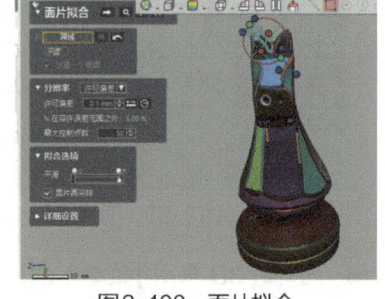
图3-100　面片拟合

Step15　选择【模型】菜单下的【切割】工具，利用拟合的头顶缺口曲面，对马身实体进行切割，如图3-101所示。

Step16　重复以上【面片拟合】和【切割】操作，分别对马头的马嘴、马脸、马身等各个部分进行细节修剪，如图3-102所示。

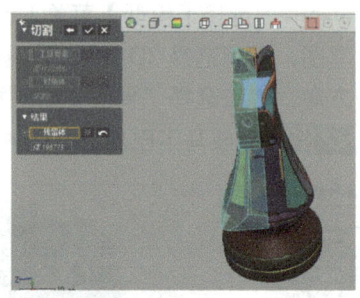
图3-101　曲面切割实体

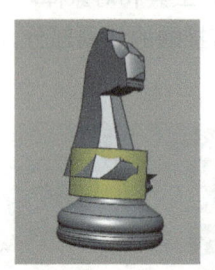

图3-102　曲面切割实体

Step17　选择【模型】菜单下的【圆角】工具，选择"固定圆角"，要素选择需要倒圆角的边线，圆角半径由面片估算后取圆整值，选项默认为"切线扩张"，如图3-103所示。单击✓按钮，完成圆角的创建。效果如图3-104所示。

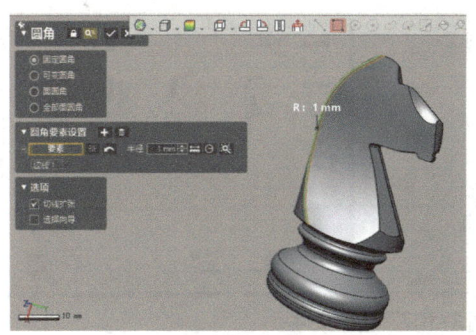
图3-103　圆角

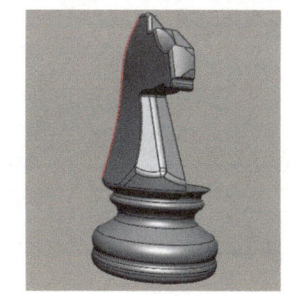
图3-104　完成圆角

Step18　选择【模型】菜单下的【镜像】工具，体选择马身实体，对称平面选择基准面前面，单击  按钮，镜像马身实体的另一半，如图3-105所示。

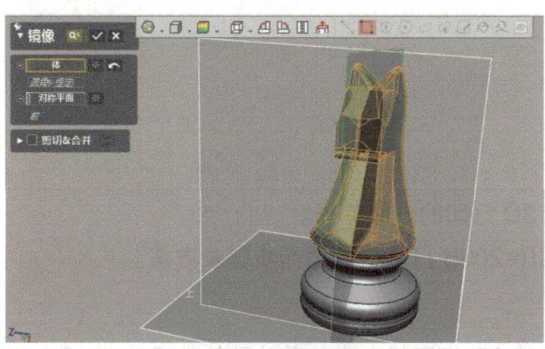
图3-105　镜像实体

◆ 棋子马上下部分合并及文件保存

Step1　选择【模型】菜单下的【布尔运算】工具，操作方法选择"合并"，工具要素选择马身两部分实体以及支撑柱实体，单击 按钮，将三个实体合并为一个整体，如图3-106所示。

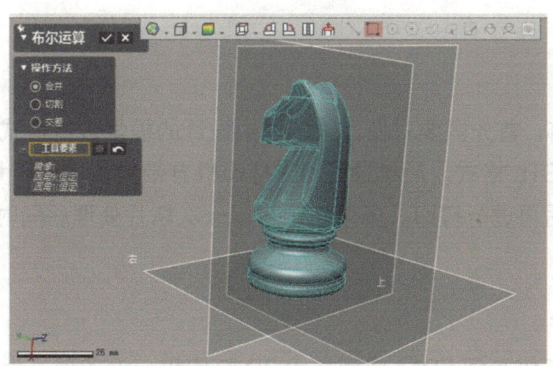
图3-106　合并实体

Step2　完成棋子马的模型重构后，选择下拉菜单【菜单】|【文件】|【输出】命令，选择实体，弹出【输出】对话框，选择所需要保存的文件类型，单击【保存】按钮，如图3-107所示。

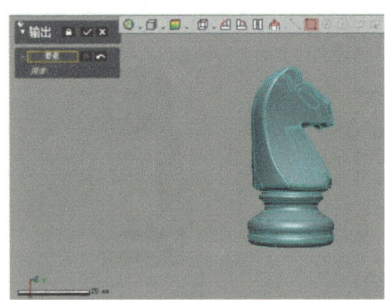 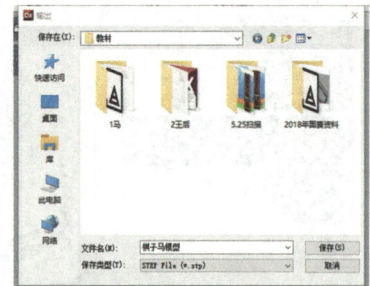

图 3-107　输出文件

任务 5　棋子的 3D 打印

学习目标

知识目标

1. 掌握 FDM 工艺 3D 打印的一般流程。
2. 掌握创想三维 CR-200B 打印机的操作步骤及方法。

能力目标

1. 能够利用创想三维 3D 打印机自带的前处理软件 Creality Print 进行切片处理。
2. 能够对设计的模型应用创想三维 CR-200B 打印机进行 3D 打印。

任务描述

应用创想三维 CR-200B 3D 打印机，将任务 2~4 中设计的棋子国王、王后和马进行 3D 打印。

任务分析

在进行 3D 打印前，首先需要对在三维软件中设计的模型进行格式转换，转换成一般 3D 打印软件能够识别的 STL 格式。后续通过 3D 打印机自带的软件进行切片处理，生成 3D 打印机能够识别的格式后再进行打印。多个棋子可以一次切片处理后同时打印。

知识链接

本任务采用创想三维公司 FDM 成型技术 3D 打印机，设备型号为 CR-200B，设备结构如图 3-108 所示，设备参数见表 3-3。此打印设备自带切片软件 Creality Print，在打印前需先在计算机上安装此切片软件，在软件中打开 .stl 格式的文件，通过切片软件将模型切片，生成 Gcode 代码文件。

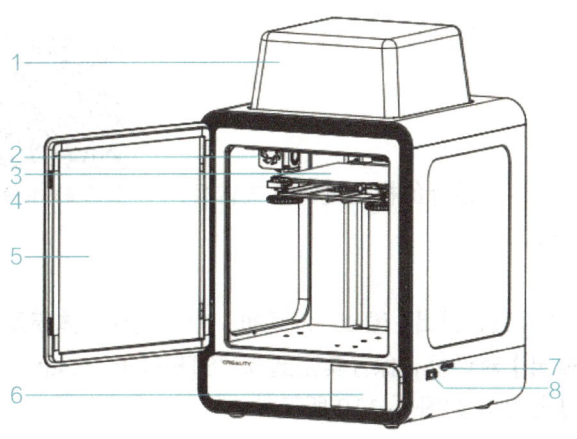
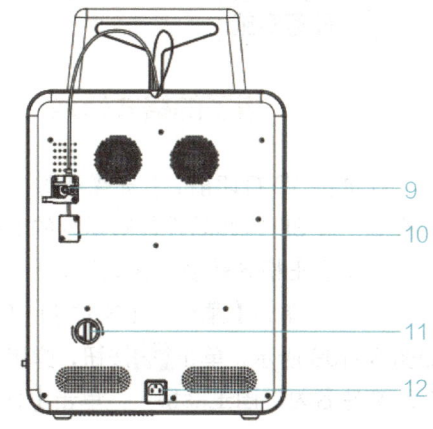

图3-108 创想三维CR-200B打印机结构示意图

1—上罩 2—喷头套件 3—打印平台 4—调平螺母 5—前门 6—触摸屏 7—存储卡槽和USB接口 8—电源开关 9—远端挤出机 10—断料检测 11—料管 12—电源插口

表3-3 创想三维CR-200B打印机参数

成型尺寸	200mm×200mm×200mm
成型技术	FDM
喷头数量	1
切片层厚	0.1~0.4mm
喷嘴直径	标配0.4mm
打印精度	±0.1mm
打印材料	1.75mmPLA/ABS
切片支持格式	STL/OBJ/AMF
打印方式	存储卡脱机打印或联机打印
可兼容切片软件	Creality Print/Cura/Repetier-Host/Simplify3D
电源规格	输入：AC 100~240V 50/60Hz 输出：DC 24V
额定功率	320W
热床最高温度	≤100℃
喷嘴最高温度	≤250℃
断料检测	有
打印速度	≤180mm/s，正常为30~60mm/s

> **任务实施**

● 活动 1　棋子的格式转换

国王格式转换

在进行 3D 打印前，首先需要对在三维软件中设计的模型进行格式转换，转换成一般 3D 打印软件能够识别的 STL 格式。

棋子国王格式转换步骤如下。

Step1　单击【菜单】|【文件】|【输出】按钮，弹出【输出】对话框，单击选择实体模型，如图 3-109 所示，单击  按钮，弹出【输出】对话框，保存类型选择"STEP File (*.stp)"，修改文件名为"国王.stp"，单击【保存】按钮，如图 3-110 所示。

图 3-109　国王输出界面

图 3-110　国王保存对话框

Step2　打开 NX 软件，打开文件"国王.stp"，选择下拉菜单【文件】|【导出】|【STL】命令，系统弹出【STL 导出】对话框，选择国王模型，如图 3-111 所示，单击【确定】按钮，即完成格式转换。

图 3-111　文件导出界面

棋子王后、马的格式转换步骤与棋子国王相同,这里不再详述。

活动 2　棋子国王、王后和马的 3D 打印

为了提高打印效率,本活动采取棋子国王、王后和马一起打印的方式,其步骤如下。

棋子模型切片

1. 模型切片

Step1　打开 Creality Print 软件,添加打印机,选择 CR-200B,单击【添加】按钮,如图 3-112 所示。

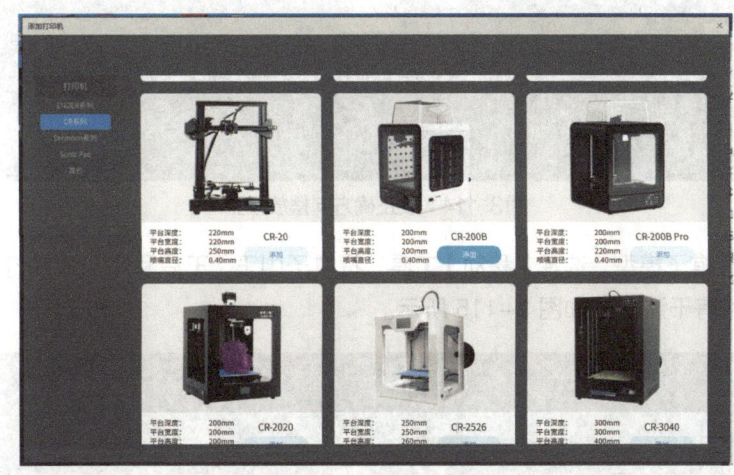

图3-112　添加打印机

Step2　选择下拉菜单【文件】|【打开文件】,弹出【打开】对话框,在对应的存储位置处选择需要 3D 打印的棋子国王、王后和马,单击【打开】按钮,如图 3-113 所示。

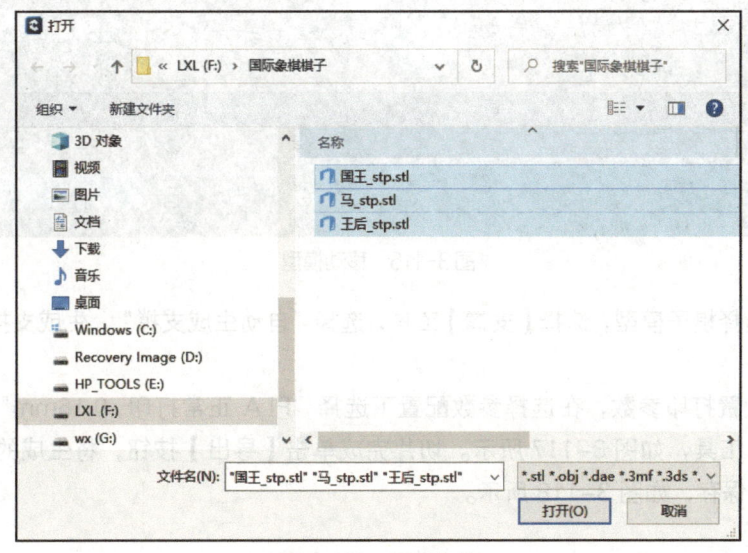

图3-113　打开文件

Step3 选择棋子模型，选择【旋转】工具或【按面放平】工具，将棋子国王、王后和马按正确方向摆放，如图 3-114 所示。

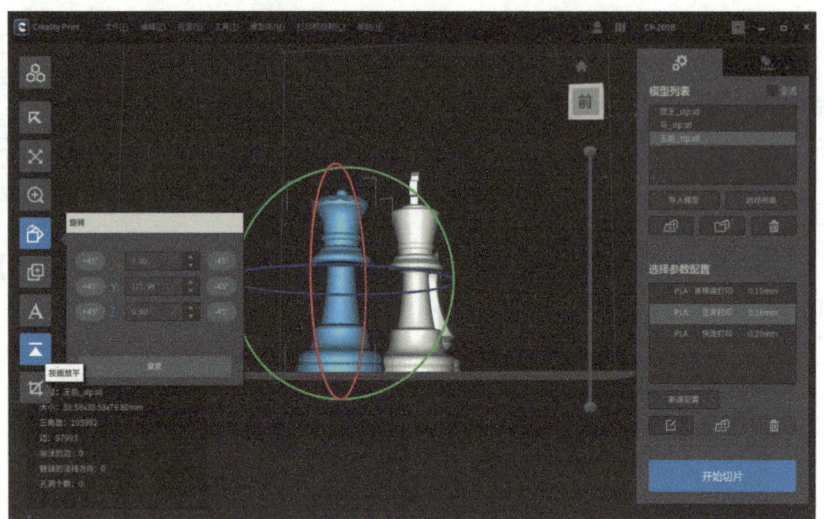

图3-114　按正确方向摆放模型

Step4 选择棋子模型，选择【移动】工具，将棋子国王、王后和马放置在打印机中央（注意模型之间不能有干涉），如图 3-115 所示。

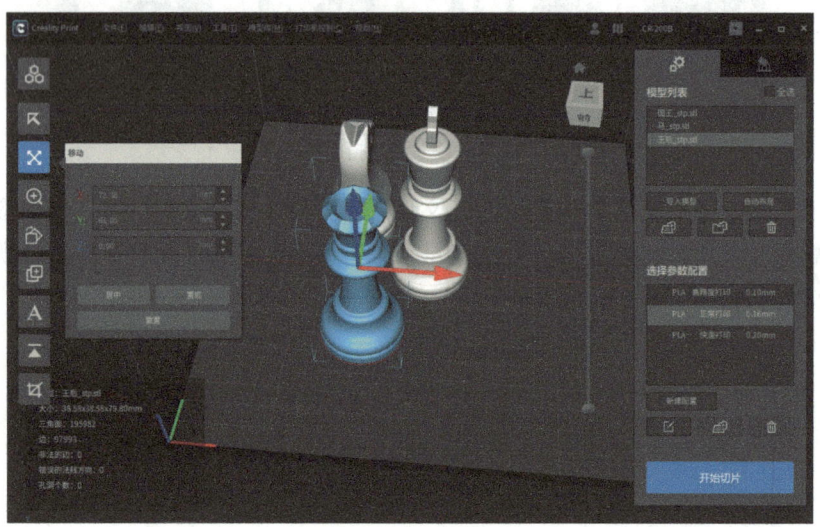

图3-115　移动模型

Step5 选择棋子模型，选择【支撑】工具，选择"自动生成支撑"，生成支撑如图 3-116 所示。

Step6 设置打印参数，在选择参数配置下选择"PLA 正常打印 0.16mm"选项，选择【开始切片】工具，如图 3-117 所示。切片完成单击【导出】按钮，将生成的 Gcode 格式切片文件进行保存，如图 3-118 所示。

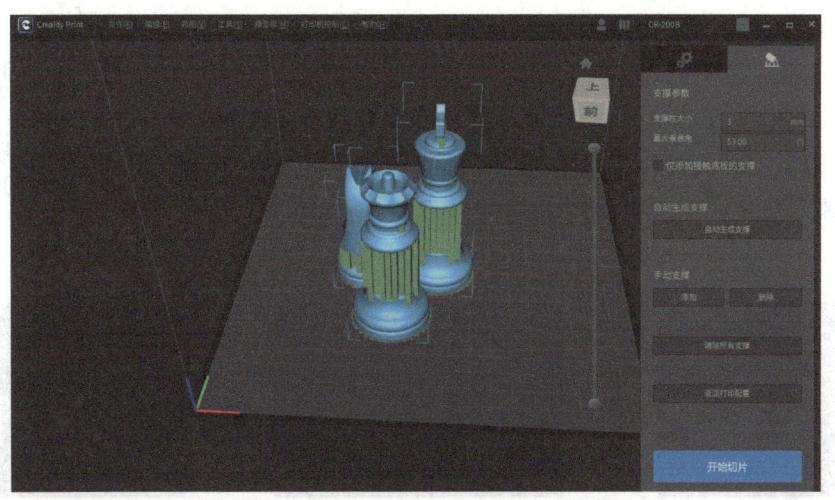

图3-116　生成支撑

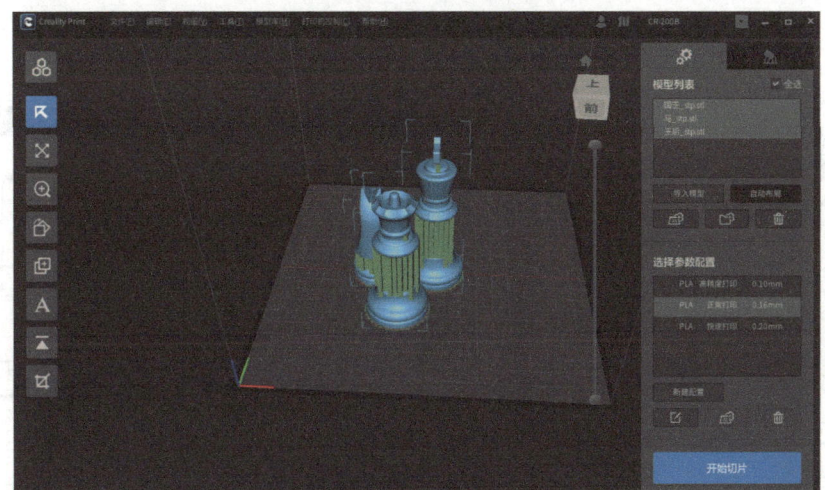

图3-117　开始切片

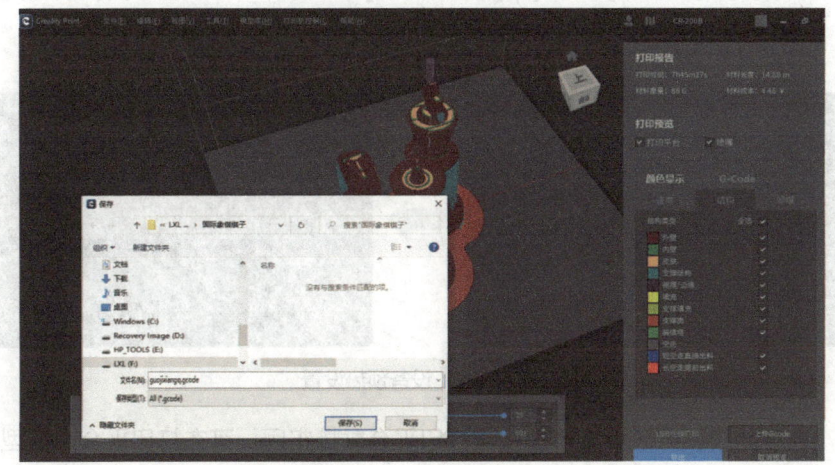

图3-118　导出切片文件

2. 模型打印

Step1 调平平台。打开设备电源,选择【设置】|【调平模式】,分别单击【辅助调平】上数字①②③④⑤,如图 3-119 所示移动喷嘴至对应位置,拧动螺钉(朝左拧松,反向则是拧紧),调节打印平台高度,使喷嘴、平台二者处于刚好贴合状态,间距约为 0.1mm(一张 A4 纸的厚度),如图 3-120 所示。

棋子模型打印

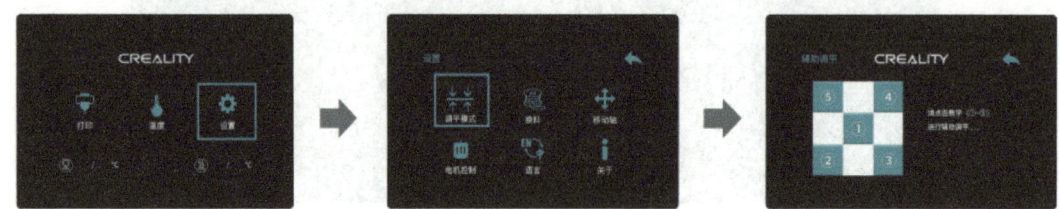

图3-119 调平界面

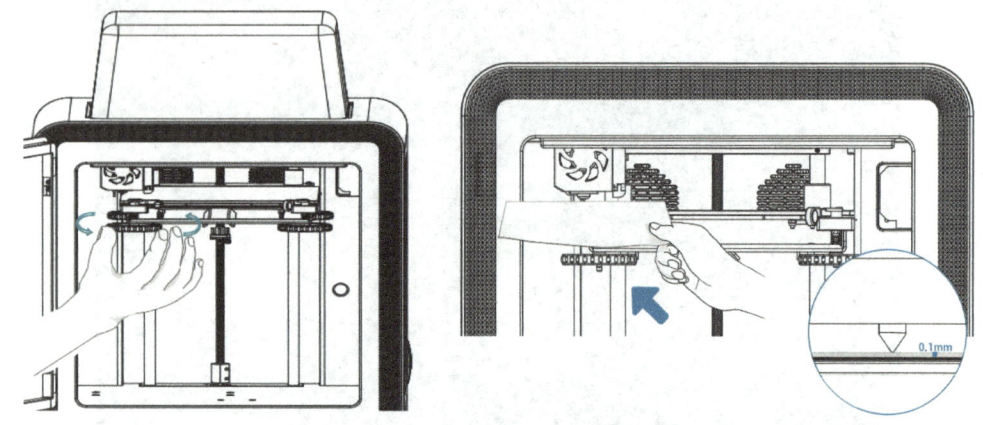

图3-120 调节喷嘴与平台间距

Step2 设备预热。选择【温度】|【自动设温】,如图 3-121 所示,在模式选择上选择"PLA",设备自动对喷头及工作平台预热。

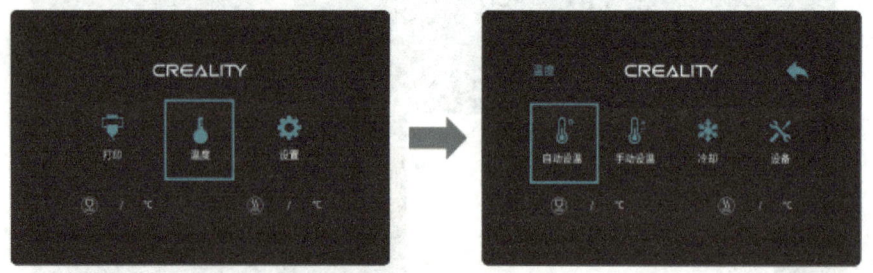

图3-121 设备预热设置

Step3 设备涂胶。为了使打印模型与打印平台黏接牢固,可在打印平台上模型对应的位置涂上胶,如图 3-122 所示。

Step4 插入存储卡。将存有模型切片数据的存储卡插入设备,如图 3-123 所示。

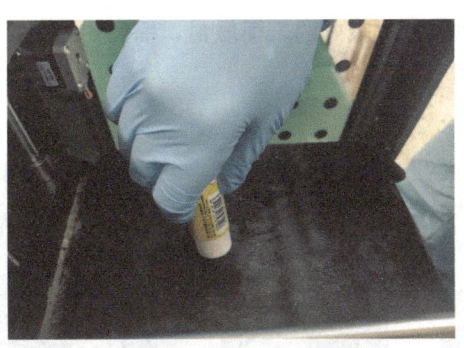
图3-122　工作平台涂胶

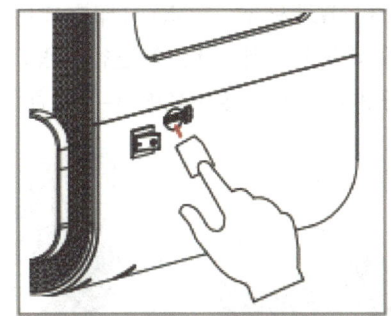
图3-123　插入存储卡

Step5　打印。选择【打印】，选择打印文件"guojixiangqi"，单击【打印】按钮，设备即开始打印，打印过程如图3-124所示。模型打印完成后，设备停止打印，打印完成如图3-125所示。

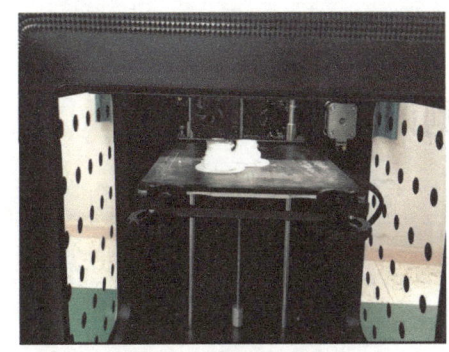
图3-124　模型打印过程

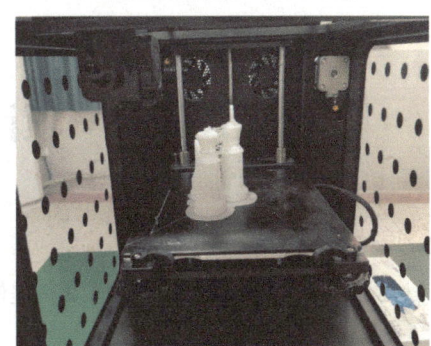
图3-125　模型打印完成

3. 打印后处理

Step1　从平台上分离模型。打印完成后，打开箱门，用铲子将模型从打印平台上取出，如图3-126所示。取件时，用工具从模型底部支撑处铲除，将模型从平台上分离。

棋子模型打印后处理

Step2　去除模型支撑。用专业工具将支撑从模型表面剥离，如图3-127所示。

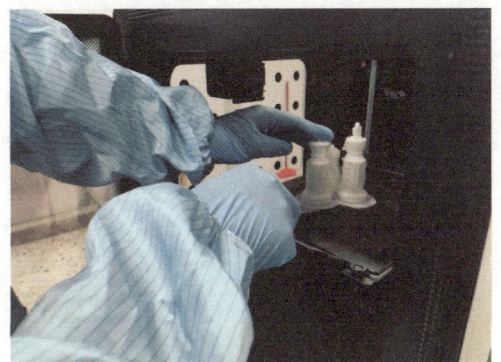
图3-126　分离模型

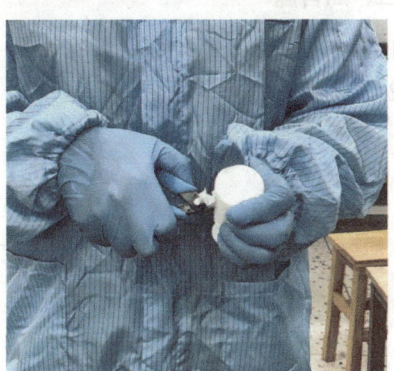
图3-127　去除支撑

Step3 清理模型。FDM 打印完成后，为了获得较好的表面质量，需利用锉刀、砂纸等工具对模型表面毛刺、飞边等进行清理，如图 3-128 所示。

棋子的最终打印效果如图 3-129 所示。

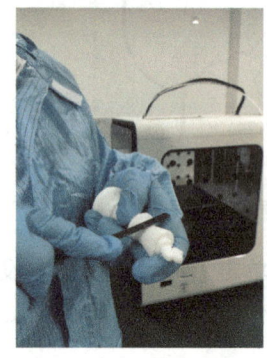
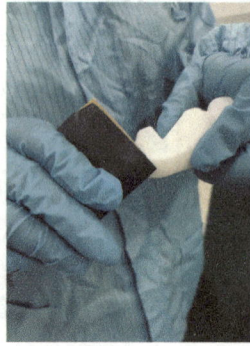

图3-128　清理模型表面　　　　　　　图3-129　棋子最终打印效果

项目测评

一、单选题

1. EinScan-Pro 手持式三维扫描没有提供（　　）模式。
   A. 固定扫描　　　　　　　　　　B. 固定精细扫描
   C. 手持精细扫描　　　　　　　　D. 手持快速扫描
2. Geomagic Design X 软件能导入的点云文件名后缀为（　　）。
   A. .stl　　　　B. .prt　　　　C. .asm　　　　D. .asc
3. 以下 Gcode 代码文件名，（　　）有可能不能被识别。
   A. 123.gcode　　　　　　　　　　B. Abc.gcode
   C. 马模型 .gcode　　　　　　　　D. abc123.gcode

二、简答题

1. 逆向设计的一般流程是什么？
2. 逆向工程常用的领域有哪些？

日增月盛——3D打印重要领域应用

学习目标

了解3D打印技术在相关行业中的应用,认识3D打印制作的典型产品。

随着科技发展和社会进步,3D打印技术已相对成熟,经过数十年的持续发展,其可成型的材料能够涵盖金属材料、高分子聚合物、陶瓷材料、复合材料、生物材料等,现已达到工程应用阶段,且在航空航天、汽车行业、生物医疗、新能源、考古等诸多行业得到广泛应用,为各个产业高质量发展注入了新动力。

一、航空航天领域

金属3D打印技术被行业专家视为高难度、高标准的技术堡垒,在工业制造中有着举足轻重的地位。我国工业制造企业都在大力研发金属3D打印技术,尤其是航空航天制造企业,更是全力加大研发力度,为我国航空航天事业的腾飞保驾护航。

1. 涡轮发动机火焰筒

涡轮发动机火焰筒(见图3-130)是涡轮发动机燃烧室核心零件。华曙高科金属增材制造技术经过科研攻关,将原先9个单独加工的火焰筒优化为1个整体零件,大大优化了原先装配工艺的复杂性,缩短了50%的生产周期,同时消除了因手工焊接造成的结构缺陷,提高了结构完整性、尺寸精度和生产成功率。与原传统工艺相比,增材制造生产的火焰筒在满足相同强度要求的前提下,重量减轻了20%。打印完成的火焰管可实现6μm的极佳表面质量,从而减少后处理的需求。精确的扫描路径规划可实现直径为0.5mm风孔等细节的打印。

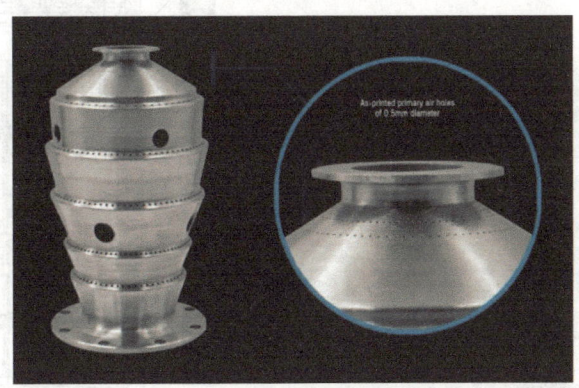

图3-130 涡轮发动机火焰筒

2. 公务机起落架结构件

2021年3月29日,飞机供应商赛峰集团将金属3D打印生产的大型结构零件应用于公务机起落架中。传统起落架零件通常是通过五轴加工和三个锻造零件组装而成。现可将这部分零件使用3D打印技术来制造，起落架壳体针对3D打印工艺进行重新设计后，可在单个生产周期中进行制造。这种方法消除了组装的缝隙，并使重量显著降低了约15%。公务机起落架结构件如图3-131所示。

图3-131　公务机起落架结构件

3. 国产大飞机C919零件

国产大飞机C919（见图3-132）是我国首款完全按照国际先进适航标准研制的单通道大型干线客机，具有我国完全的自主知识产权。最大航程超过5500公里，性能与国际新一代的主流单通道客机相当，于2017年5月5日成功首飞。在C919前机身和中后机身的登机门、服务门以及前后货舱门上有23个零件采用了金属3D打印制造而成。3D打印舱门零件如图3-133所示。

图3-132　国产大飞机C919

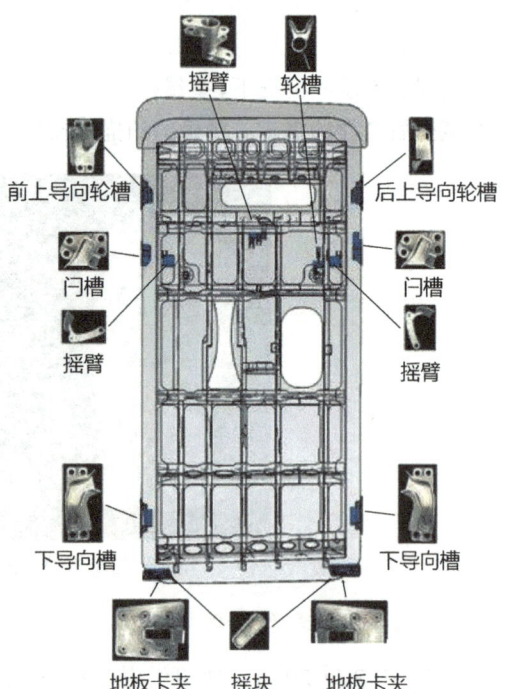

图3-133　3D打印舱门零件

4. 返回舱防热大底

由长征五号 B 运载火箭成功发射的我国新一代载人飞船试验船，其返回舱重要的技术突破之一是由航天五院总体部主导的超大尺寸整体钛框架设计及成型技术。超大尺寸整体钛框架结构（见图 3-134）全部采用 3D 打印工艺制造，成功实现了减轻重量、缩短周期、降低成本等目标。新一代载人飞船试验船的成功返回也标志着超大尺寸关键结构件整体 3D 打印技术的进步。

图3-134 超大尺寸整体钛框架结构

二、汽车工业领域

3D 打印技术在汽车零部件领域更广泛地应用已成大势所趋。有研究表明，3D 打印技术是汽车行业的一次重大突破，极有可能颠覆传统的"四大工艺"。随着"工业 4.0"的不断深入，汽车及零部件制造业已经成为 3D 打印技术重点推广领域。随着 3D 打印技术的不断成熟，汽车行业也正在向着整车个性化定制的方向迈进。已有公司致力于为消费者提供 3D 打印自己设计汽车的机会，而且汽车零配件的 3D 打印定制已经有了一定范围的实际应用。结合 3D 打印的加工特点，可以轻易制造出一些个性化的具备外观性、功能性或者轻量化需求的汽车零配件产品。3D 打印技术在汽车中的应用如图 3-135 所示。

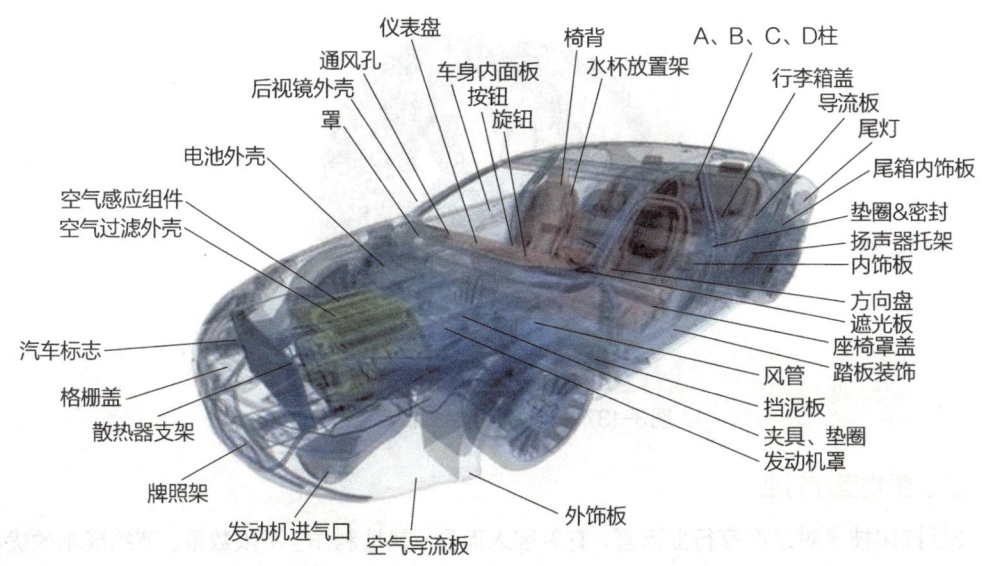

图3-135 3D 打印技术在汽车中的应用

1. 保时捷 3D 打印座椅

保时捷集团旗下的 718、911 等车系最新款健身运动座椅由 3D 打印生产制造，椅背中间一部分还能够选择三种不同的强度。保时捷试车手 Lars Kern 在感受三维打印座椅后表明，"在检测全过程中，3D 打印座椅给我留下来了深刻的印象，它更符合人体工学，有着略低的坐姿、改善的大腿根部支撑点，与跑车中的座椅类似。此外，它的自然通风性也让人印象深刻。"3D 打印座椅如图 3-136 所示。

图3-136　3D打印座椅

2. 两片式钛合金轮毂

来自国内的设计公司 Ascension Design 设计并展示了世界首款可实际使用的 3D 打印两片式钛合金轮毂（见图 3-137），该轮毂已通过国家标准的性能测试实验，满足上路的性能条件和要求。该轮毂规格为 20 寸，外圈由碳纤维材质，内圈由钛合金整体 3D 打印而成，打印部分直径为 500mm，单个轮毂重量为 10kg，相比传统轮毂重量减少 40%，整体性能提高 30% 以上。相比于传统制造方法，3D 打印可实现轮毂的定制化，真正地满足不同客户的定制化需求，并且创造出传统制造方式无法达到的酷炫造型。

图3-137　3D打印两片式钛合金轮毂

三、生物医疗行业

3D 打印技术对于医疗行业而言，有着因人而异、就地制作、不限数量、节约成本的优势，正好满足个体化精准化医疗的需求。其在生物医疗领域的主要发展趋势包括器官、植入物、假肢、手术器械和其他医疗设备，旨在实现手术室里未来的技术革新。

1. 医学模型制造

医学模型在基础医学和临床实验教学中的用途十分广泛，用量也大，但是传统方法制作的医学模型程序复杂、周期长，在使用过程中极易损坏。利用 3D 打印技术制作医学教学用具、医疗实验模型等用品，不仅避免了上述问题的出现，还可以根据实际需求对特殊模型实现个性化制作。

对于风险很大的手术，为了保证医疗手术的安全实施，医生会根据病变器官模型进行分析策划以确定重要的手术方案。利用3D打印技术对材料进行精确控制的优点，可快速制备出高质量高仿真的器官模型，帮助医生进行精准的手术规划，提升手术的成功率，方便医生与患者就手术方案进行直观的沟通。

美国某医院成功为一对连体双胞胎婴儿实施了头颅分离手术，其中引人注目的是手术前医院采用了以色列Objet公司的三维打印机制作出精确的连体头颅（见图3-138）。据此进行了缜密的手术方案研究，使手术顺利进行，并且只用了22h，而以往相类似的手术则长达72h。

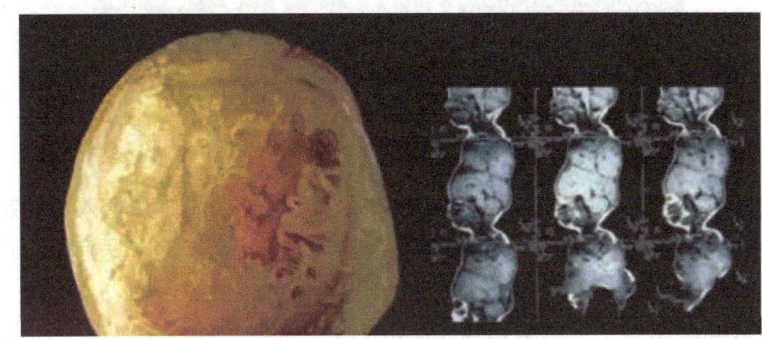

图3-138　3D打印的连体头颅

2. 细胞的制备

细胞的3D打印技术，如通过携带细胞进行3D打印而直接制备动物器官、组织的方法，其优点在于通过对加工过程的精确控制，调节细胞在微观尺度上的排列情况，以实现对单个细胞的行为和细胞间的相互作用（细胞与细胞、细胞与材料）进行控制，从而促进细胞形成具备各种功能的组织，为医疗手术及术后恢复提供便利。3D打印的细胞生长成的皮肤状片层结构如图3-139所示。

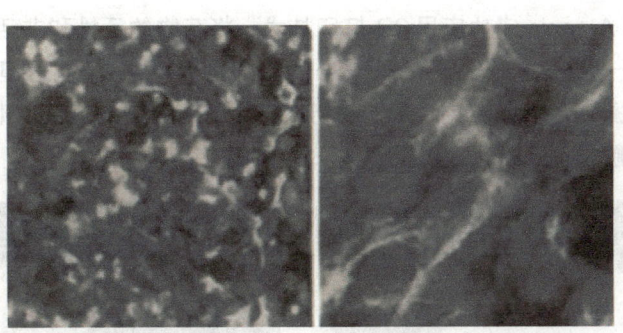

图3-139　3D打印的细胞生长成的皮肤状片层结构

3. 3D打印组织器官

人体组织器官替代物一直是临床医学上的一个难题，很多患者为此而失去生命，而且人体组织器官代替物对材料的要求很高，实现难度大。但随着科学技术的发展，3D打印人体器官已经成为可能。加州大学圣地亚哥分校（UCSD）利用自行研制的数字光处理（DLP）3D打印机，成功打印出了复杂的血管网络（见图3-140），而此网络在被植入小鼠体内后居然成功与后者的血管系统实现了融合,并且表现出了正常的功能。利用3D打印技术打印人体器官模型,不仅能够真实模拟人体对药物反应,得到准确的测试效果外,还能在很大程度上降低药物的研发成本。

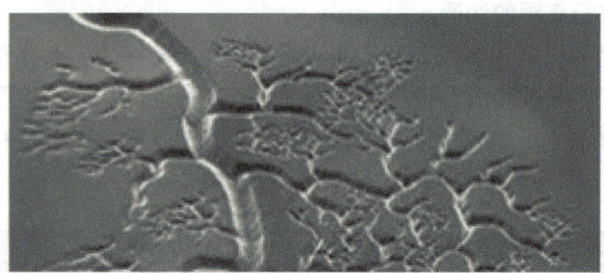

图3-140　3D打印的血管网络

4. 3D打印植入物

3D打印技术用于制造骨科植入物,可有效降低定制化、小批量植入物的制造成本,且这种植入物能够更好地融入人体,改善对患者的治疗效果。近年来,医疗行业已越来越多地采用金属3D打印技术来设计和制造医疗植入物。

澳大利亚联邦科学与工业研究组织(CSIRO)、墨尔本医疗植入物公司Anatomics和英国医生联手,为一名61岁的英国患者Edward Evans实施了3D打印钛聚合物胸骨(见图3-141)植入手术,这也是全球首创。之前这种植入物都会用纯钛制造,3D打印的新型胸骨植入物能够比之前的纯钛植入物更好地帮助重建人体内的"坚硬与柔软组织"。

5. 3D打印药物

3D打印技术的优势在于个性化制备复杂结构,因此用于制药时可以实现剂量、外观、口感等的个性化定制,同时因为3D打印的"药片"可拥有特殊的微观结构,有助于改善药物的释放行为,从而提高疗效并降低副作用。

美国制药公司Aprecia成功应用3D打印技术,将药物的活性和非活性成分层层放置,开发出了世界上第一个3D打印的药品——Spritam(化学名为左乙拉西坦)(见图3-142),这是一种用于治疗癫痫的药物。这种用药物粉末打印出来的药丸有着多孔的结构优势,在接触水后能够迅速溶解发挥药力,应对突如其来的抽搐。

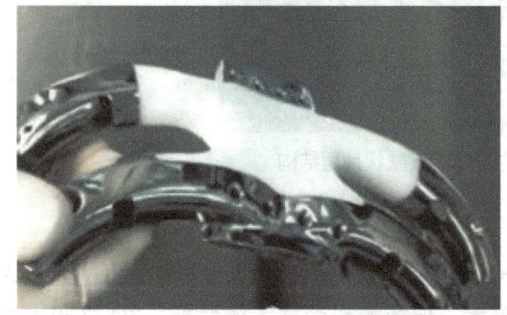

图3-141　3D打印钛聚合物胸骨

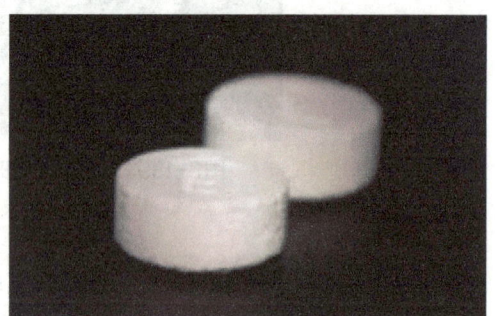

图3-142　3D打印的药品Spritam

综合训练篇

项目 4 电吹风手柄的数字化设计与 3D 打印

主要内容

电吹风是日常生活中一种常见的物品,如果不小心摔坏了手柄的其中一半壳体,除了重新买个新的,可否利用所学的知识自己动手进行修补? 答案是肯定的。本项目介绍了通过三维扫描仪扫描出完好的那半手柄,利用逆向设计软件还原零件形状,再利用三维设计软件设计出与之配合的另一半手柄,最后通过 3D 打印解决此问题。

本项目根据 2019 年中国技能大赛(第十七届全国机械行业职业技能竞赛)工具钳工大项中原型创新设计与制造赛项的题目进行设计,综合考察三维扫描、逆向设计、正向设计、3D 打印等相关内容。

本项目介绍了常用的扫描仪的操作,点云数据的处理,逆向设计及正向设计的一般设计流程,并对设计的产品进行 3D 打印。

任务 1 手柄 2 的逆向设计

学习目标

知识目标

1. 掌握 EinScan-Pro 三维扫描仪的基本操作步骤。
2. 掌握 Geomagic Wrap 软件中点云处理的相关命令。
3. 掌握 Geomagic Design X 软件中逆向建模的一般流程。
4. 掌握 Geomagic Design X 软件中逆向建模的常用命令。

● 能力目标

1. 能够应用 EinScan-Pro 三维扫描仪进行模型的扫描。
2. 能够应用 Geomagic Wrap 软件对扫描的点云数据进行处理。
3. 能够应用 Geomagic Design X 软件对处理后的面片数据进行逆向建模。

任务描述

某小家电企业自行研发制造的电吹风，其结构示意如图 4-1 所示。经过调研论证，认为手柄 1 样式结构需要改进，其他的零件可以沿用原有零件进行改型设计。

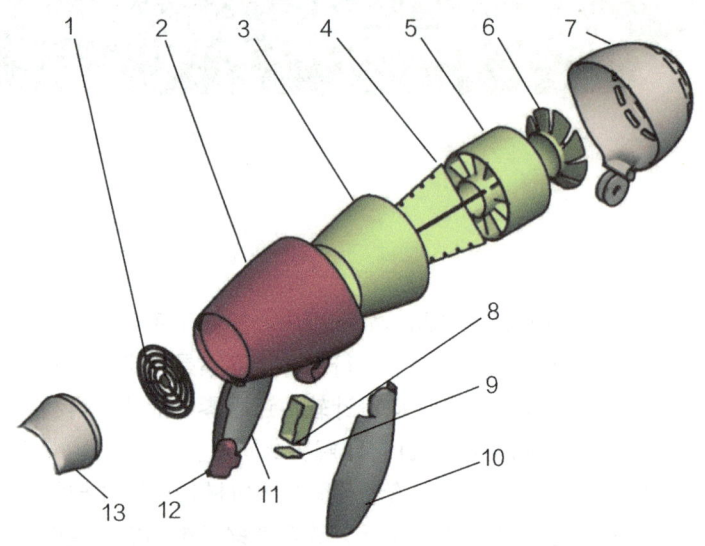

图 4-1　电吹风结构示意图

1—过滤网　2—机身　3—隔热层　4—十字板　5—风机架　6—风扇　7—尾部　8—按钮座
9—控制盒　10—手柄 1　11—手柄 2　12—按钮　13—风嘴
注：除 10 及 11 外，其余零件现场均提供，另现场提供手柄 2 的样件。

根据提供的手柄 2 样件实物，应用三维扫描仪扫描实物生成点云数据，应用相关软件对点云数据进行封装生成三角网格文件（STL 格式），在 CAD 软件中根据此三角网格文件进行逆向设计，建立三维数字模型。

要求：
1. 提交手柄 2 扫描生成的点云文件（ASC 格式）。
2. 提交手柄 2 点云封装生成的三角网格文件（STL 格式）。
3. 提交手柄 2 零件模型（原文件及生成的 STP 格式）。

任务分析

应用 EinScan-Pro 三维扫描仪对手柄 2 进行三维扫描，扫描后得到".asc"格式的三维点云数据，完成对手柄 2 的三维数据采集；利用 Geomagic Wrap 软件对手柄 2 的点云数据进行处理，得到".stl"格式的三角网格文件；利用 Geomagic Design X 软件对手柄 2 进行逆向建模，得到".stp"格式的三维模型。

知识链接

应用 EinScan-Pro 三维扫描仪可得到 ".asc"格式的点云数据，项目 3 中直接采用 Geomagic Design X 软件进行点云处理、逆向设计。本项目先采用 Geomagic Wrap 软件对点云数据进行处理、封装，并对网格数据进行初步处理后，导出 ".stl"格式的文件（Geomagic Wrap 软件在三维扫描后的数据处理方面比 Geomagic Design X 软件效果更好）；后续再用 Geomagic Design X 软件进行逆向设计，逆向设计后得到 ".stp"格式的文件；用 Siemens NX 软件打开此文件，并进行相关的正向设计，最终导出 ".stl"格式的文件进行 3D 打印。项目流程如图 4-2 所示。

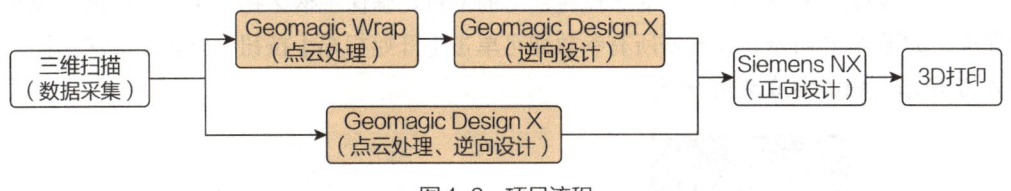

图4-2 项目流程

任务实施

活动1 手柄2的数据采集

手柄 2 的数据采集选用 EinScan-Pro 三维扫描仪，其操作步骤如下。其他品牌或型号扫描仪操作步骤略有不同，但最终都得到 ".asc"格式的点云数据或 ".stl"格式的三角网格文件。

手柄2 扫描

Step1 双击扫描软件图标，打开软件，选择 EinScan-Pro 设备型号，单击【下一步】，如设备已经标定完成（标定详细步骤项目 3 中已有介绍），选择【固定扫描】，单击【下一步】，单击【新建工程】按钮，弹出【新建工程】对话框，选择文件保存路径，命名为"手柄2"，选择【非纹理扫描】，单击【应用】按钮，进入固定扫描模式状态，勾选"右相机"复选框、"使用转台"复选框，选择"特征拼接"选项，扫描次数设定为"8"，如图 4-3 所示。

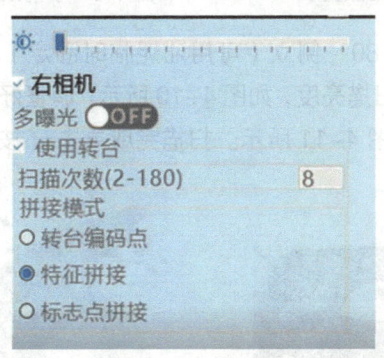

图4-3 扫描设置

Step2 将手柄 2 置于转台上，调整手柄 2 在转台上的位置，确保手柄 2 在十字光标中间，调整扫描亮度，如图 4-4 所示，调整好所有参数即可单击【开始扫描】按钮，开始第一次扫描，如图 4-5 所示。扫描完成单击 ✓ 按钮。

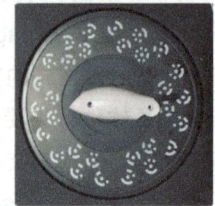 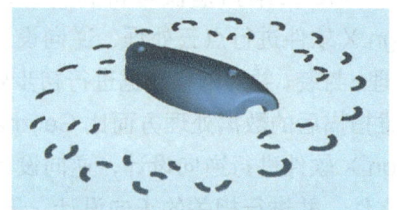

图4-4　手柄2放置1　　　　图4-5　手柄2第一次扫描

Step3　翻转手柄 2，调整手柄 2 在转台上的位置，确保手柄 2 在十字光标中间，调整扫描亮度，如图 4-6 所示，调整好所有参数即可单击【开始扫描】按钮，开始第二次扫描，如图 4-7 所示。扫描完成单击 ✓ 按钮。

 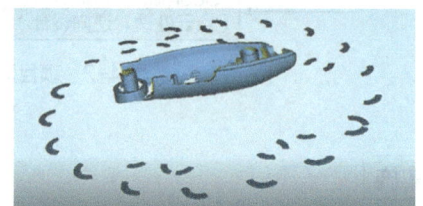

图4-6　手柄2放置2　　　　图4-7　手柄2第二次扫描

Step4　将手柄 2 侧立（可用油泥临时固定），调整手柄 2 的位置，确保手柄 2 在十字光标中间，调整扫描亮度，如图 4-8 所示，调整好所有参数即可单击【开始扫描】按钮，开始第三次扫描，如图 4-9 所示。扫描完成单击 ✓ 按钮。

图4-8　手柄2放置3　　　　图4-9　手柄2第三次扫描

Step5　将手柄 2 旋转 180°侧立（可用油泥临时固定），调整手柄 2 的位置，确保手柄 2 在十字光标中间，调整扫描亮度，如图 4-10 所示，调整好所有参数即可单击【开始扫描】按钮，开始第四次扫描，如图 4-11 所示。扫描完成单击 ✓ 按钮。

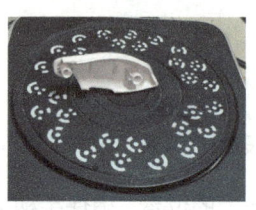 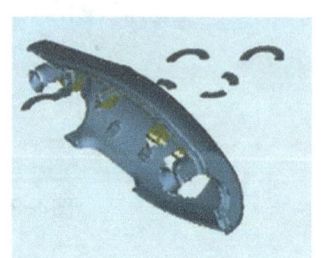

图4-10　手柄2放置4　　　　图4-11　手柄2第四次扫描

Step6 观察生成的点云质量情况，按住 <Shift> 键，单击鼠标左键选择多余点云，按 <Delete> 键删除多余点云数据，如图 4-12 所示。重复执行，直至删除所有多余点云（此步操作也可在后续 Geomagic Wrap 软件中进行）。

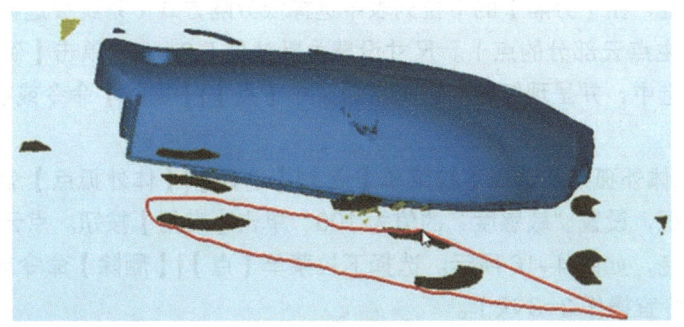

图4-12　删除多余点云

Step7 单击【生成网格】按钮，选择【封闭模型】|【高细节】命令，进行数据封装，封装过程中弹出【数据简化】对话框，勾选"平滑"和"锐化"复选框，单击【应用】按钮，如图 4-13 所示。

Step8 数据封装完成后单击【保存数据】按钮，弹出【另存为】对话框，根据需求勾选".asc"".stl"，设置数据保存路径及文件名，如图 4-14 所示，单击【保存】按钮。弹出缩放比例框，默认缩放比例 100，单击【缩放】按钮，进行数据保存。注：如果点云质量较好，可以直接生成".stl"格式的文件；如果点云质量较差，还需要对点云进行进一步处理，可先生成".asc"格式的文件，再用其他专业软件进行处理。

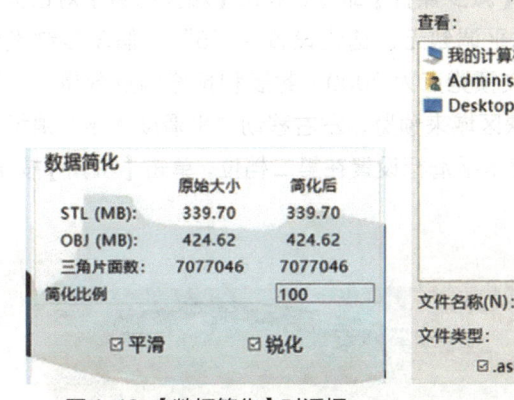

图4-13　【数据简化】对话框

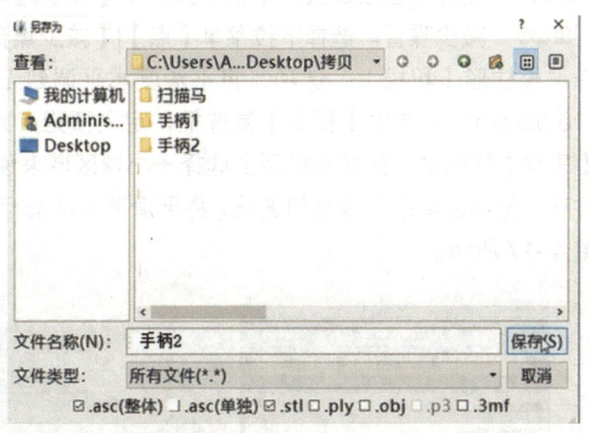

图4-14　【另存为】对话框

Step9 清理扫描仪相关设备及工具。

活动2　手柄2的数据处理

1. 点云阶段

Step1 启动 Geomagic Wrap 软件，选择下拉菜单【文件】|【打开】命

手柄2点云处理

令，系统弹出【打开文件】对话框，查找扫描保存的文件"手柄2.asc"，单击【打开】按钮，在工作区显示载体如图4-15所示。

Step2 选择非连接项。选择下拉菜单【点】|【选择】|【非连接项】命令，弹出【选择非连接项】对话框，在【分隔】的下拉列表中选择低分隔方式（系统会选择在拐角处离主点云很近但不属于主点云部分的点）。尺寸设置为默认值5.0mm，单击【确定】按钮。点云中的非连接项被选中，并呈现红色。选择下拉菜单【点】|【删除】命令或按<Delete>键进行删除。

Step3 删除体外孤点。选择下拉菜单【点】|【选择】|【体外孤点】命令，弹出【选择体外孤点】对话框，设置"敏感度"的值为100，单击【应用】按钮。点云中的体外孤点被选中，并呈现红色，如图4-16所示。选择下拉菜单【点】|【删除】命令或按<Delete>键进行删除（此命令宜操作2~3次）。

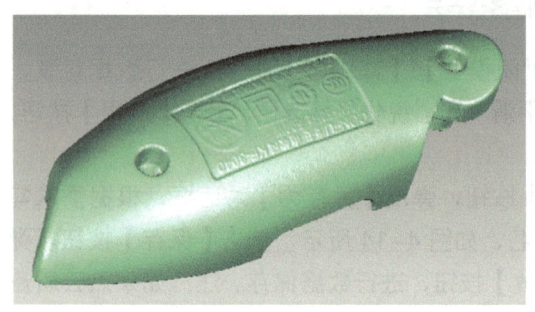 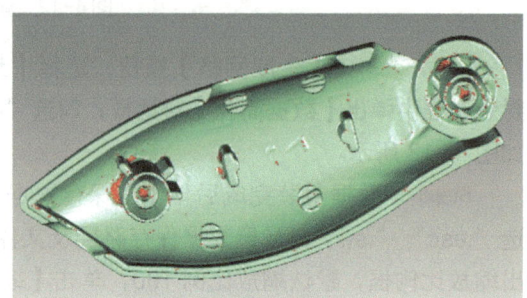

图4-15 手柄2点云的显示　　　　　　　图4-16 删除体外孤点

Step4 删除非连接点云。单击工具栏中【套索选择工具】按钮，将非连接点云删除。

Step5 减少噪音。选择下拉菜单【点】|【减少噪音】命令，弹出【减少噪音】对话框，选择"棱柱形（积极）"选项，将平滑水平调到无；迭代设置为"5"，偏差限制设置为"0.05mm"。选中【预览】复选框，定义预览点为3000（封装和预览的点数量）。选中【采样】复选框，鼠标在模型上选择一小块区域来预览，左右移动"平滑度水平"滑标，同时观察预览区域的图像有何变化，将平滑度水平滑标设置在第二档位，单击【应用】按钮，如图4-17所示。

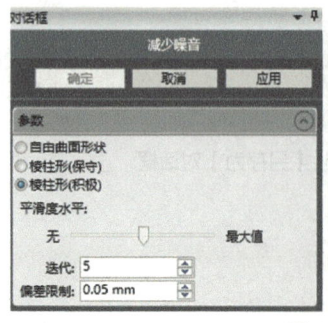 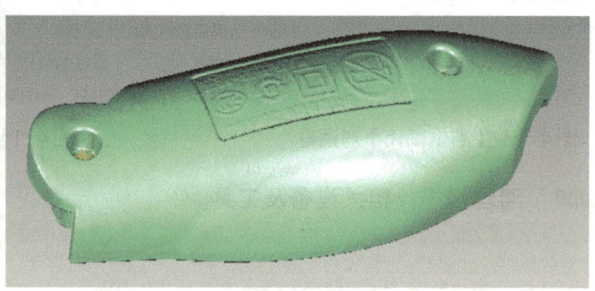

图4-17 【减少噪音】对话框及应用

Step6 封装数据。选择下拉菜单【点】|【封装】命令，系统弹出【封装】对话框，选择【采样】命令，通过设置点间距来对点云进行采样。可以自主设定目标三角形的数量，设置的数量越大，封装之后的多边形网格越紧密。最下方的滑标可以调节采样质量的高低，可以

根据点云数据的实际特性进行适当调整，封装后的模型如图 4-18 所示。

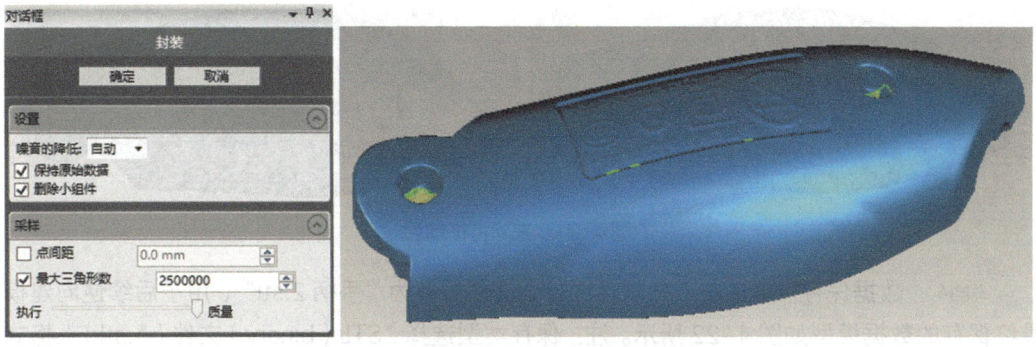

图4-18 【封装】对话框及封装后的模型

2. 多边形处理阶段

Step1 网格医生。单击【网格医生】按钮，系统弹出【网格医生】对话框，系统自动对网格进行检测，单击【应用】按钮，结果如图 4-19 所示。

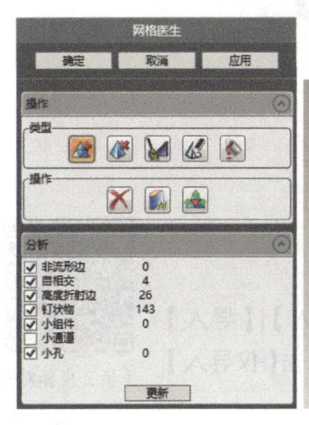
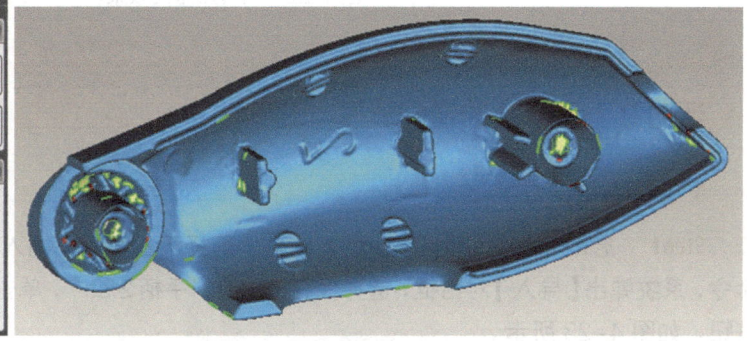

图4-19 【网格医生】对话框及应用

Step2 填充。选择下拉菜单【多边形】|【填充单个孔】命令，根据孔的类型选择不同方法进行填充（模型两个孔处不填充），结果如图 4-20 所示。

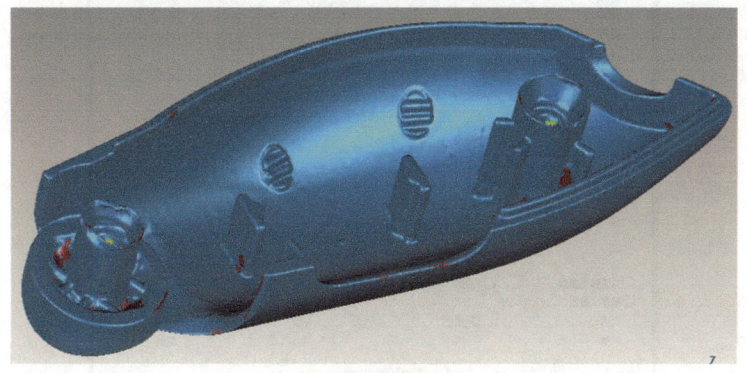

图4-20 填充孔

Step3 去除特征。手动方式选择需要去除特征的区域（手柄表面标识处），选择【多

边形】|【去除特征】命令，去除特征前后如图4-21所示。

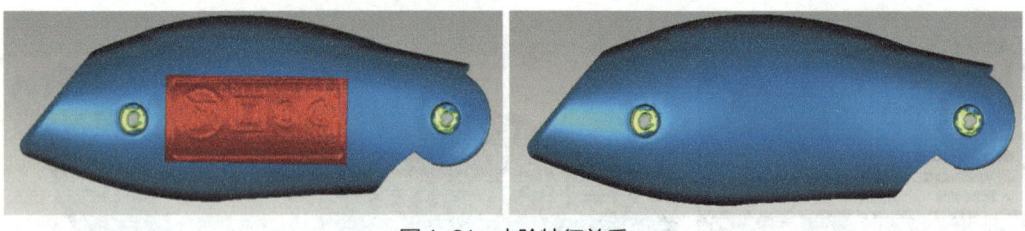

图4-21　去除特征前后

Step4　数据保存。单击左上角软件图标，文件另存为"手柄2.stl"，用于后续逆向建模，最终保存的数据模型如图4-22所示。注：保存类型选择"STL（binary）文件（*.stl）"格式。

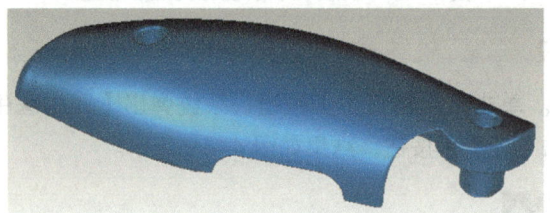

图4-22　手柄2最终效果

活动3　手柄2的逆向建模

1. 坐标系的建立

Step1　启动Geomagic Design X软件，选择下拉菜单【插入】|【导入】命令，系统弹出【导入】对话框，选择保存的文件"手柄2.stl"，单击【仅导入】按钮，如图4-23所示。

手柄2坐标对齐

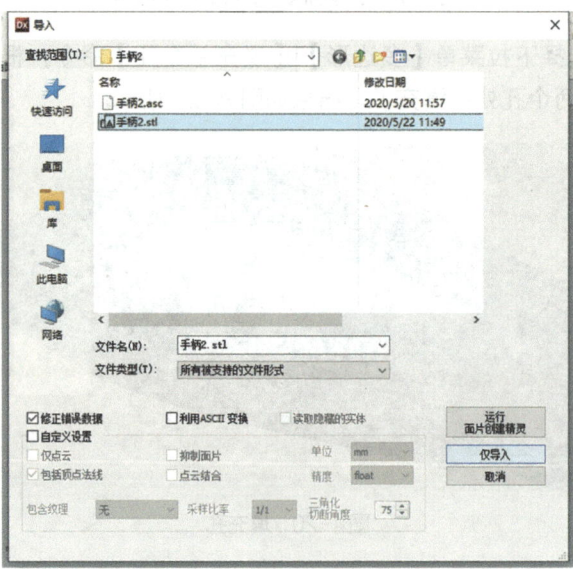

图4-23　【导入】对话框

Step2 建立参照平面。选择【模型】|【平面】命令，方法选择"选择多个点"，单击两手柄配合处平面上至少 3 个点创建参照平面，如图 4-24 所示。

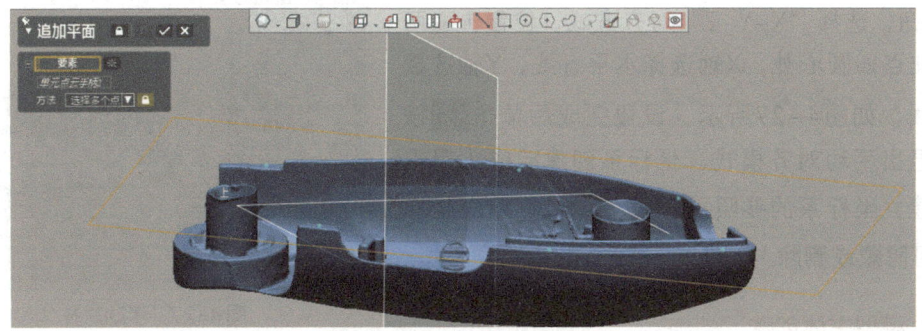

图4-24 参照平面创建

Step3 选择【草图】|【面片草图】命令，选择平面1，进入面片草图模式，鼠标拖动长箭头向下，切割手柄轮廓，单击朝上的短粗箭头，用鼠标拖动上下位置，如图 4-25 所示。单击对话框中的 ✓ 按钮。隐藏片面，参照截面线绘制两个圆，单击工具栏中【圆】按钮，单击对应参照线得到两个圆；单击工具栏中【直线】按钮，连接两个圆心，完成直线的创建；单击工具栏中【直线】按钮，绘制水平直线的垂直线，如图 4-26 所示。

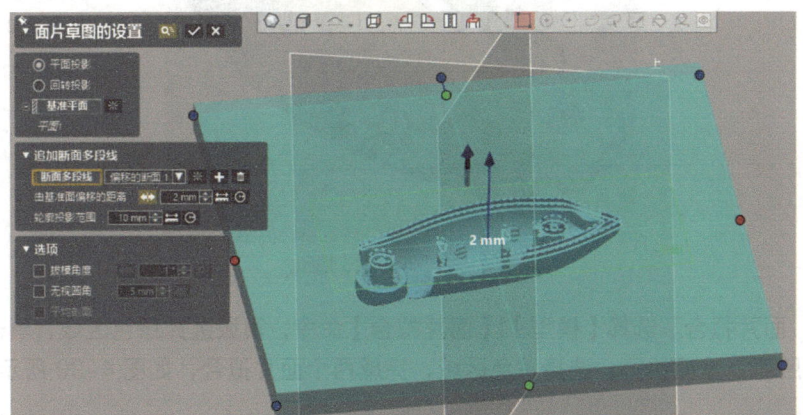

图4-25 切割面片草图

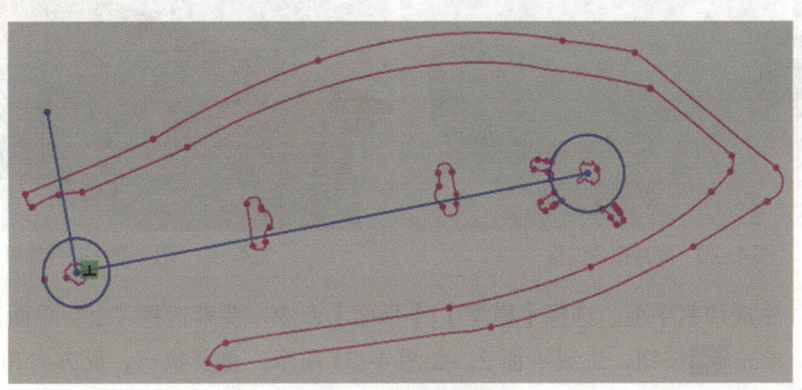

图4-26 绘制参考直线

Step4 建立坐标系。选择【对齐】|【手动对齐】命令，系统弹出【手动对齐】对话框，单击  按钮，选择"X-Y-Z"对齐方式，位置选取两直线交点即圆心处，X轴选择水平直线，Y轴选择垂直线，如图4-27所示，设置完成后单击 ✓ 按钮，退出手动对齐模式，坐标系创建完成（用于辅助建立坐标系的参照平面1及草图1在建立坐标系后可隐藏或删除）。

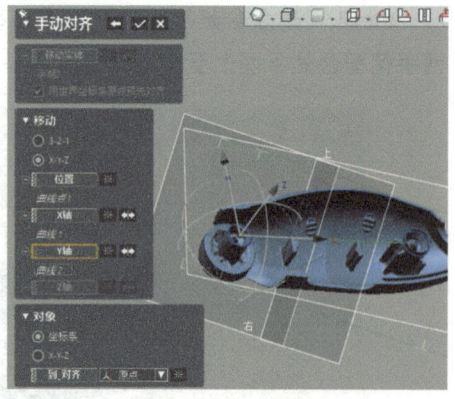

图4-27 手动对齐

2. 模型主体创建

Step1 手动分割领域。单击【领域】按钮，选择【画笔选择模式】命令，根据模型特征，手动分割领域，如图 4-28 所示。

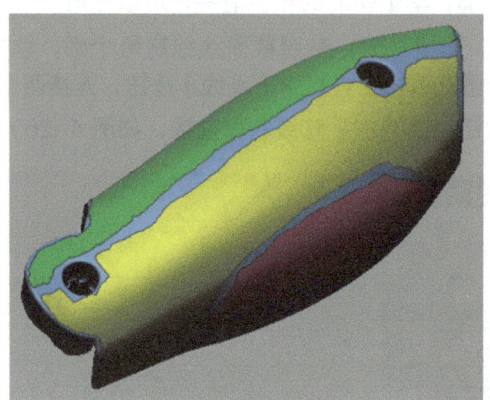

图4-28 手动分割领域

手柄2 主体建模

Step2 面片拟合。选择【模型】|【面片拟合】命令，领域选择绿色区域，单击 ✓ 按钮，如图 4-29 所示，重复执行，选择黄色区域，完成两个面片拟合，如图 4-30 所示。

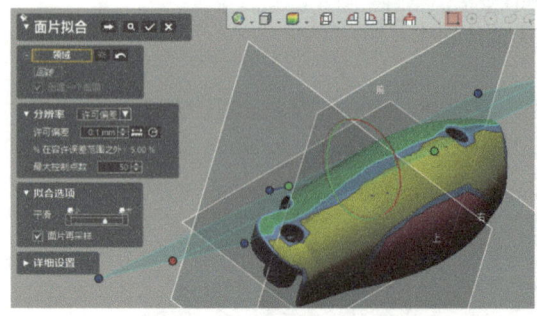 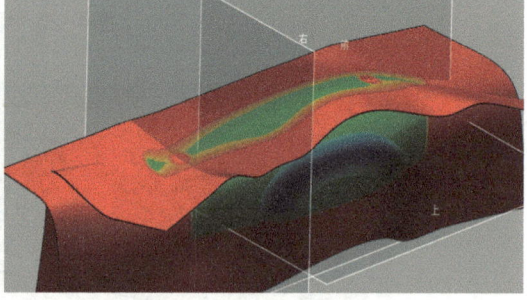

图4-29 面片拟合过程　　　　　图4-30 两个面片拟合结果

Step3 生成切割平面。选择【模型】|【平面】命令，要素选择"上"平面，距离设为"3mm"，单击 ✓ 按钮，生成平面2，如图4-31所示，重复执行，反方向3mm处再生成一个平面3。

112

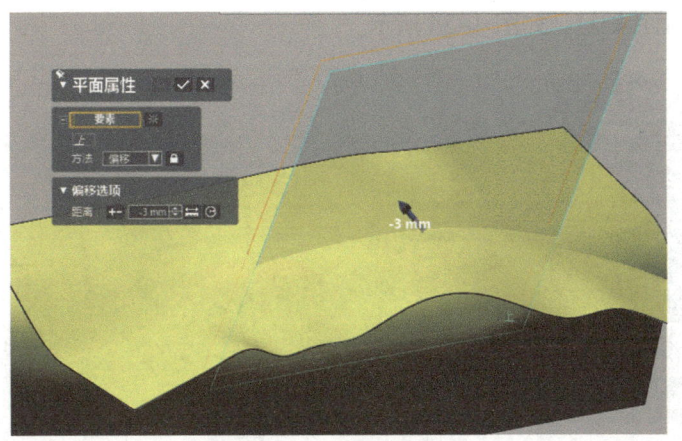

图4-31 生成切割平面

Step4 剪切曲面1。选择【模型】|【剪切曲面】命令，工具要素选择Step3中生成的"平面2""平面3"，对象体选择Step2中生成的"面片拟合1""面片拟合2"，残留体选择如图4-32所示曲面，单击 ✓ 按钮，完成剪切。

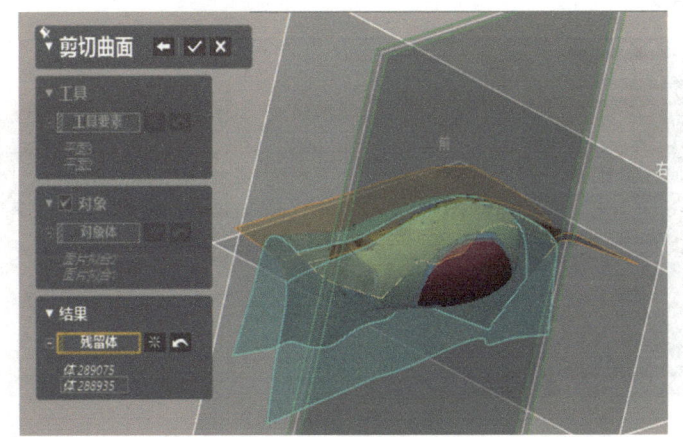

图4-32 剪切曲面1

Step5 草图绘制。选择【草图】|【面片草图】命令，在"前"平面上分别在模型左右端面处绘制两条直线，如图4-33所示。

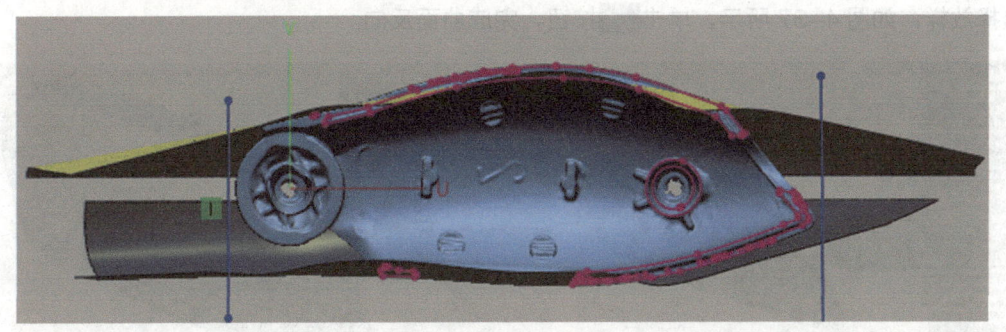

图4-33 草图绘制1

Step6 拉伸面片。选择【模型】|【拉伸】命令，对Step5绘制的直线进行拉伸，长度

超出Step4剪切面片即可，如图4-34所示。

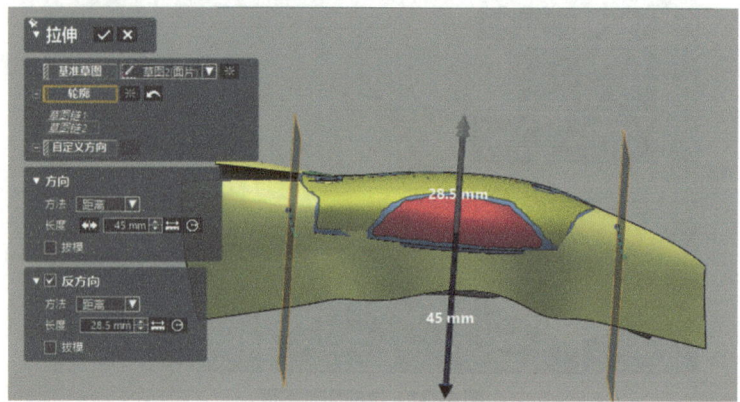

图4-34　拉伸面片

Step7　剪切曲面2。选择【模型】|【剪切曲面】命令，工具要素选择Step6中生成的拉伸面片，对象体选择Step4中生成的剪切曲面，残留体选择如图4-35所示曲面，单击✓按钮，完成剪切。

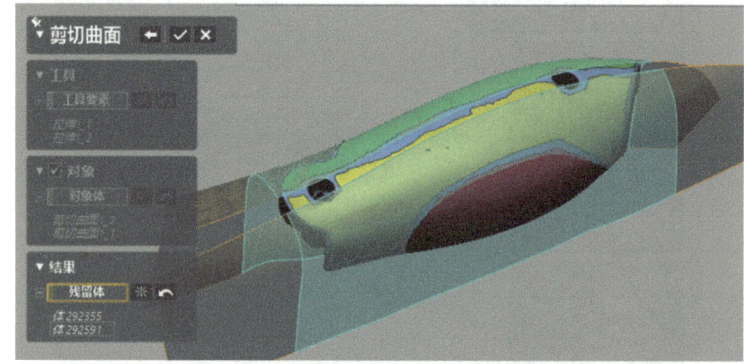

图4-35　剪切曲面2

Step8　放样1。选择【模型】|【放样】命令，轮廓选择Step7中生成的剪切曲面2的两条边线，起始约束及终止约束选择"与面相切"，切线长输入"1"，如图4-36所示，单击✓按钮，完成放样。发现放样曲面方向不对。选择【模型】|【反转法线方向】命令，选择放样，如图4-37所示，单击✓按钮，完成曲面反向。

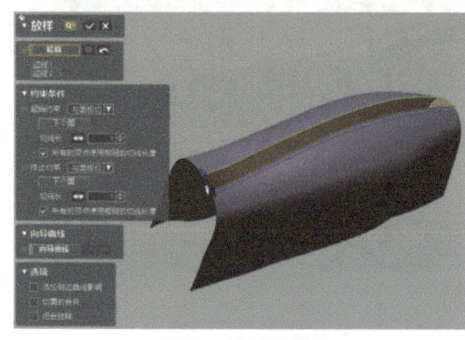

图4-36　放样1

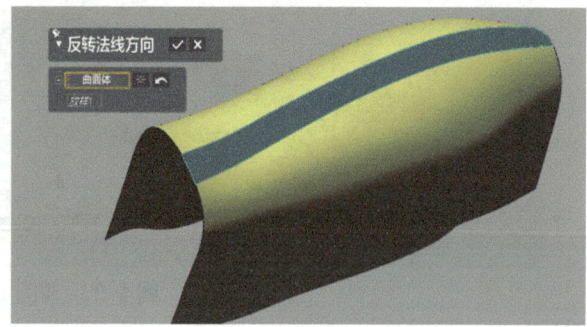

图4-37　反转法线方向

Step9 缝合1。选择【模型】|【缝合】命令，选择前面生成的三个曲面，如图4-38所示，单击 ✓ 按钮，完成缝合。

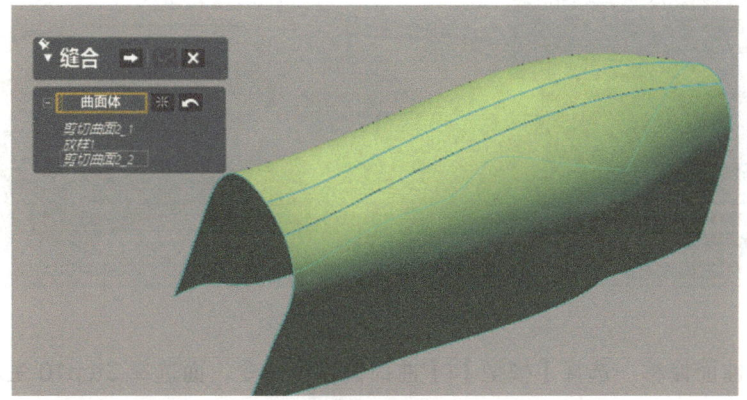

图4-38 缝合1

Step10 面片拟合。选择【模型】|【面片拟合】命令，领域选择红色区域，如图4-39所示，单击 ✓ 按钮，完成面片拟合。

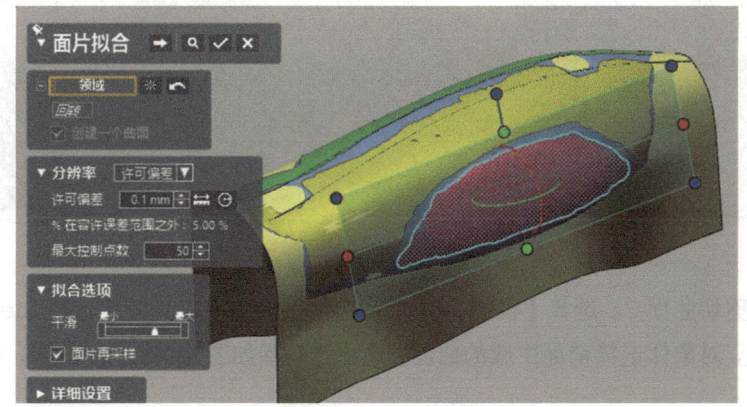

图4-39 面片拟合

Step11 草图及拉伸。选择【草图】|【面片草图】命令，单击【样条曲线】按钮，在"上"平面上根据模型轮廓绘制曲线，如图4-40所示。选择【模型】|【拉伸】命令，以绘制的样条曲线进行拉伸，长度超出前面生成的曲面即可，如图4-41所示。

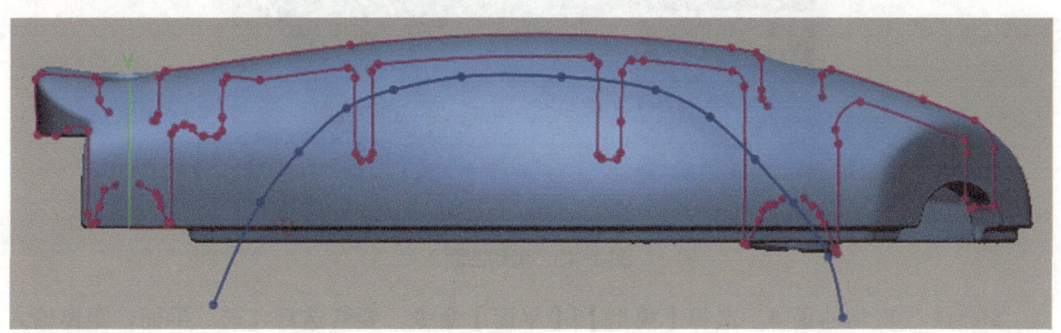

图4-40 草图绘制2

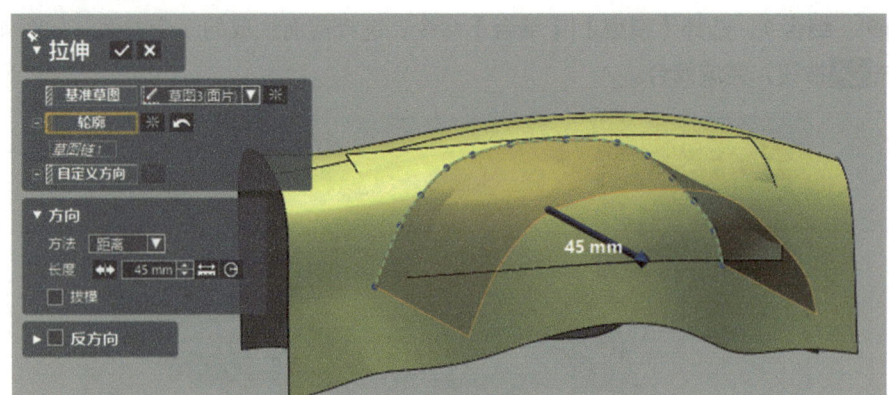

图4-41 拉伸1

Step12 曲面偏移。选择【模型】|【曲面偏移】命令，面选择 Step10 生成的面，偏移距离输入"1.5mm"，如图 4-42 所示，单击 ✓ 按钮，完成曲面偏移。

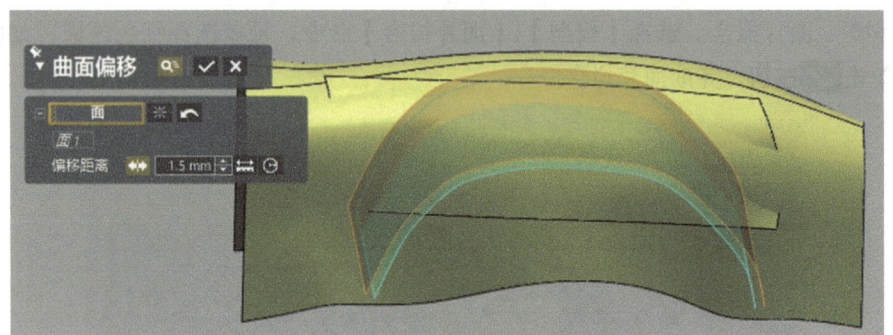

图4-42 曲面偏移

Step13 剪切曲面3。选择【模型】|【剪切曲面】命令，工具要素选择 Step10、Step11 中生成的面片，对象体选择前面生成的曲面，残留体选择如图 4-43 所示曲面，单击 ✓ 按钮，完成剪切。

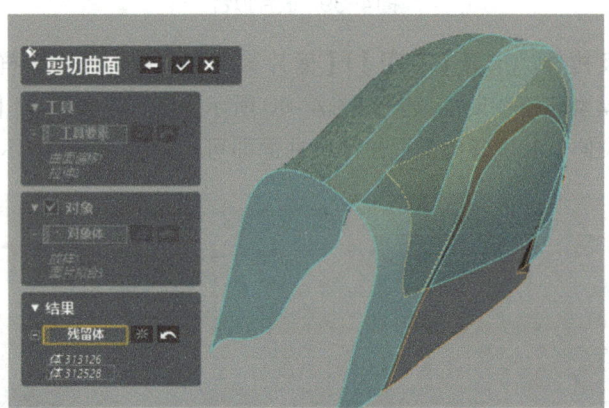

图4-43 剪切曲面3

Step14 剪切曲面4。选择【模型】|【平面】命令，要素选择"前"平面，距离输入"2mm"，如图 4-44 所示，生成平面4。选择【模型】|【剪切曲面】命令，工具要素选择

平面4，对象体选择Step13生成的曲面，残留体选择如图4-45所示曲面，单击✓按钮，完成剪切。

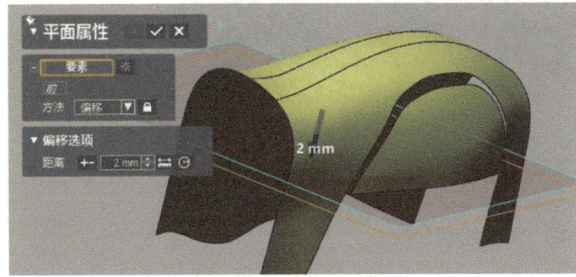
图4-44　生成剪切平面

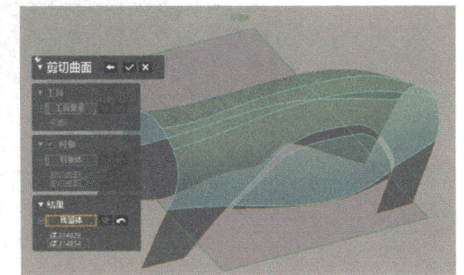
图4-45　剪切曲面4

Step15　放样2。选择【模型】|【放样】命令，轮廓选择图4-46所示的两条边线，起始约束及终止约束选择"与面相切"，切线长输入"0.5"，单击✓按钮，完成放样。如发现放样曲面方向不对，可选择【模型】|【反转法线方向】命令，选择放样2，如图4-47所示，单击✓按钮，完成曲面反向。

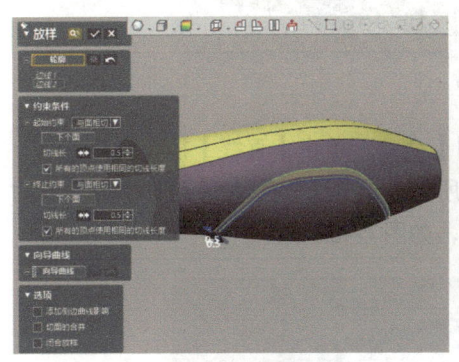
图4-46　放样2

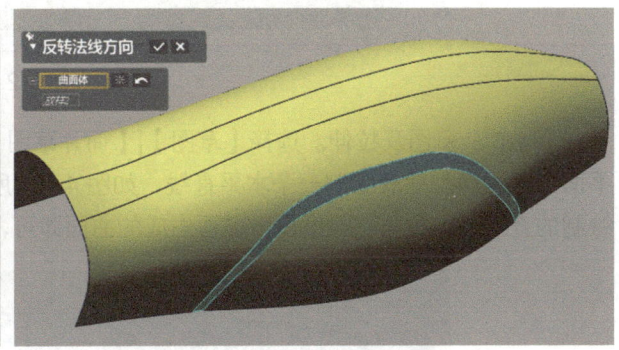
图4-47　反转法线方向

Step16　缝合2。选择【模型】|【缝合】命令，选择前面生成的三个曲面，如图4-48所示，单击✓按钮，完成缝合。

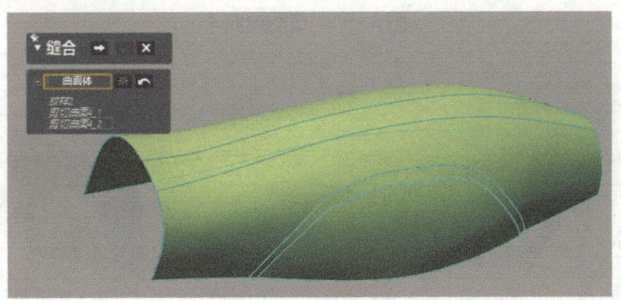
图4-48　缝合2

Step17　草图及拉伸。选择【草图】|【面片草图】命令，单击【直线】按钮，在"前"平面上根据模型轮廓绘制两条直线，如图4-49所示。选择【模型】|【拉伸】命令，以绘制的直线进行拉伸，长度超出前面生成的曲面即可，如图4-50所示。

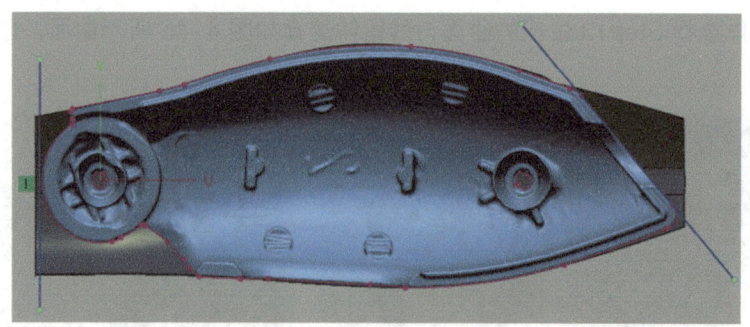

图4-49 草图绘制3

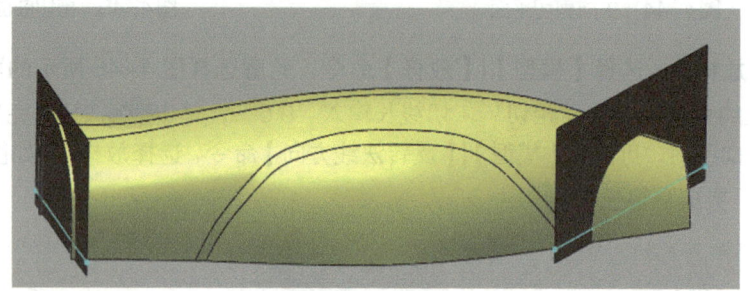

图4-50 拉伸2

Step18 草图及拉伸。选择【草图】|【面片草图】命令,单击【直线】按钮,在"上"平面上根据模型轮廓绘制一条水平直线,如图4-51所示。选择【模型】|【拉伸】命令,对绘制的直线进行拉伸,长度超出前面生成的曲面即可,如图4-52所示。

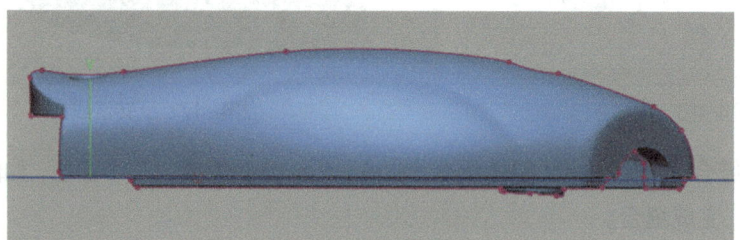

图4-51 草图绘制4

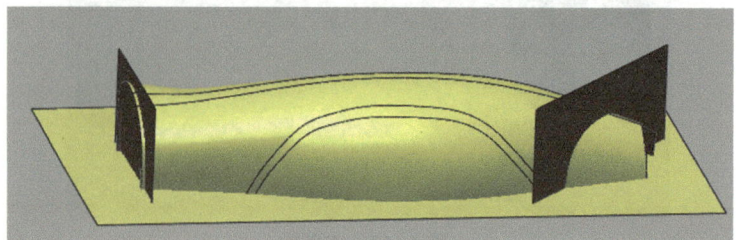

图4-52 拉伸3

Step19 剪切曲面5。选择【模型】|【剪切曲面】命令,工具要素框选前面所有生成的曲面,单击取消【对象】复选框,残留体选择如图4-53所示曲面,单击 ✓ 按钮,完成剪切。修剪完成后生成如图4-54所示实体。

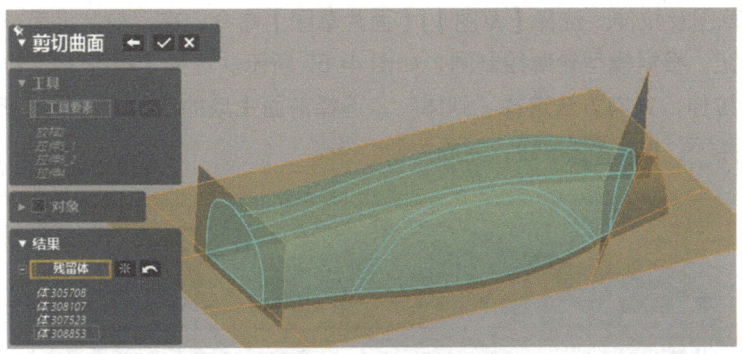

图4-53 剪切曲面5

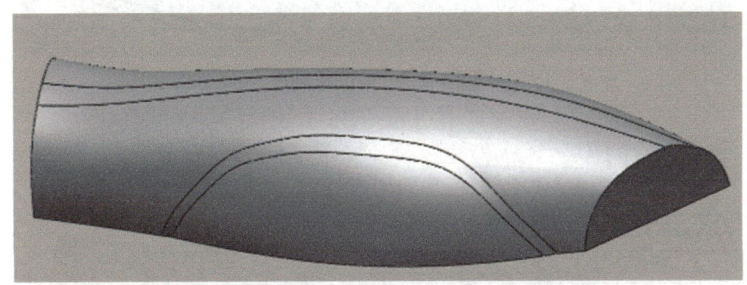

图4-54 生成实体

Step20 生成壳体。选择【模型】|【壳体】命令，体选择Step19生成的实体，深度设为"2mm"，删除面选择如图4-55所示底面，单击 ✓ 按钮，完成抽壳。抽壳完成后生成如图4-56所示壳体。

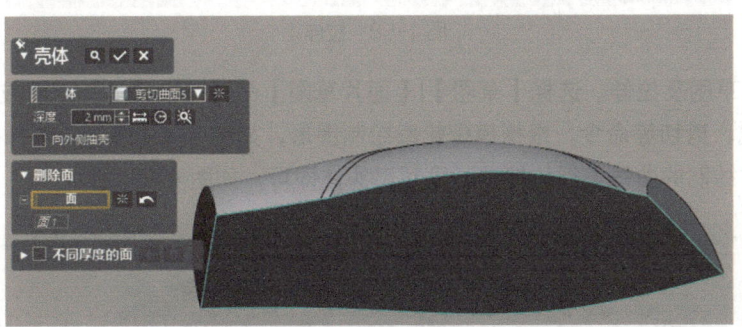

图4-55 抽壳

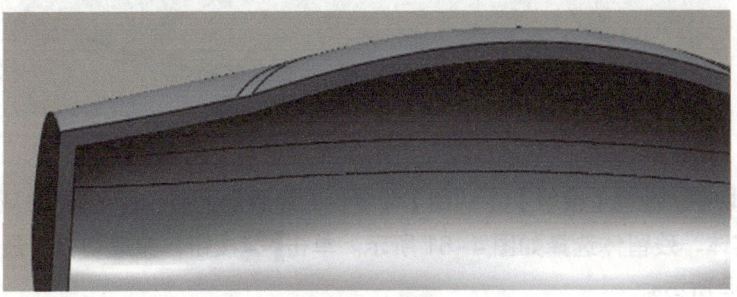

图4-56 生成壳体

Step21 草图及拉伸。选择【草图】|【面片草图】命令，在"前"平面或壳体底面上，单击【圆】按钮，根据模型轮廓绘制圆，如图4-57所示。选择【模型】|【拉伸】命令，对绘制的圆进行拉伸，方向方法选择"到体"，选择前面生成的实体，如图4-58所示，结果运算选择"合并"，单击✓按钮，完成拉伸。

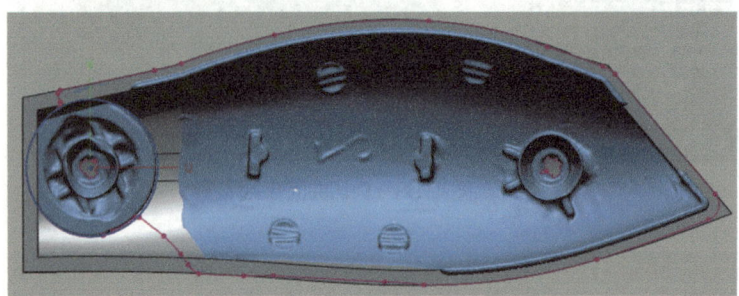

图4-57　草图绘制5

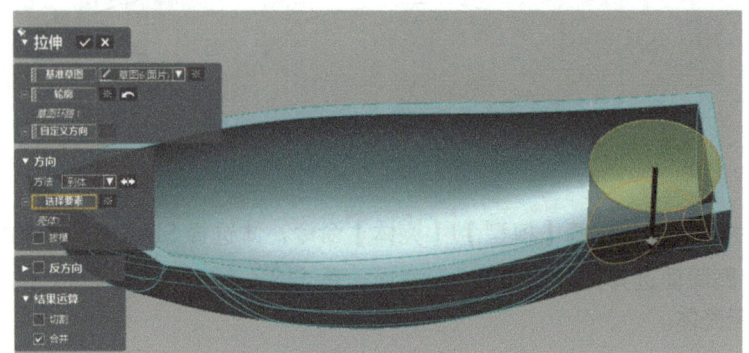

图4-58　拉伸4

Step22 草图及拉伸。选择【草图】|【面片草图】命令，在"前"平面或壳体底面上，使用圆、直线、剪切等命令，根据模型轮廓绘制图形，如图4-59所示。选择【模型】|【拉伸】命令，对绘制的曲线进行拉伸，长度超出实体即可，如图4-60所示。

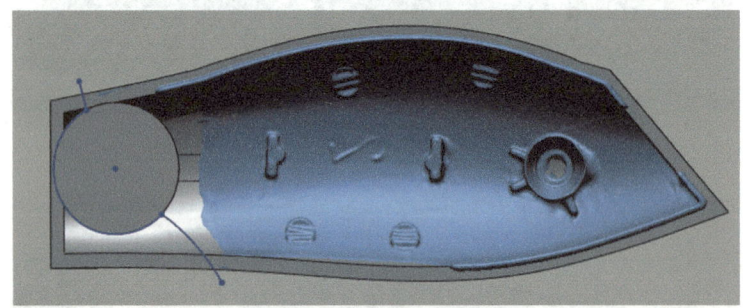

图4-59　草图绘制6

Step23 切割。选择【模型】|【切割】命令，工具要素选择Step22中生成的拉伸曲面，对象体选择实体，残留体选择如图4-61所示。单击✓按钮，完成切割。最终生成的模型主体如图4-62所示。

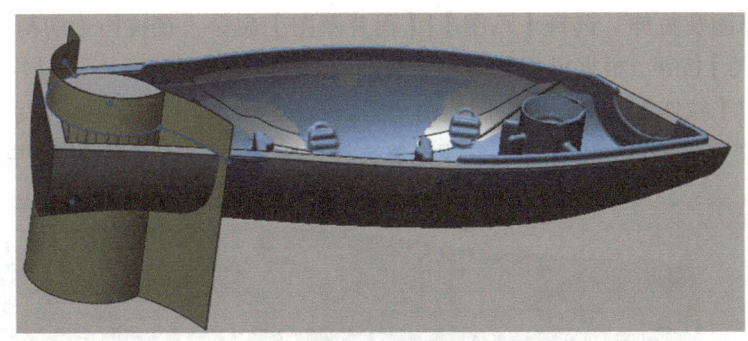

图4-60 拉伸5

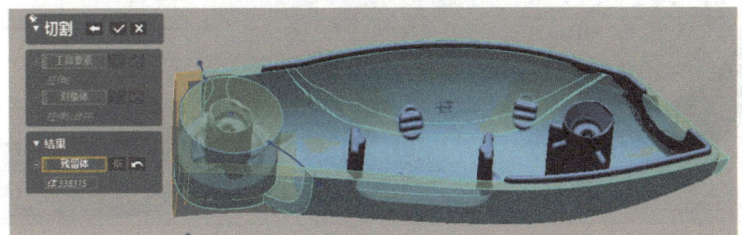

图4-61 切割

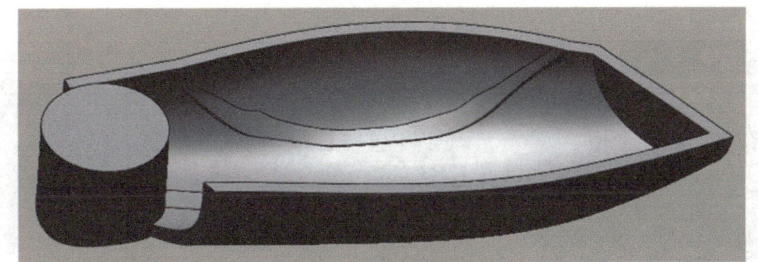

图4-62 模型主体

3. 模型其余特征创建

Step1 拉伸。选择【模型】|【拉伸】命令，对模型主体创建部分中Step21绘制的圆进行拉伸，方向方法选择"距离"，其值设为"8.5mm"，选择生成的领域，结果运算选择"切割"，如图4-63所示，单击 ✓ 按钮，完成拉伸。

手柄2建模特征1

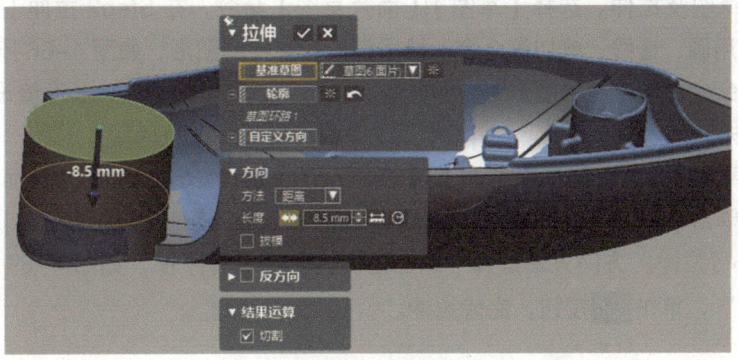

图4-63 拉伸1

Step2 草图及拉伸。选择【草图】|【面片草图】命令，在拉伸（切割）生成的上表面上，单击【圆】按钮，根据模型轮廓绘制两个圆，设置两个圆"同心"，如图4-64所示。选择【模型】|【拉伸】命令，以绘制的两个圆进行拉伸，方向方法选择"距离"，长度值设为"1.5mm"，如图4-65所示，结果运算选择"切割"，单击✓按钮，完成拉伸。

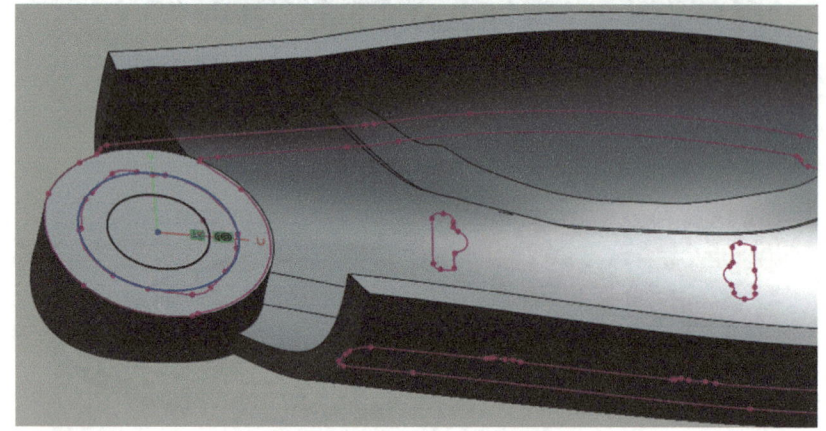

图4-64　草图绘制1

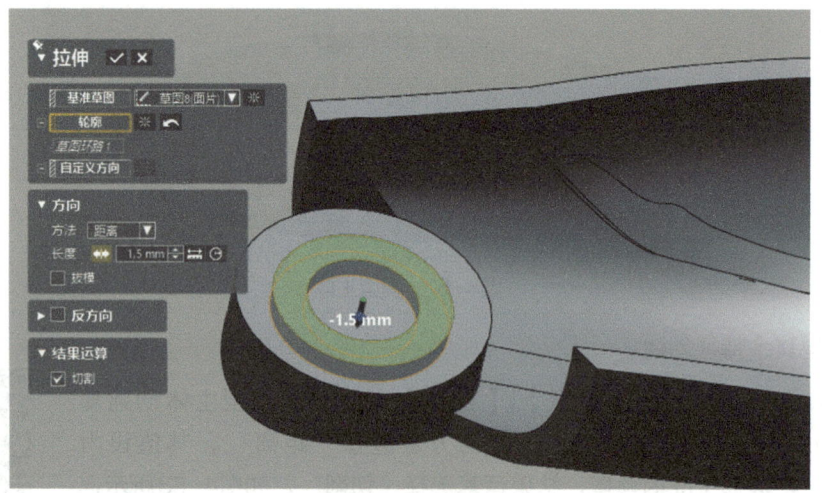

图4-65　拉伸2

Step3 草图及拉伸。选择【草图】|【面片草图】命令，在Step2拉伸（切割）生成的下底面上，使用圆、直线、剪切等命令，根据模型轮廓绘制图形，如图4-66所示。选择【模型】|【拉伸】命令，对绘制的图形进行拉伸，方向方法选择"距离"，长度值设为"1mm"，如图4-67所示，结果运算选择"合并"，单击✓按钮，完成拉伸。

Step4 草图及拉伸。选择【草图】|【面片草图】命令，选择实体上表面，选择【变换要素】命令，单击中间圆柱外圆轮廓，生成圆，如图4-68所示。选择【模型】|【拉伸】命令，对绘制的圆进行拉伸，方向方法选择"到曲面"，选择壳体平面，如图4-69所示，结果运算选择"合并"，单击✓按钮，完成拉伸。

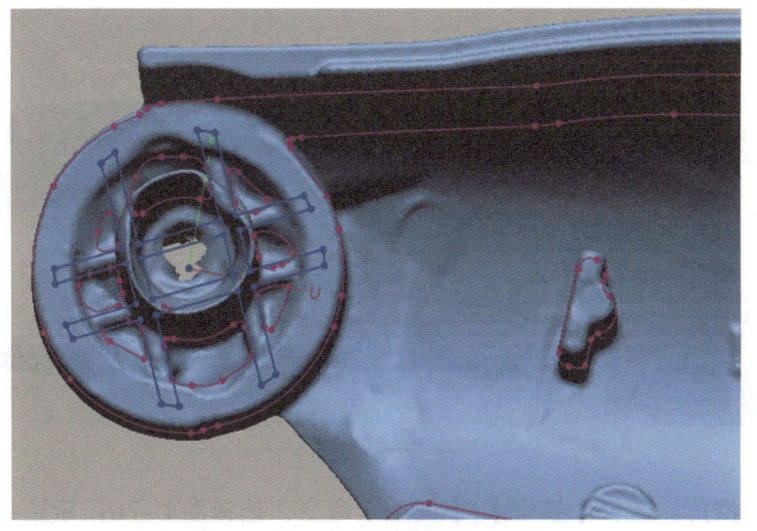

图4-66　草图绘制2

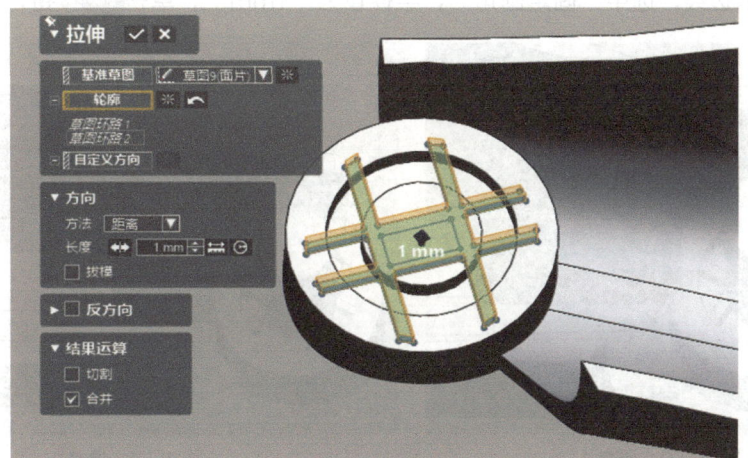

图4-67　拉伸3

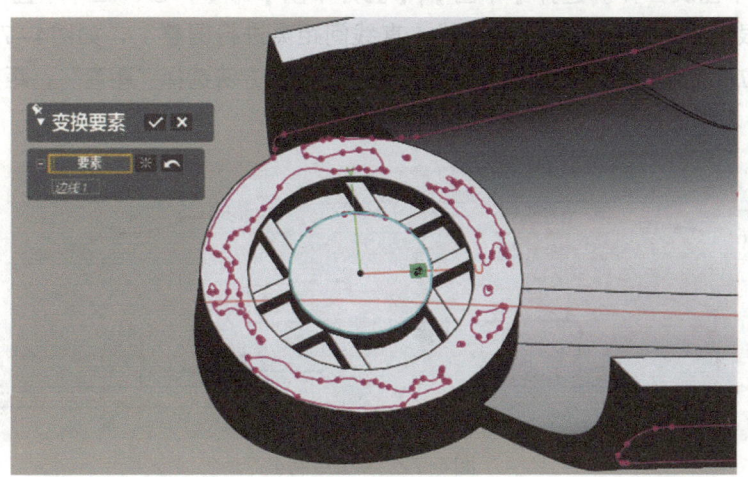

图4-68　草图绘制3

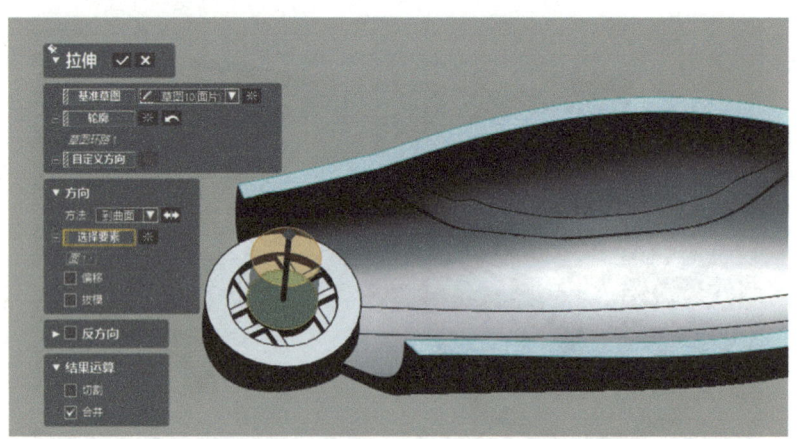

图4-69 拉伸4

Step5 倒角。选择【模型】|【倒角】命令，选择图4-70所示边线，距离设为"3mm"，角度设为"60°"，单击✓按钮，完成倒角。选择【模型】|【圆角】命令，选择图4-71所示边线，选中"固定圆角"，半径设为"1mm"，单击✓按钮，完成圆角。

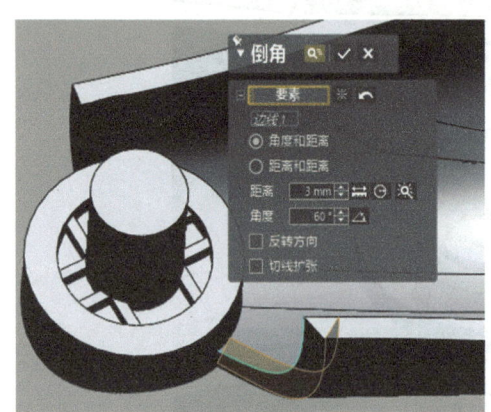

图4-70 倒角1

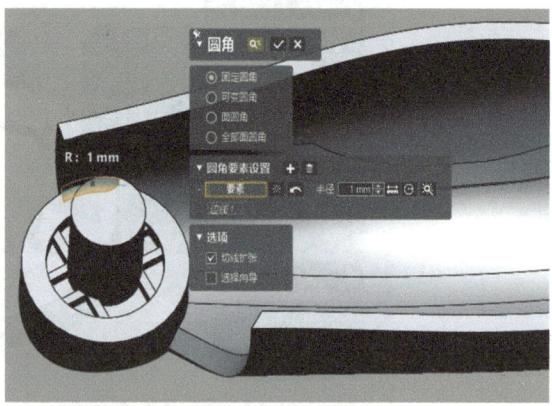

图4-71 圆角1

Step6 草图及拉伸。选择【草图】|【面片草图】命令，在"上"平面上，选择【直线】命令，根据模型轮廓绘制三条直线（直线间距离进行圆整），如图4-72所示。选择【模型】|【拉伸】命令，对绘制的直线进行拉伸，方向方法选择"距离"，距离值可任意设置（仅作为参考平面使用），拉伸后如图4-73所示。

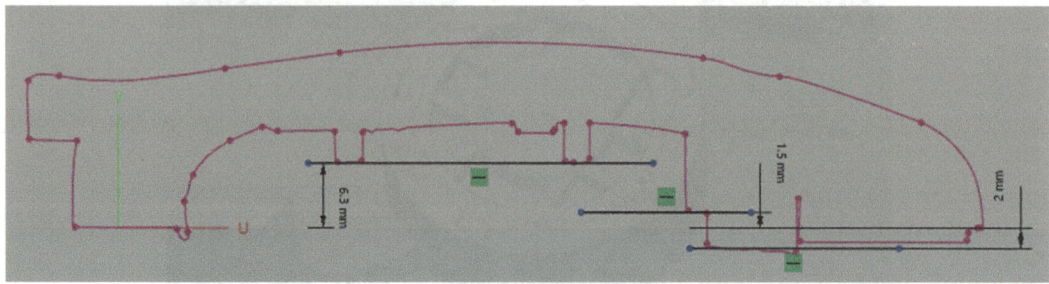

图4-72 草图绘制4

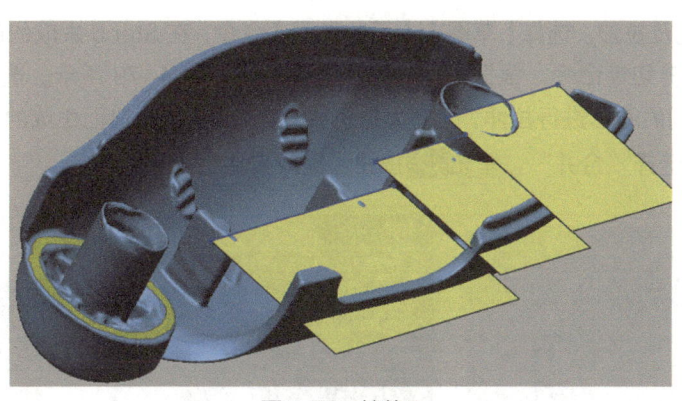

图4-73 拉伸5

Step7 草图及拉伸。选择【草图】|【面片草图】命令，在Step6生成的最上面的平面上，选择【圆】命令，根据模型轮廓绘制圆，如图4-74所示。选择【模型】|【拉伸】命令，对绘制的圆进行拉伸，方向方法选择"到体"，选择前面生成的实体，如图4-75所示，结果运算选择"合并"，单击✓按钮，完成拉伸。

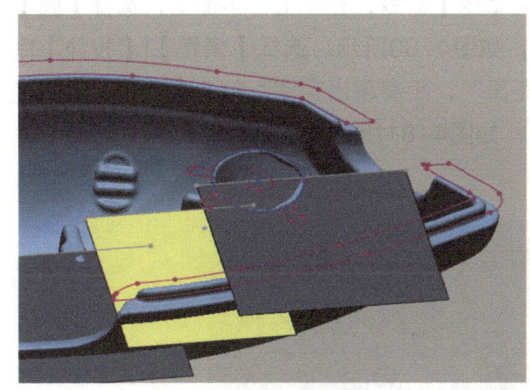

图4-74 草图绘制5

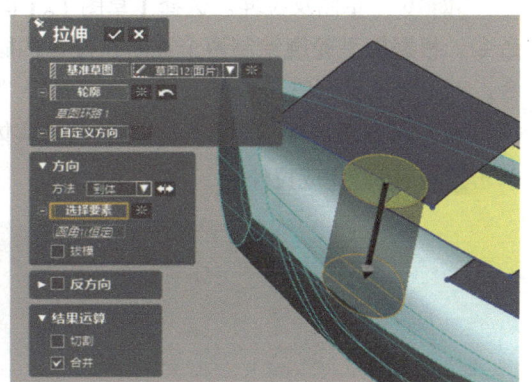

图4-75 拉伸6

Step8 草图及拉伸。选择【草图】|【面片草图】命令，在Step6生成的中间的平面上，使用直线、圆、剪切等命令，根据模型轮廓绘制图形，如图4-76所示。选择【模型】|【拉伸】命令，对绘制的图形进行拉伸，方向方法选择"到体"，选择前面生成的实体，如图4-77所示，结果运算选择"合并"，单击✓按钮，完成拉伸。

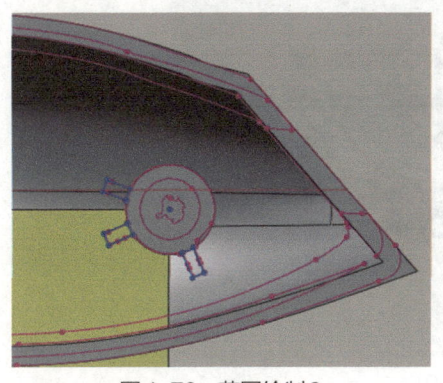

图4-76 草图绘制6

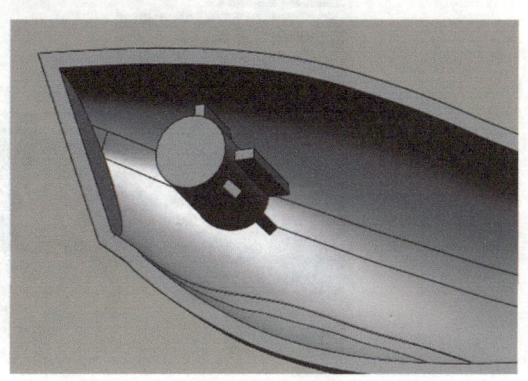

图4-77 拉伸7

Step9 草图及拉伸。选择【草图】|【面片草图】命令，在Step6生成的最下面的平面上，使用直线、圆、剪切等命令，根据模型轮廓绘制图形，如图4-78所示。选择【模型】|【拉伸】命令，对绘制的图形进行拉伸，方向方法选择"到体"，选择前面生成的实体，如图4-79所示，结果运算选择"合并"，单击 ✓ 按钮，完成拉伸。

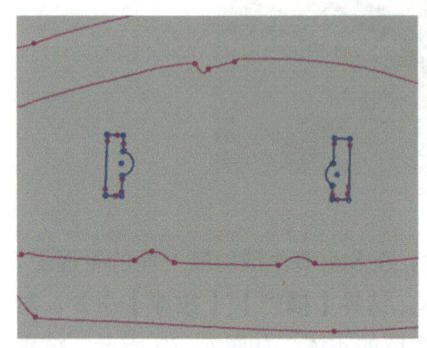

图4-78　草图绘制7

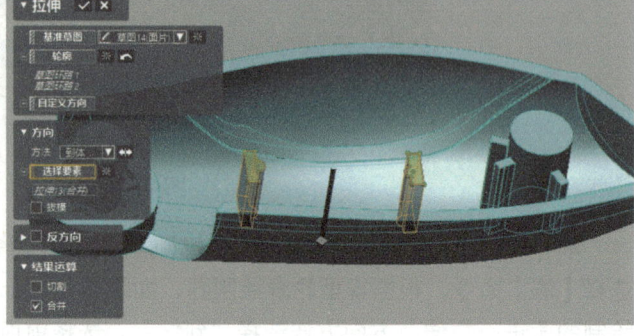

图4-79　拉伸8

Step10 草图及拉伸。选择【草图】|【面片草图】命令，在"上"平面上，选择【圆】命令，根据模型轮廓绘制两个孔所在位置的圆，如图4-80所示。选择【模型】|【拉伸】命令，对绘制的图形进行拉伸，方向方法选择"距离"，距离超出实体，勾选【反方向】复选框，反方向方法选择"距离"，距离超出实体，如图4-81所示，结果运算选择"切割"，单击 ✓ 按钮，完成拉伸。

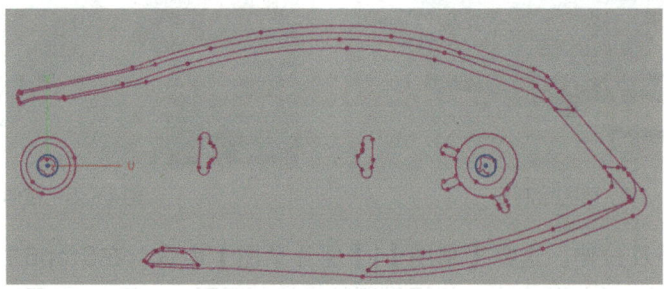

图4-80　草图绘制8

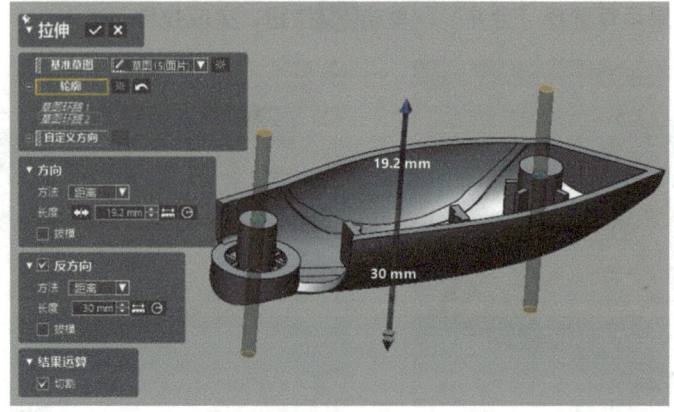

图4-81　拉伸9

Step11 草图及拉伸。选择【草图】|【面片草图】命令，在拉伸的圆柱体上表面，选择【圆】命令，根据模型轮廓绘制大孔所在位置的圆，如图4-82所示。选择【模型】|【拉伸】命令，对绘制的圆进行拉伸，方向方法选择"距离"，其值设为"3.5mm"，结果运算选择"切割"，如图4-83所示，单击 ✓ 按钮，完成拉伸。

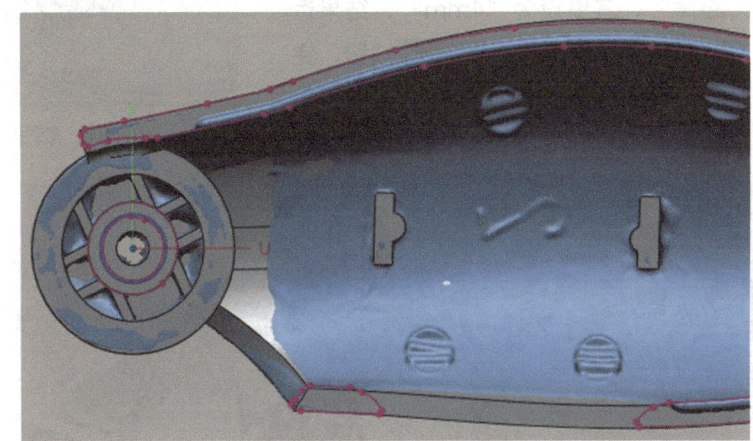

图4-82 草图绘制9

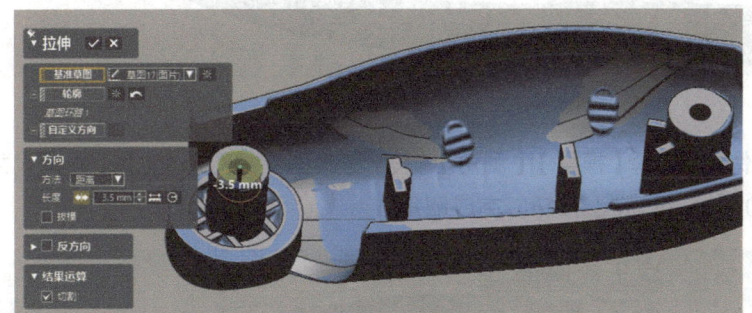

图4-83 拉伸10

Step12 倒角。选择【模型】|【倒角】命令，选择图4-84所示边线，距离设为"1.5mm"，角度设为"60°"，单击 ✓ 按钮，完成倒角。

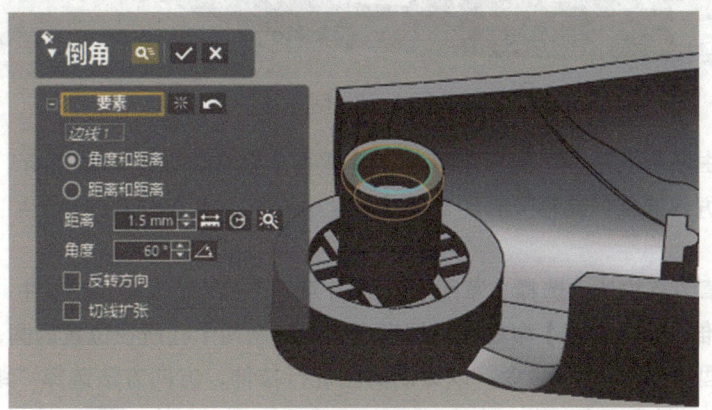

图4-84 倒角2

Step13 草图及拉伸。选择【草图】|【面片草图】命令，在拉伸的圆柱体上表面，选择【圆】命令，根据模型轮廓绘制大孔所在位置的圆，如图 4-85 所示。选择【模型】|【拉伸】命令，对绘制的圆进行拉伸，方向方法选择"距离"，其值设为"4mm"，结果运算选择"切割"，如图 4-86 所示，单击 ✓ 按钮，完成拉伸。

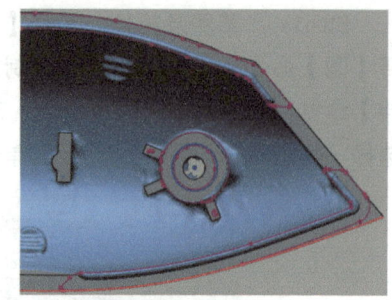

图 4-85　草图绘制 10

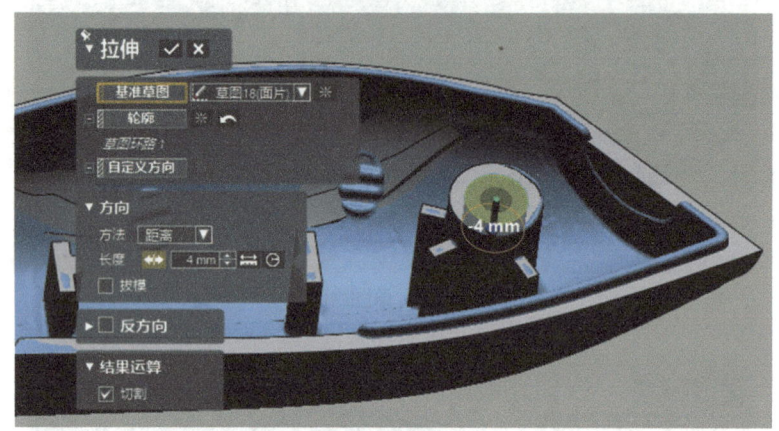

图 4-86　拉伸 11

Step14 倒角。选择【模型】|【倒角】命令，选择图 4-87 所示边线，距离设为"1.5mm"，角度设为"60°"，单击 ✓ 按钮，完成倒角。

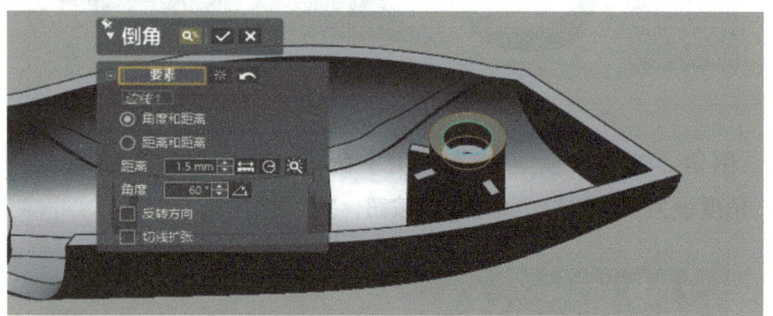

图 4-87　倒角 3

Step15 生成基准平面。选择【模型】|【平面】命令，以图 4-88 所示平面为基准，方法选择"偏移"，距离设为"-3mm"，单击 ✓ 按钮，生成基准平面。

手柄 2 建模特征 2

Step16 草图及拉伸。选择【草图】|【面片草图】命令，以 Step15 生成的平面为基准，选择【圆】命令，根据模型轮廓绘制两个孔所在位置的圆，如图 4-89 所示。选择【模型】|【拉伸】命令，以绘制的圆进行拉伸，方向方法选择"距离"，长度设为"17.5mm"，结果运算选择"切割"，如图 4-90 所示，单击 ✓ 按钮，完成拉伸。

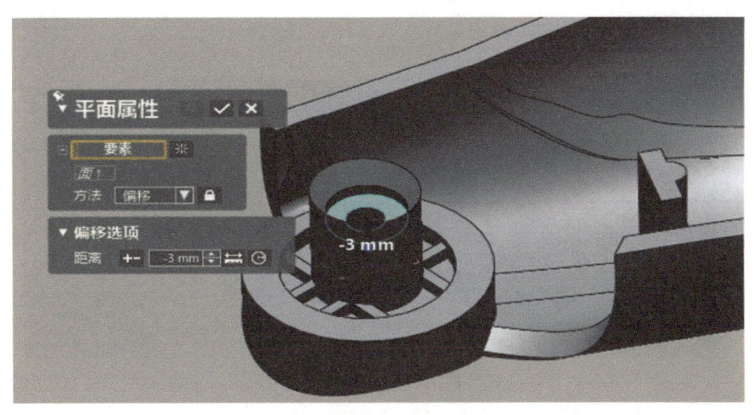

图4-88 生成平面

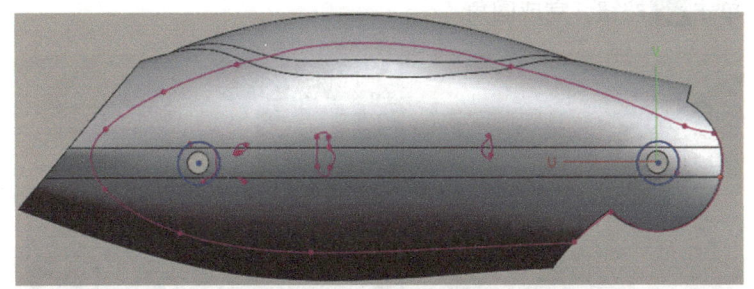

图4-89 绘制两圆孔草图

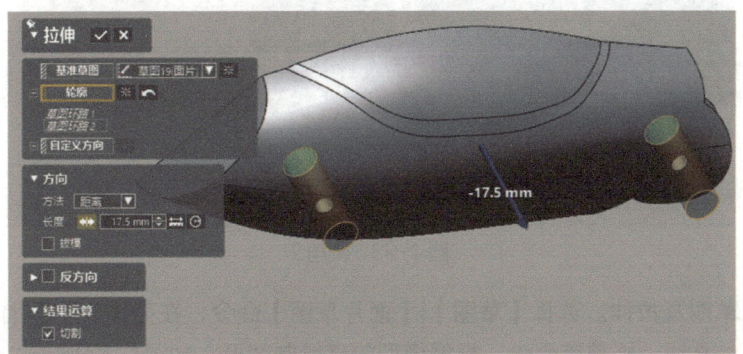

图4-90 拉伸12

Step17 草图及拉伸。选择【草图】|【面片草图】命令，在"上"平面上，使用圆、直线、修剪等命令，根据模型轮廓绘制图形，如图4-91所示。选择【模型】|【拉伸】命令，对绘制的图形进行拉伸，方向方法选择"距离"，长度设置值超出实体区域，结果运算选择"切割"，如图4-92所示，单击✓按钮，完成拉伸。

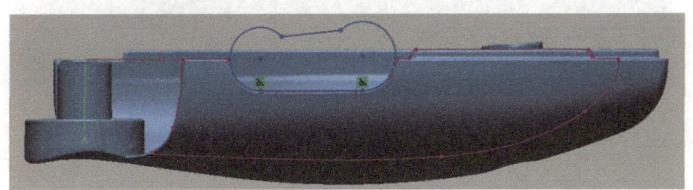

图4-91 草图绘制11

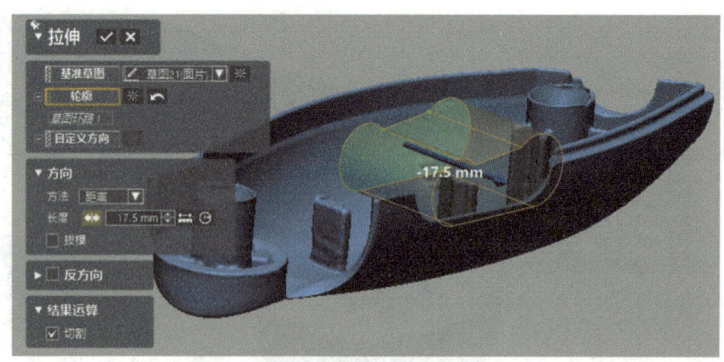

图4-92 拉伸13

Step18 圆角。选择【模型】|【圆角】命令,选择图4-93所示边线,半径设为"2.5mm",单击✓按钮,完成圆角。

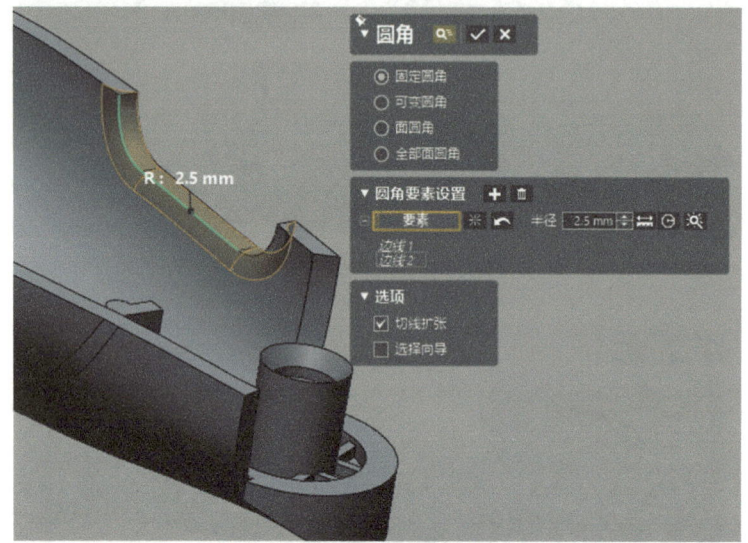

图4-93 圆角2

Step19 草图及拉伸。选择【草图】|【面片草图】命令,在壳体底平面上,使用变换要素、样条曲线、直线、修剪等命令,根据模型轮廓绘制图形,如图4-94所示。选择【模型】|【拉伸】命令,以绘制的图形进行拉伸,方向方法选择"距离",长度设为"1.5mm",选择"反方向",反方向方法选择"距离",长度设为"2.5mm",如图4-95所示,结果运算选择"合并",单击✓按钮,完成拉伸。

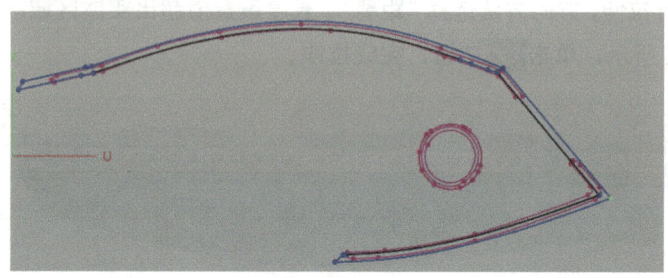

图4-94 草图绘制12

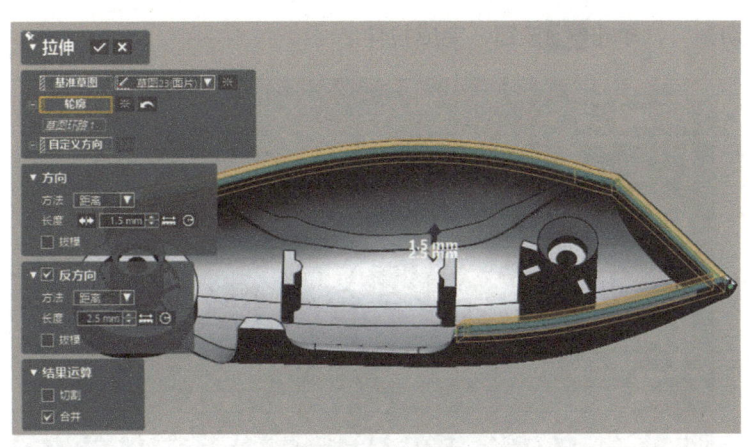

图4-95 拉伸14

Step20 草图及拉伸。选择【草图】|【面片草图】命令，以Step19拉伸后的上表面为基准，选择变换要素、样条曲线、直线、偏移、修剪等命令，根据模型轮廓绘制图形（距离壳体内部0.2mm），如图4-96所示。选择【模型】|【拉伸】命令，以绘制的图形进行拉伸，方向方法选择"距离"，长度设为"4mm"，如图4-97所示，结果运算选择"切割"，单击 ✓ 按钮，完成拉伸。

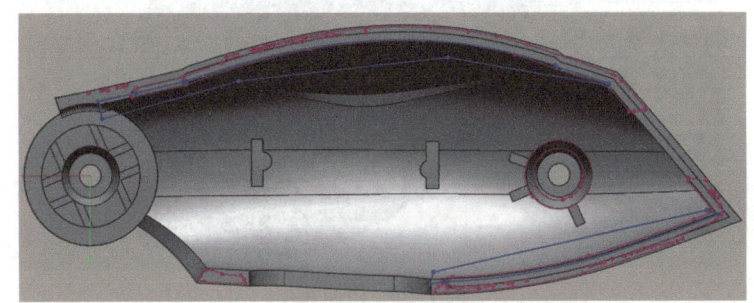

图4-96 草图绘制13

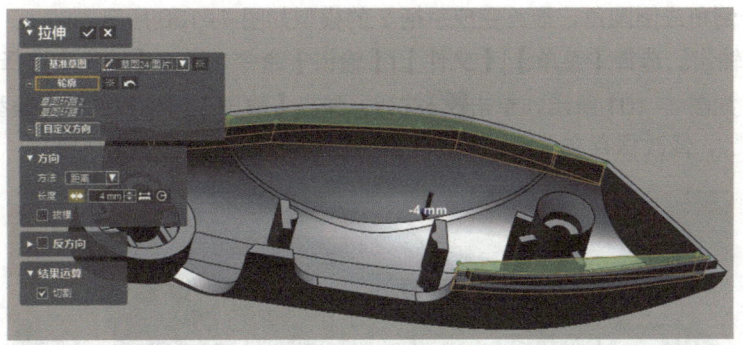

图4-97 拉伸15

Step21 草图及拉伸。选择【模型】|【平面】命令，以右平面为基准，偏移距离设为"18.5mm"，生成基准平面；选择【草图】|【面片草图】命令，以生成的基准平面为基准，如图4-98所示，选择【圆】命令，根据孔的轮廓绘制圆。选择【模型】|【拉伸】命令，对绘制的圆进行拉伸，方向方法选择"距离"，长度设为"27.5mm"，如图4-99所示，结

果运算选择"切割",单击 ✓ 按钮,完成拉伸。

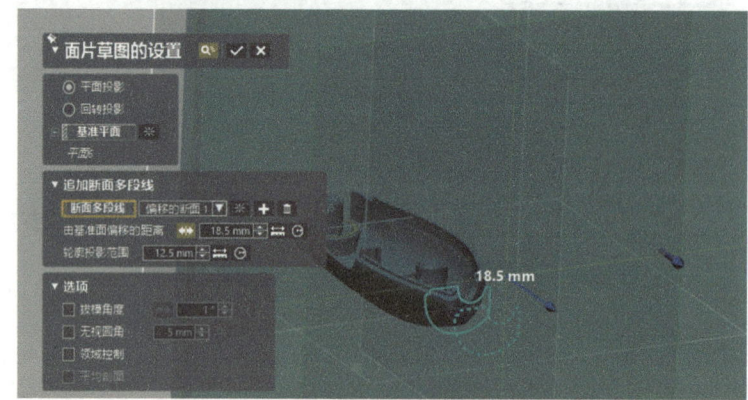

图4-98　草图绘制14

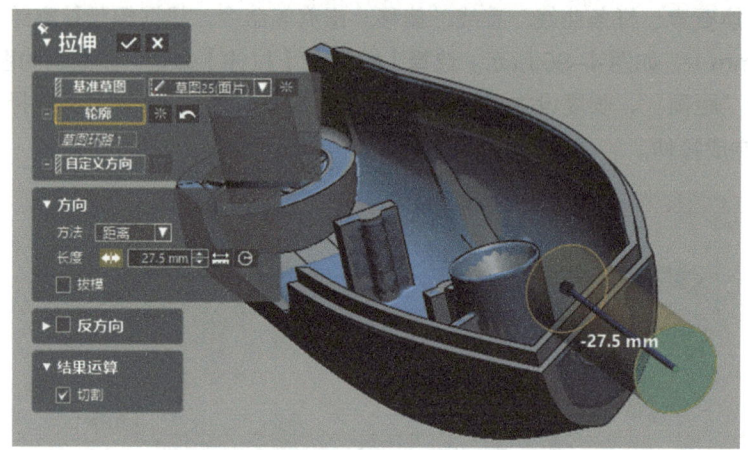

图4-99　拉伸16

Step22　倒角及倒圆角。选择【模型】|【倒角】命令或【模型】|【圆角】命令,将模型各边线处进行倒角或倒圆角,最终完成手柄2的模型如图4-100所示。

Step23　输出。选择【菜单】|【文件】|【输出】命令,弹出【输出】选择界面,单击选择实体模型,如图4-101所示,单击 ✓ 按钮,弹出【输出】对话框,保存类型选择"STEP File(*.stp)",修改保存文件名,如图4-102所示,单击【保存】按钮。

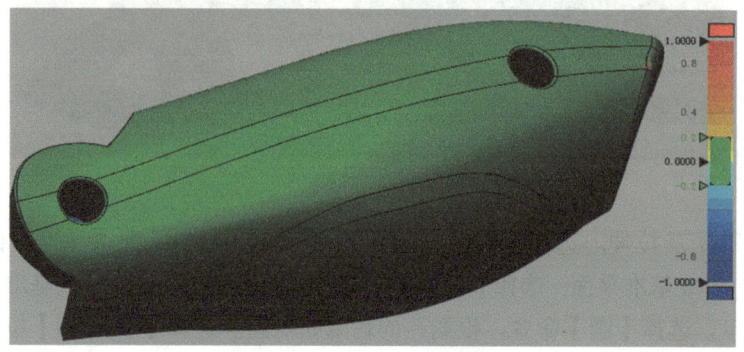

图4-100　手柄2逆向建模模型

图4-100　手柄2逆向建模模型（续）

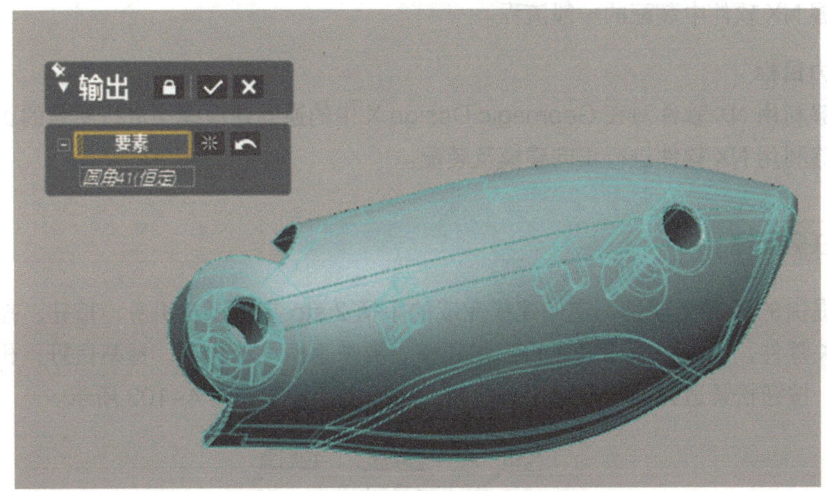

图4-101　手柄2【输出】选择界面

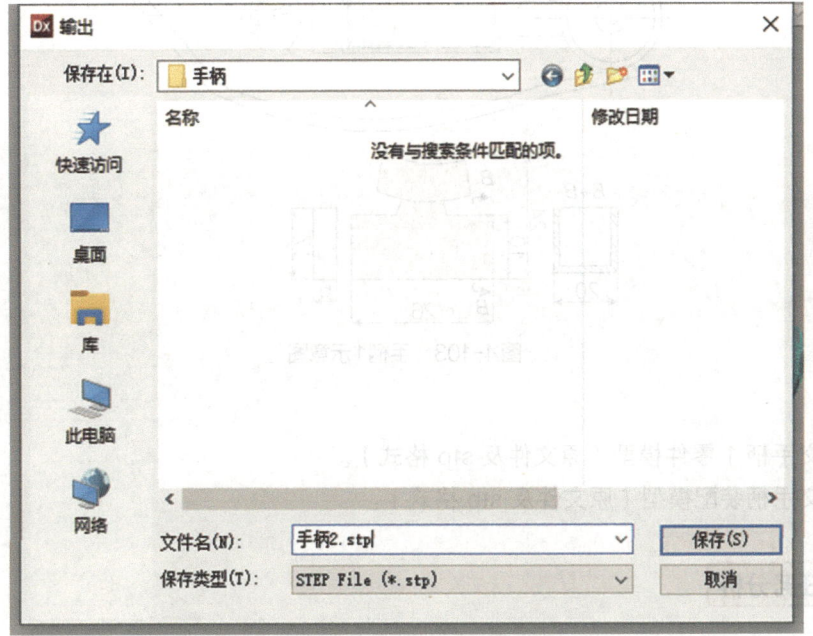

图4-102　手柄2【输出】对话框

任务 2 手柄 1 的正向设计

学习目标

◆ 知识目标

1. 掌握 NX 软件中正向建模的一般流程。
2. 掌握 NX 软件中正向建模的常用命令。
3. 掌握 NX 软件中装配的一般流程。

◆ 能力目标

1. 能够利用 NX 软件对在 Geomagic Design X 中的逆向建模模型进行后续的正向设计。
2. 能够利用 NX 软件进行正向建模及装配。

任务描述

根据提供的手柄 2 模型、逆向建模完成的手柄 2.stp 文件以及机身、按钮、按钮座、控制盒等相关零件，设计手柄 1 并进行三维建模。要求手柄设计合理，握感良好；相关零件能正确装配，按钮松紧适宜，能顺畅上下按动。手柄 1 示意图如图 4-103 所示。

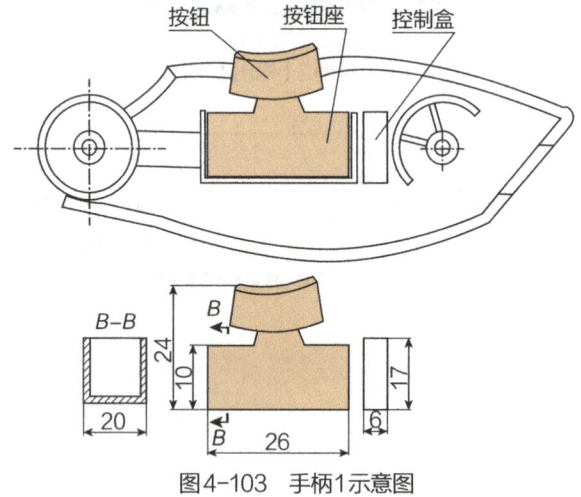

图 4-103 手柄1示意图

要求：

1. 提交手柄 1 零件模型（原文件及 stp 格式）。
2. 提交手柄装配模型（原文件及 stp 格式）。

任务分析

在 Geomagic Design X 中将手柄 2 模型上与手柄 1 相同的特征保留，其余特征删除，将文件保存为手柄 1.stp；利用 NX 软件打开手柄 1.stp，在 NX 软件中，根据按钮、按钮座、控制盒等相关零件尺寸进行手柄 1 的后续特征设计；利用 NX 软件进行手柄 1 及手柄 2 的装配。

知识链接

在对模型进行正向设计的过程中，除了要满足基本的功能要求外，还必须考虑到 3D 打印的特点，如 3D 打印的模型必须为封闭的，模型需要一定的厚度，模型的体积不能超出打印机的打印范围等，另外还需考虑打印组件之间的公差配合，需要充分考虑打印材料的热胀冷缩及打印精度对成品零件的影响。3D 打印中常见的连接方式有如下三种。

（1）轴孔配合。一般工业制造中，轴与孔的配合有三种方式，分别为间隙配合、过渡配合和过盈配合。在 3D 打印的产品中，要根据实际情况进行选择，通常选用间隙配合的方式较多。轴与孔在建模时一般会预留 0.1~0.4mm 的间隙，具体根据模型尺寸、结构及材料类型等进行调整。

（2）螺纹配合。3D 打印中的螺纹配合在建模时需要根据打印成型特点、成型精度和材料特性选择合适的牙型、螺旋距等，在打印时需要设置合理的打印参数。建模时考虑配合公差，一般会留 0.1~0.2mm 的间隙，具体根据模型尺寸、结构及材料类型等进行调整。

（3）其他连接方式。3D 打印的产品中，除了轴孔配合、螺纹配合两种连接方式外，一般还会用到斜楔连接、销连接、键连接、花键连接等，也需要在建模时考虑公差配合。

任务实施

活动 1　手柄 1 的正向建模

Step1　在 Geomagic Design X 软件中，将"手柄 2.xrl"模型中的无关特征删除，删除后的模型如图 4-104 所示。选择【菜单】|【文件】|【输出】命令，弹出【输出】选择界面，单击选择实体模型，单击 ✓ 按钮，弹出【输出】对话框，"保存类型"选择"STEP File（*.stp）"，修改保存文件名为"手柄 1.stp"，如图 4-105 所示，单击【保存】按钮。

手柄 1 正向建模 1

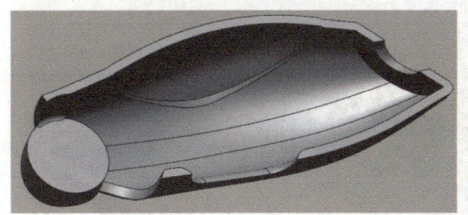 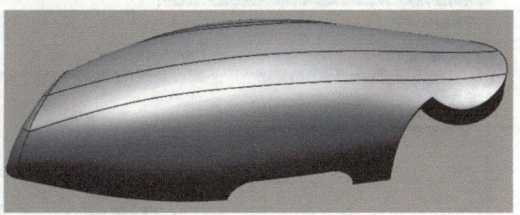

图 4-104　删除无关特征后手柄 1 模型

Step2　打开 NX 软件，选择【文件】|【打开】命令，弹出【打开】对话框，选择对应的存储位置，打开"手柄 1.stp"文件，打开后界面如图 4-106 所示。

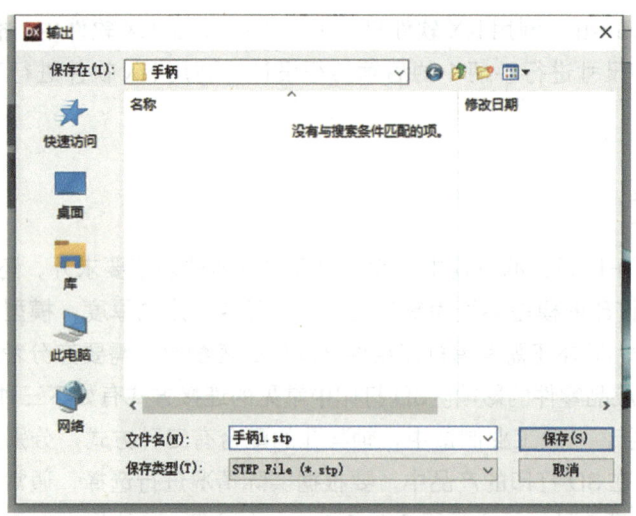

图4-105 手柄1【输出】对话框

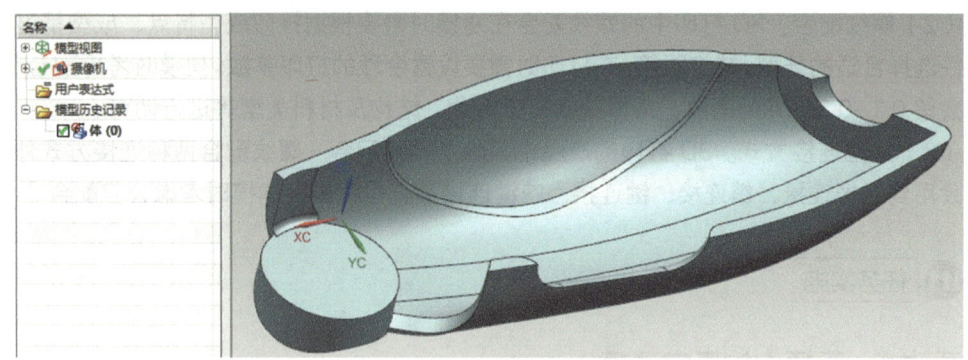

图4-106 NX打开手柄1模型

Step3 选择【插入】|【关联复制】|【镜像几何体】命令，弹出【镜像几何体】对话框，选择对象单击选择模型实体，指定平面选择底面，如图4-107所示，单击【确定】按钮，完成镜像几何体如图4-108所示，选择原始模型，右击，选择【隐藏】命令，隐藏原始模型。

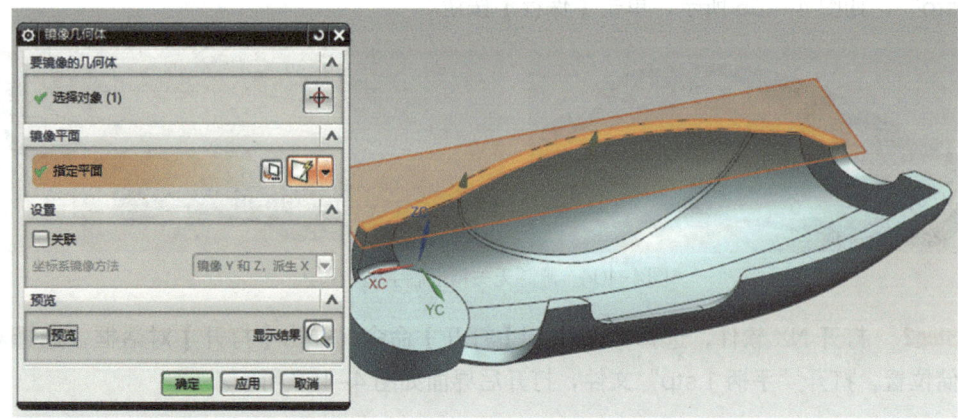

图4-107 【镜像几何体】对话框

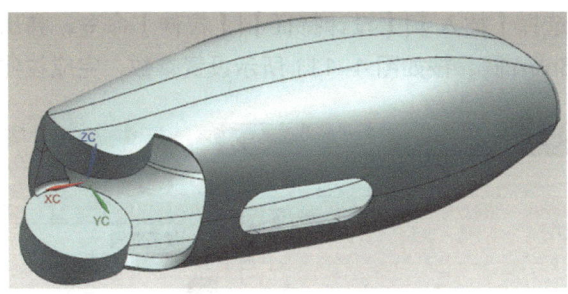

图4-108 镜像几何体

Step4 草图及拉伸1。选择【插入】|【在任务环境中绘制草图】命令，弹出【创建草图】对话框，单击选择如图4-109所示表面，绘制直径分别为ϕ5.6mm及ϕ16mm的同心圆，单击 按钮完成草图绘制。选择【插入】|【设计特征】|【拉伸】命令，弹出【拉伸】对话框，按如图4-110所示设置参数，完成拉伸。

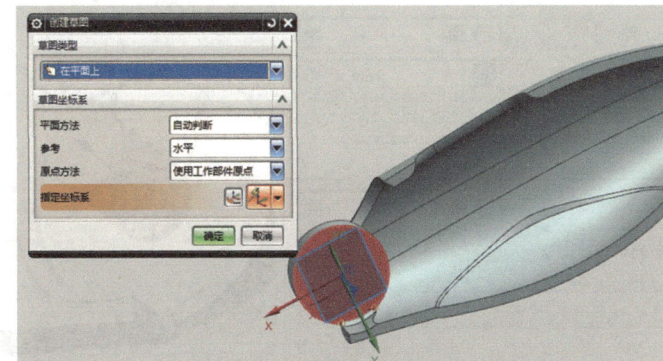

图4-109 创建草图1

手柄1正向建模2

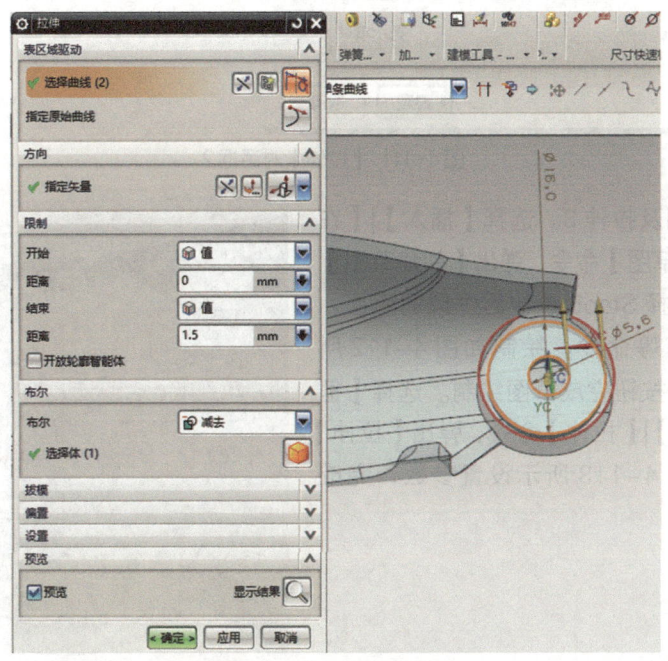

图4-110 【拉伸】对话框1

Step5 拉伸2。选择【插入】|【设计特征】|【拉伸】命令，弹出【拉伸】对话框，选择 Step4 绘制的 φ5.6mm 圆，按如图 4-111 所示设置参数，完成拉伸。

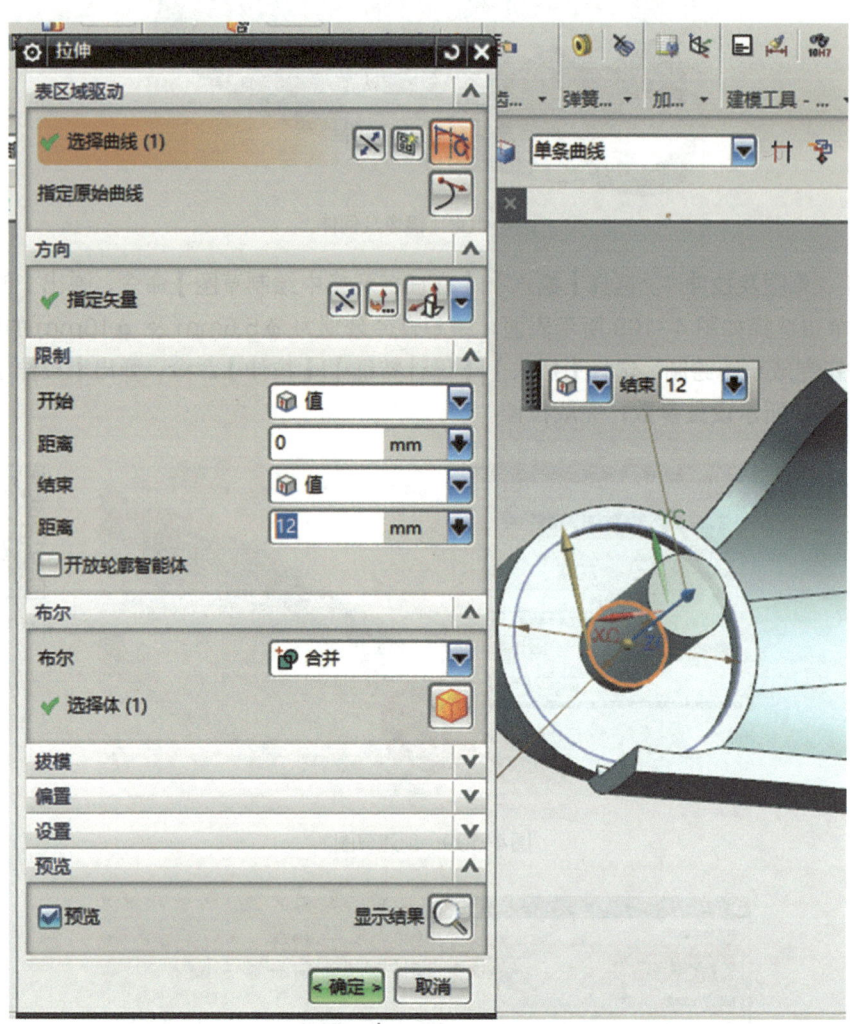

图4-111 【拉伸】对话框2

Step6 草图及拉伸3。选择【插入】|【在任务环境中绘制草图】命令，弹出【创建草图】对话框，单击选择 Step5 拉伸后生成的底面，利用直线、修剪等命令，绘制如图 4-112 所示草图，单击 按钮完成草图绘制。选择【插入】|【设计特征】|【拉伸】命令，弹出【拉伸】对话框，按如图 4-113 所示设置参数，完成拉伸。

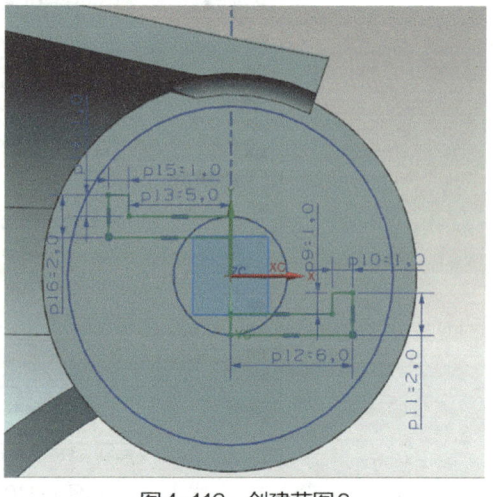

图4-112 创建草图2

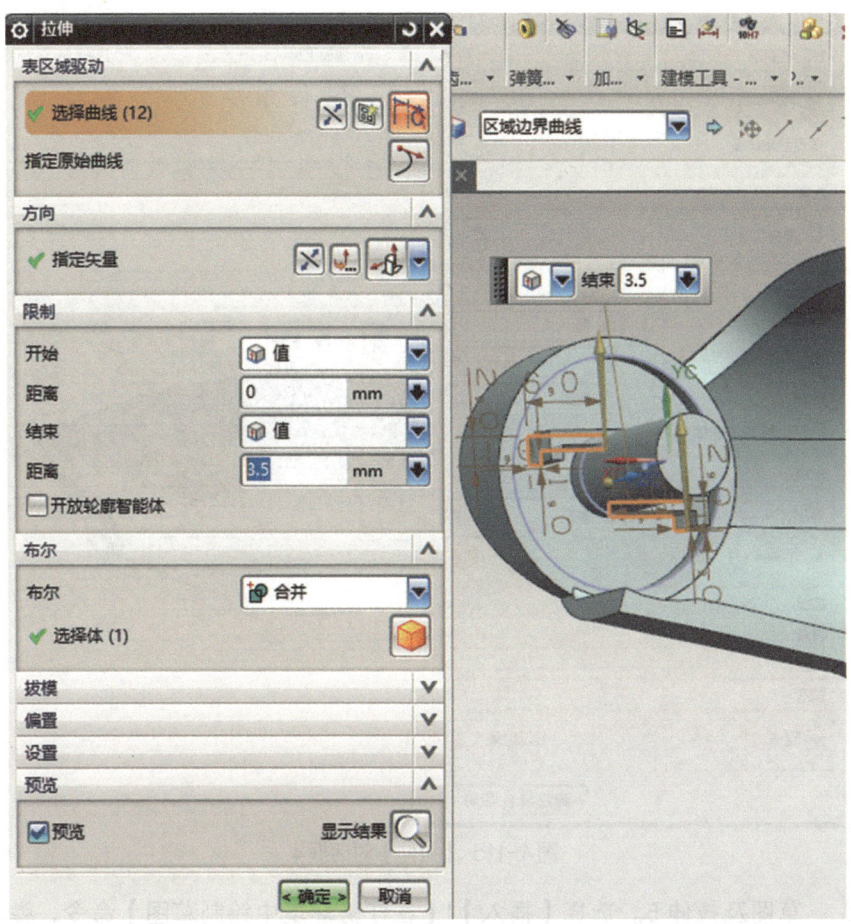

图4-113 【拉伸】对话框3

Step7 草图及拉伸4。选择【插入】|【在任务环境中绘制草图】命令,弹出【创建草图】对话框,单击选择壳体底面,绘制如图4-114所示草图,单击 按钮完成草图绘制。选择【插入】|【设计特征】|【拉伸】命令,弹出【拉伸】对话框,按如图4-115所示设置参数,完成拉伸。

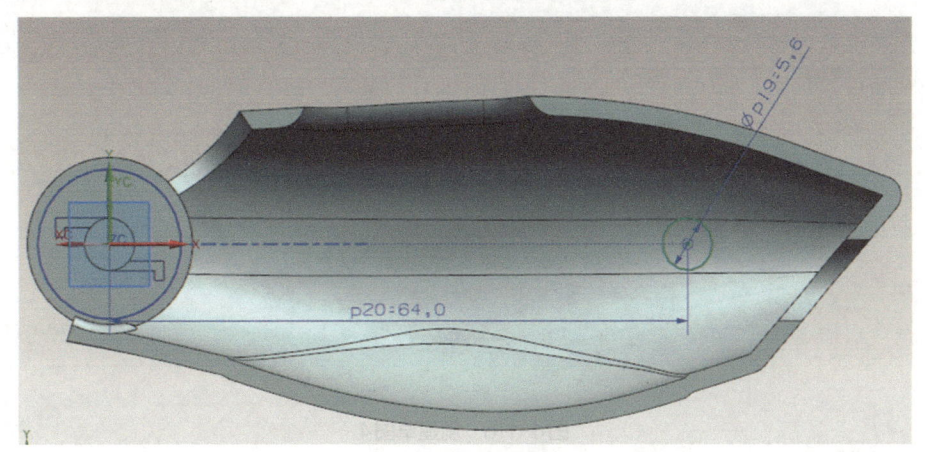

图4-114 创建草图3

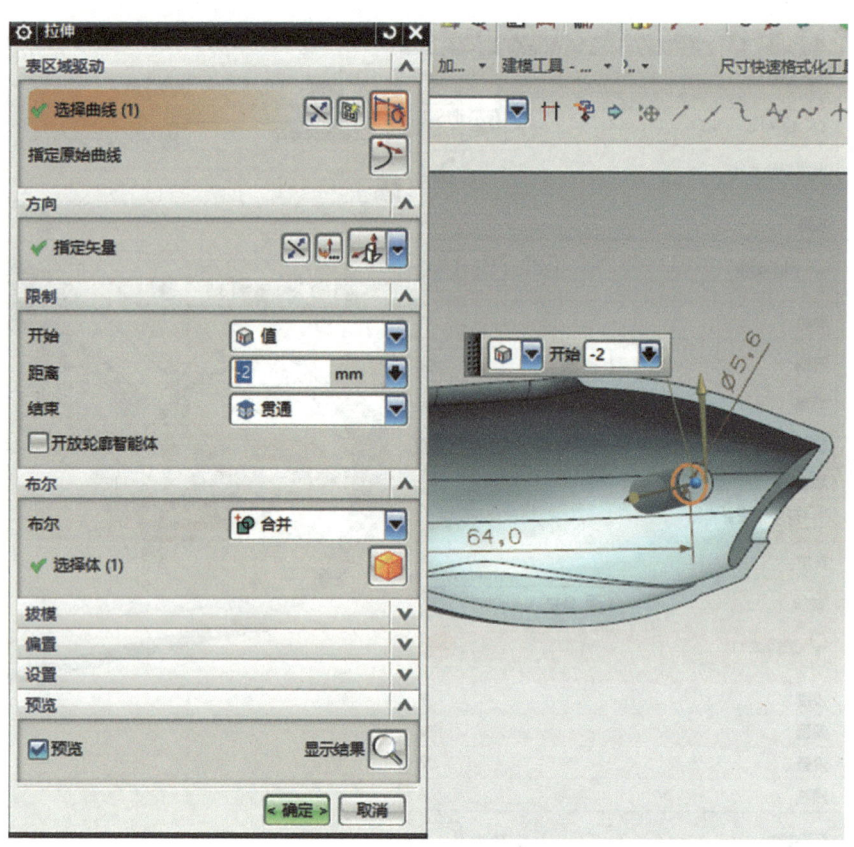

图4-115 【拉伸】对话框4

Step8 草图及拉伸5。选择【插入】|【在任务环境中绘制草图】命令,弹出【创建草图】对话框,单击选择壳体底面,绘制如图4-116所示草图,单击 按钮完成草图绘制。选择【插入】|【设计特征】|【拉伸】命令,弹出【拉伸】对话框,按如图4-117所示设置参数,完成拉伸。

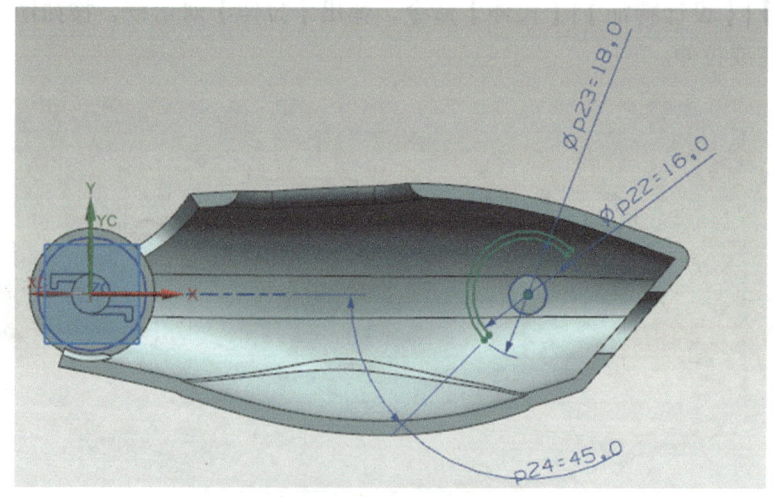

图4-116 创建草图4

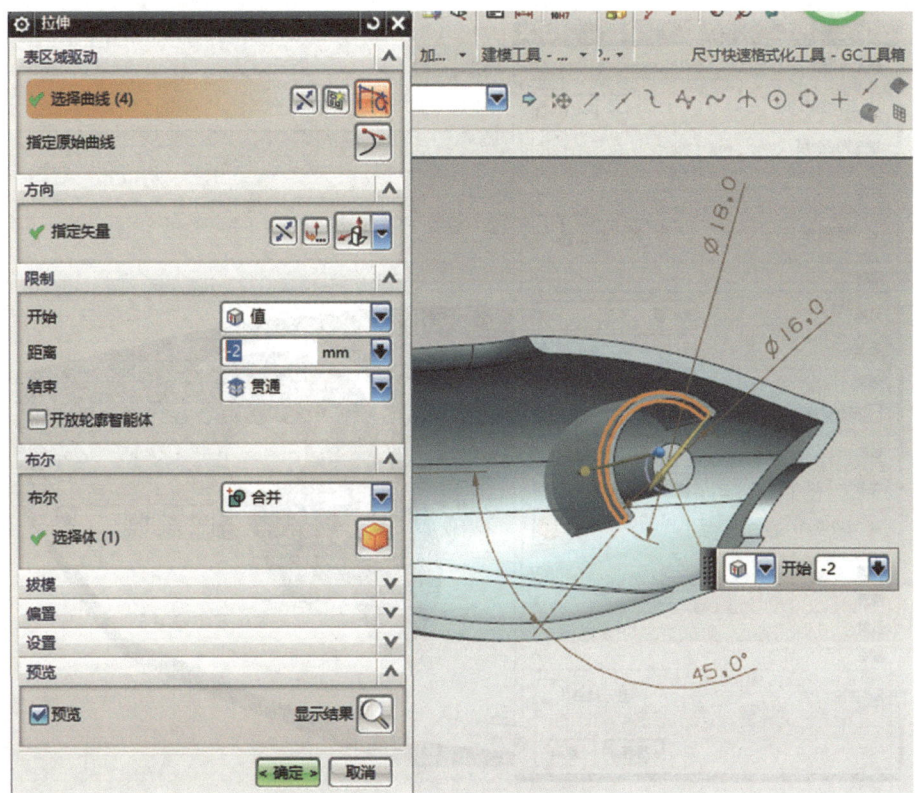

图4-117 【拉伸】对话框5

Step9 草图及拉伸6。选择【插入】|【在任务环境中绘制草图】命令,弹出【创建草图】对话框,单击选择壳体底面,绘制如图4-118所示草图,单击 按钮完成草图绘制。选择【插入】|【设计特征】|【拉伸】命令,弹出【拉伸】对话框,按如图4-119所示设置参数,完成拉伸。

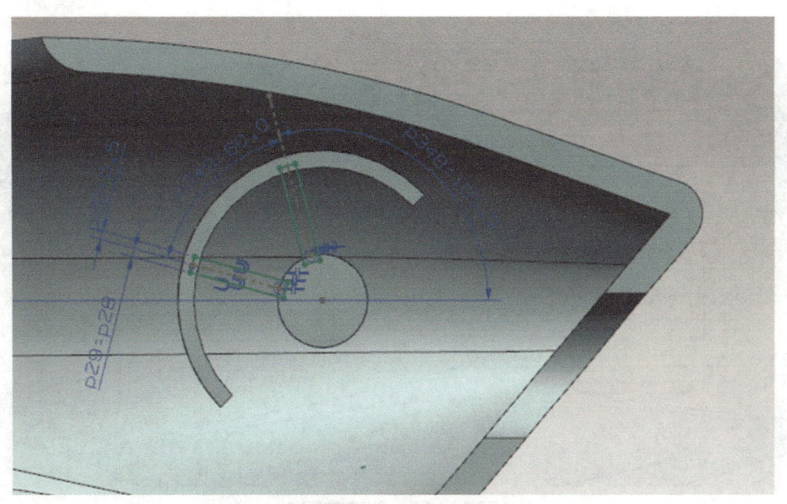

图4-118 创建草图5

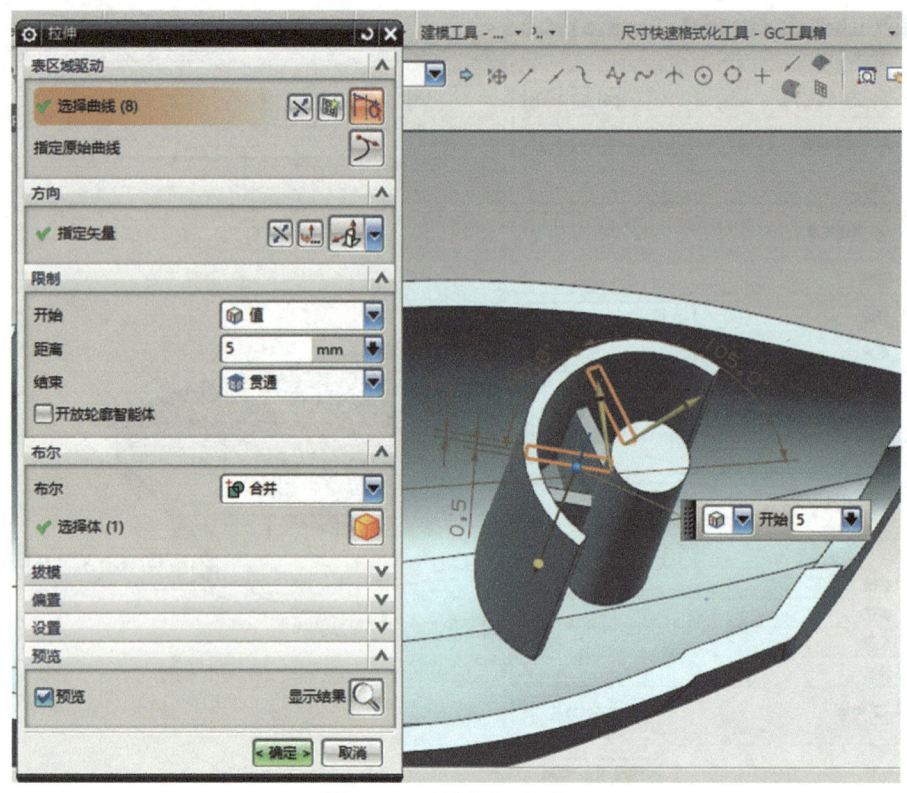

图4-119 【拉伸】对话框6

Step10 草图及拉伸7。选择【插入】|【在任务环境中绘制草图】命令，弹出【创建草图】对话框，单击选择壳体底面，绘制如图4-120所示草图，单击 按钮完成草图绘制。选择【插入】|【设计特征】|【拉伸】命令，弹出【拉伸】对话框，按如图4-121所示设置参数，完成拉伸。

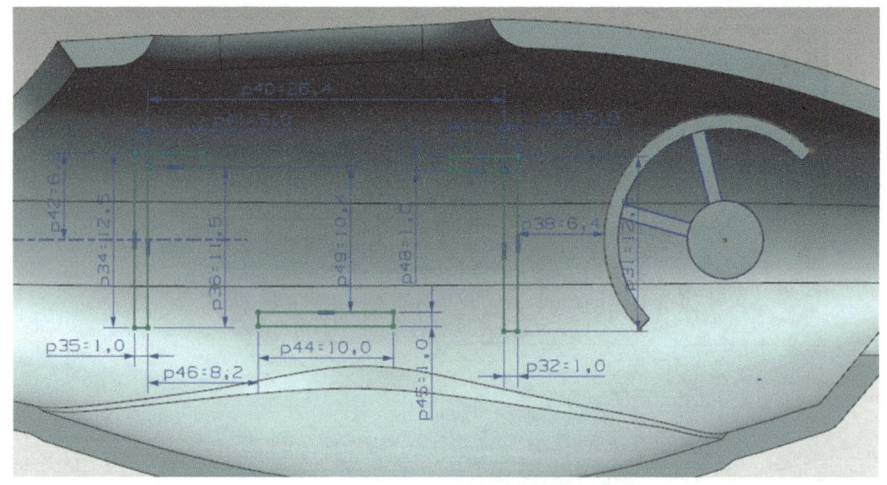

图4-120 创建草图6

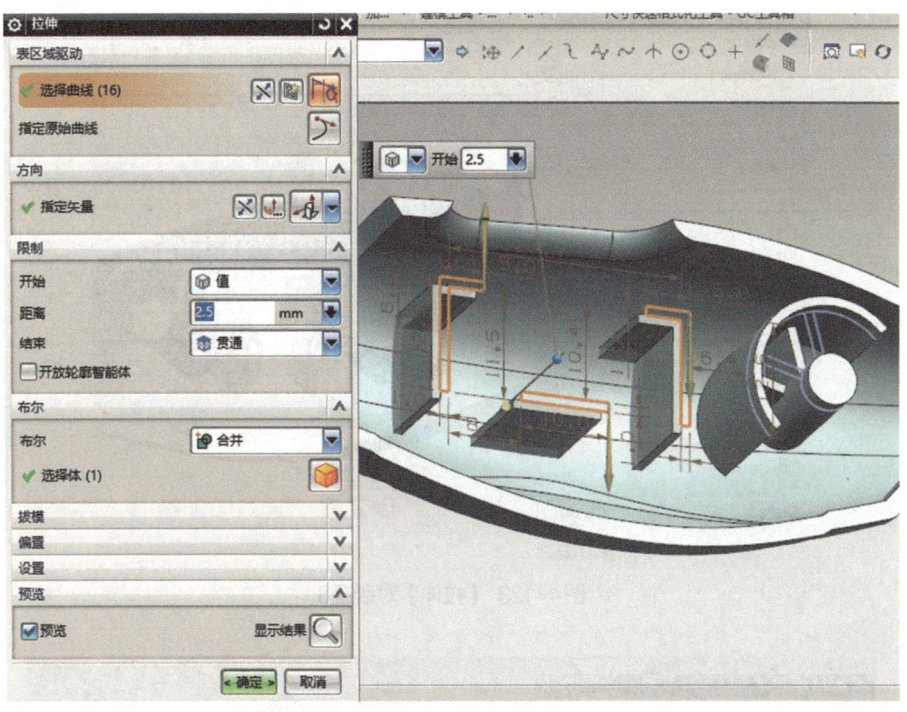

图 4-121 【拉伸】对话框 7

Step11 草图及拉伸 8。选择【插入】|【在任务环境中绘制草图】命令，弹出【创建草图】对话框，单击选择壳体底面，绘制如图 4-122 所示草图，单击 ✖ 按钮完成草图绘制。选择【插入】|【设计特征】|【拉伸】命令，弹出【拉伸】对话框，按如图 4-123 所示设置参数，完成拉伸。

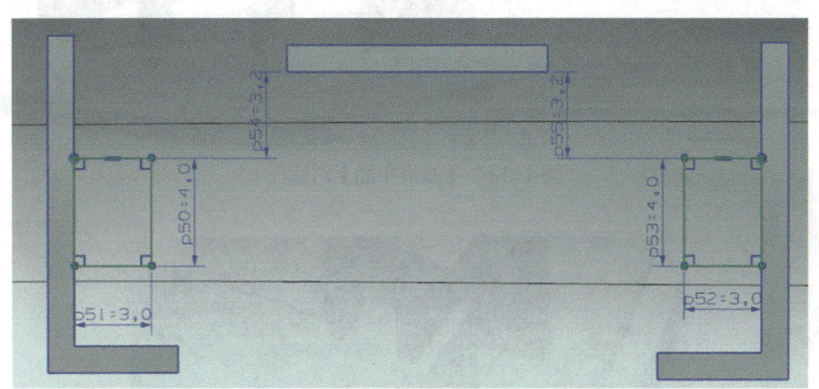

图 4-122 创建草图 7

Step12 草图及拉伸 9。选择【插入】|【基准/点】|【基准平面】命令，弹出【基准平面】对话框，按如图 4-124 所示创建基准平面。选择【插入】|【在任务环境中绘制草图】命令，弹出【创建草图】对话框，单击选择刚创建的基准平面，绘制如图 4-125 所示草图，单击 ✖ 按钮完成草图绘制。选择【插入】|【设计特征】|【拉伸】命令，弹出【拉伸】对话框，按如图 4-126 所示设置参数，完成拉伸。

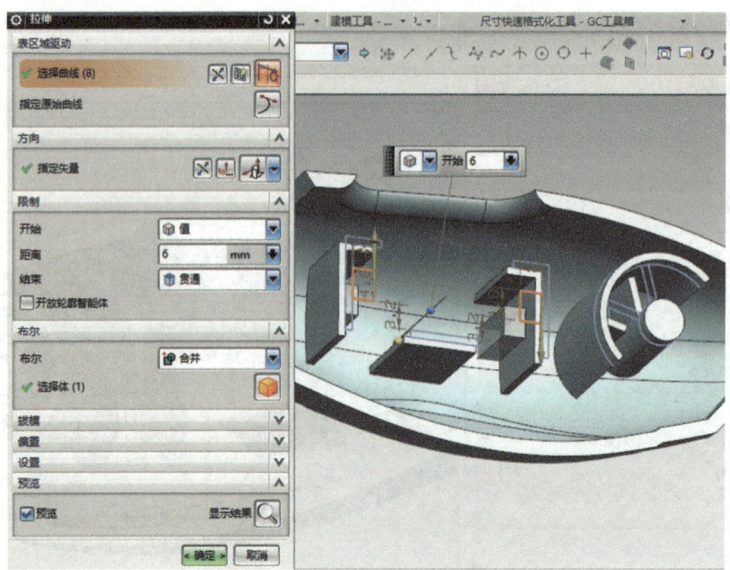

图4-123 【拉伸】对话框8

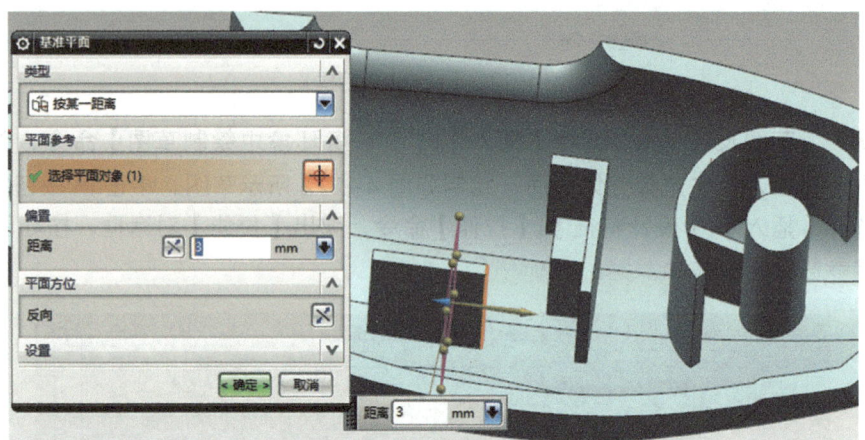

图4-124 【基准平面】对话框1

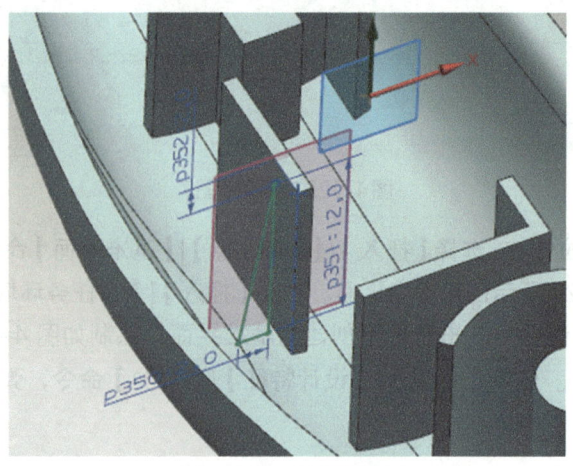

图4-125 创建草图8

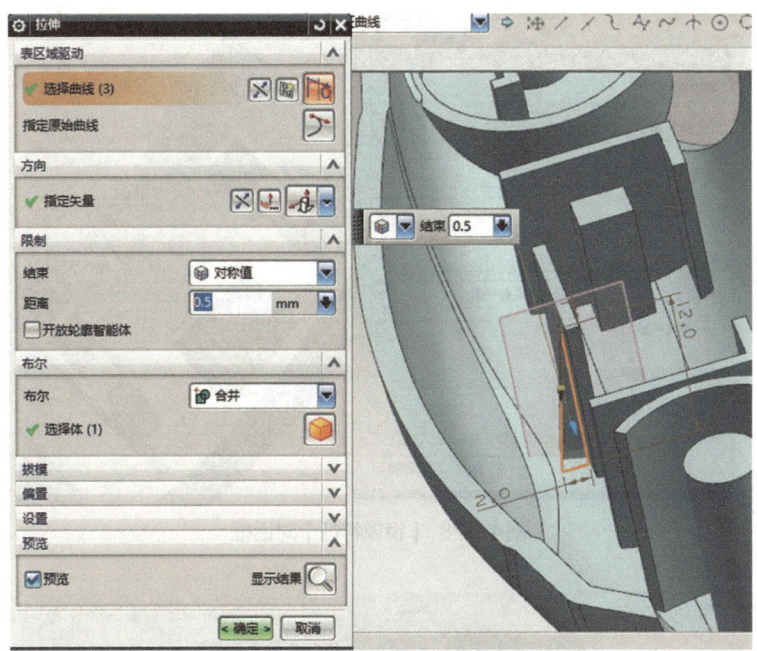

图4-126 【拉伸】对话框9

Step13 镜像特征。选择【插入】|【基准/点】|【基准平面】命令，弹出【基准平面】对话框，按如图4-127所示创建基准平面。选择【插入】|【关联复制】|【镜像特征】命令，弹出【镜像特征】对话框，按如图4-128所示设置参数，完成镜像。保存文件。

图4-127 【基准平面】对话框2

Step14 草图及拉伸10。选择【插入】|【在任务环境中绘制草图】命令，弹出【创建草图】对话框，单击选择壳体底面，利用投影曲线、偏置曲线、直线、快速修剪等命令绘制如图4-129所示草图（偏置后曲线距离壳体内部0.2mm），单击 按钮完成草图绘制。选择【插入】|【设计特征】|【拉伸】命令，弹出【拉伸】对话框，按图4-130所示设置参数，完成拉伸。

手柄1 正向建模3

图4-128 【镜像特征】对话框

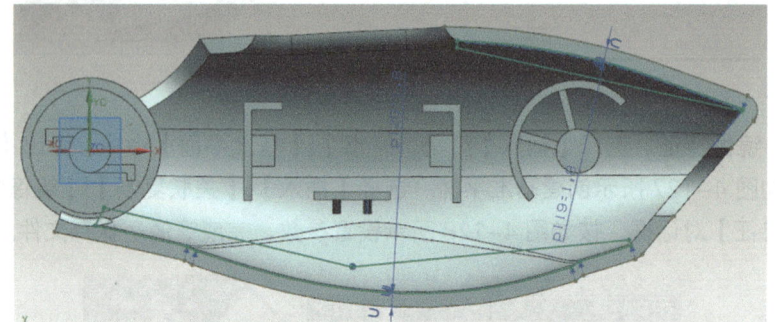

图4-129 创建草图9

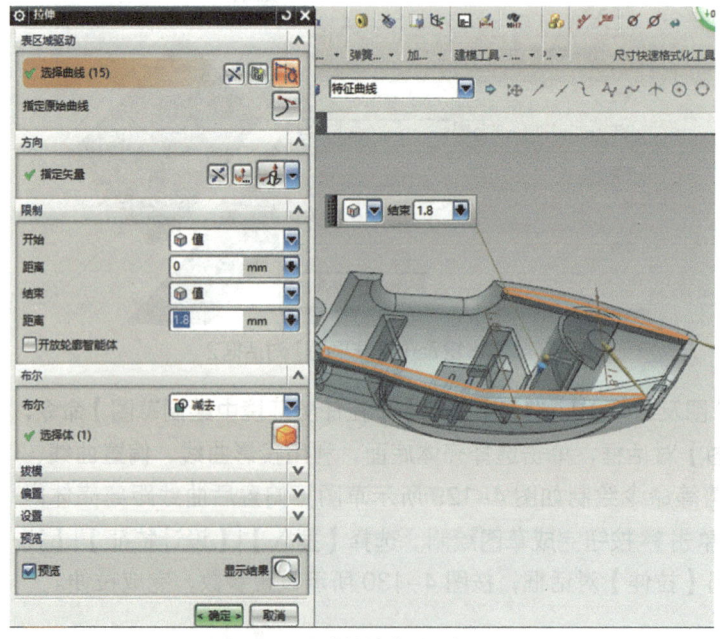

图4-130 【拉伸】对话框10

Step15 生成螺纹孔1。选择【插入】|【设计特征】|【孔】命令，弹出【孔】对话框，按如图4-131所示设置参数，完成孔设置。选择【插入】|【设计特征】|【螺纹】命令，弹出【螺纹切削】对话框，选择内孔，按如图4-132所示设置参数，完成螺纹设置。

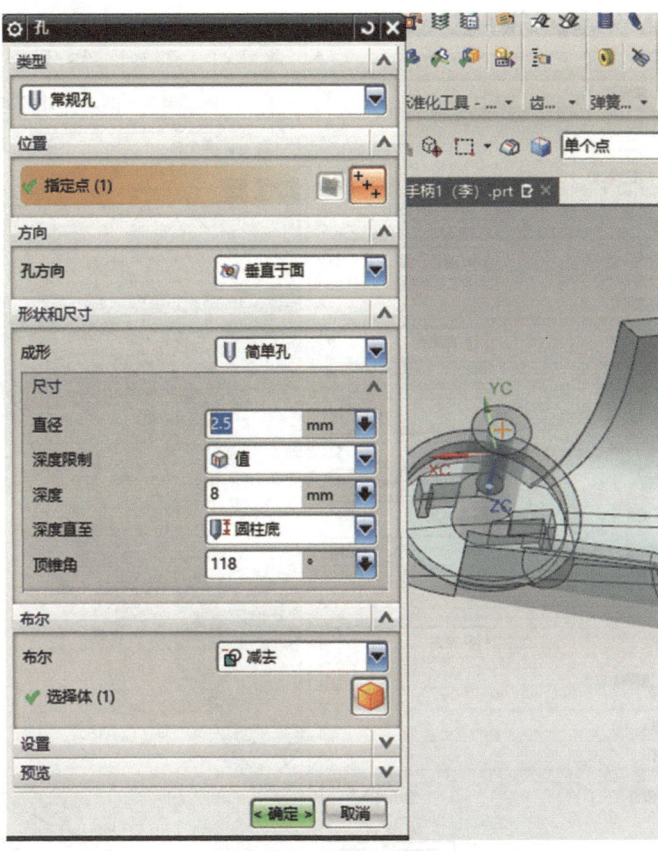

图4-131 【孔】对话框1

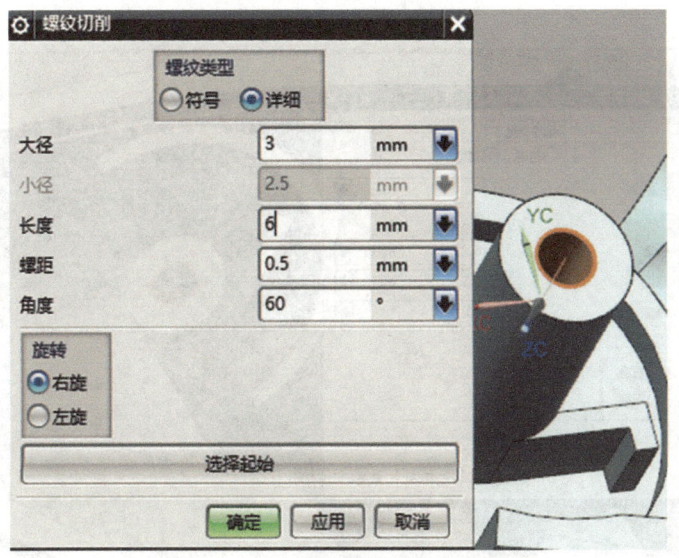

图4-132 【螺纹切削】对话框1

Step16 生成螺纹孔 2。选择【插入】|【设计特征】|【孔】命令，弹出【孔】对话框，按如图 4-133 所示设置参数，完成孔设置。选择【插入】|【设计特征】|【螺纹】命令，弹出【螺纹切削】对话框，选择内孔，按如图 4-134 所示设置参数，完成螺纹设置。

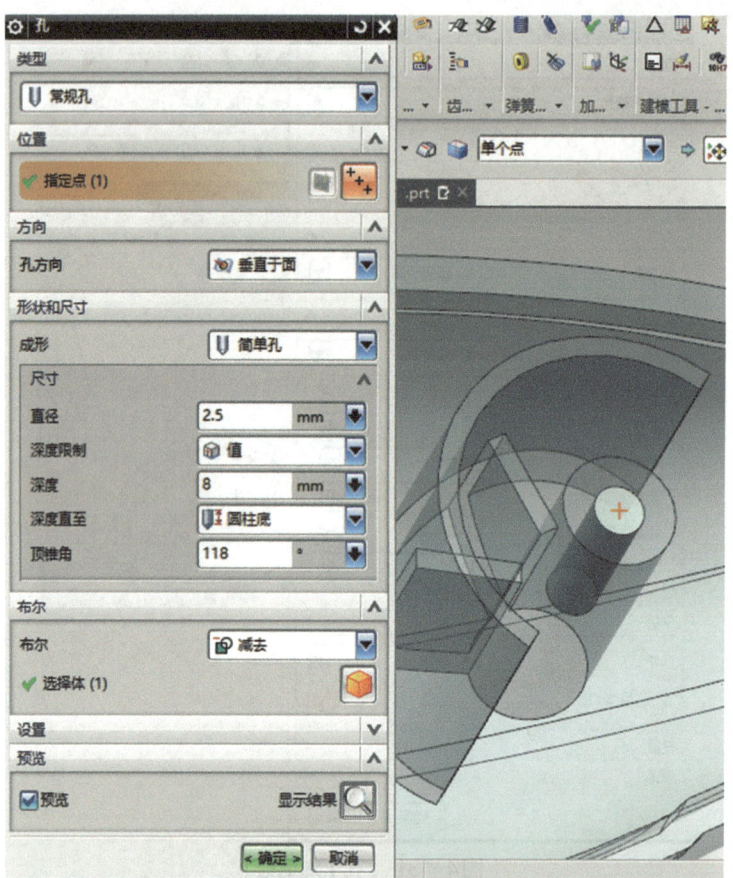

图 4-133 【孔】对话框 2

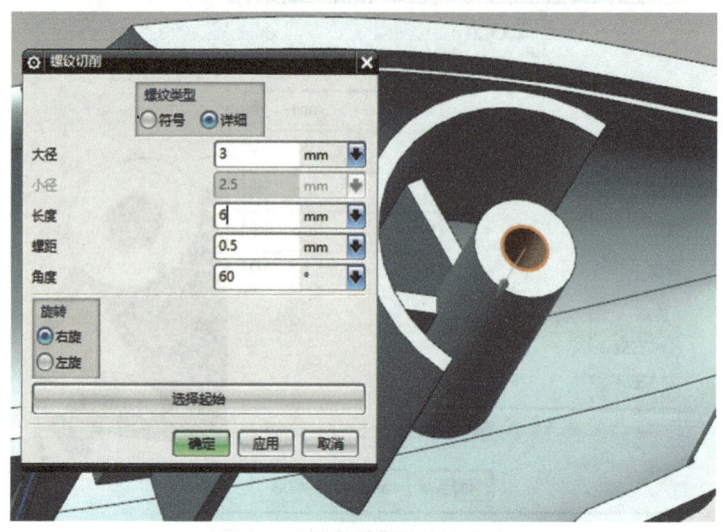

图 4-134 【螺纹切削】对话框 2

活动 2　手柄 1 和手柄 2 的装配

为了验证手柄 1、手柄 2 的数字化模型尺寸匹配情况，可将完成的两个手柄进行装配。其详细步骤如下。

Step1　选择下拉菜单【文件】|【新建】命令，系统弹出【新建】对话框。在【模板】选项卡中选取模板类型为【装配】，在"名称"文本框中输入"手柄装配"。单击【确定】按钮，进入装配环境。

Step2　选择【菜单】|【装配】|【组件】|【添加组件】命令，添加模型"手柄 2.prt"，同样的步骤添加模型"手柄 1.prt"，通过"装配约束"限定手柄 1 和手柄 2 的相对位置，最终完成手柄装配，如图 4–135 所示。

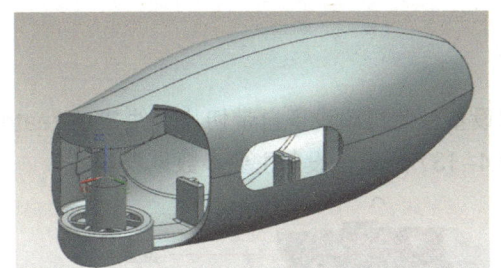 

图 4-135　手柄装配模型

任务 3　手柄的 3D 打印

学习目标

知识目标
1. 掌握光固化 3D 打印的一般流程。
2. 掌握光固化 3D 打印机切片软件的使用方法。
3. 掌握光固化打印后处理的步骤。

能力目标
1. 能够利用切片软件进行打印前处理。
2. 能够对设计的模型应用光固化 3D 打印机进行 3D 打印。
3. 能够对打印后的模型进行后处理。

任务描述

根据任务 1 及任务 2 中设计的手柄 1、手柄 2 的 STL 模型数据，使用光固化打印机，合理设置参数，完成手柄 1、手柄 2 的 3D 打印，去除支撑并进行后处理。打印完成后需完善手柄 1、手柄 2 零件的表面，对零件表面进行修补、打磨等后处理。

要求：提交 3D 打印及后处理完成的手柄 1 及手柄 2 实物。

任务分析

在进行 3D 打印前，首先需要对在三维软件中设计的模型进行格式转换，转换成一般 3D 打印软件能够识别的 STL 格式。后续通过 3D 打印机配套的软件进行切片处理，生成 3D 打印机能够识别的格式后再进行打印。其工作流程如图 4-136 所示。

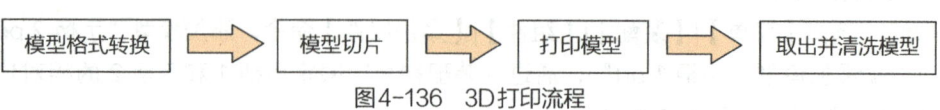

图 4-136　3D 打印流程

知识链接

本任务采用创想三维公司的光固化 3D 打印设备，此打印设备自带切片软件 3D Creator Slicer for LCD，设备型号为 CT-005，设备如图 4-137 所示，设备主要参数见表 4-1。

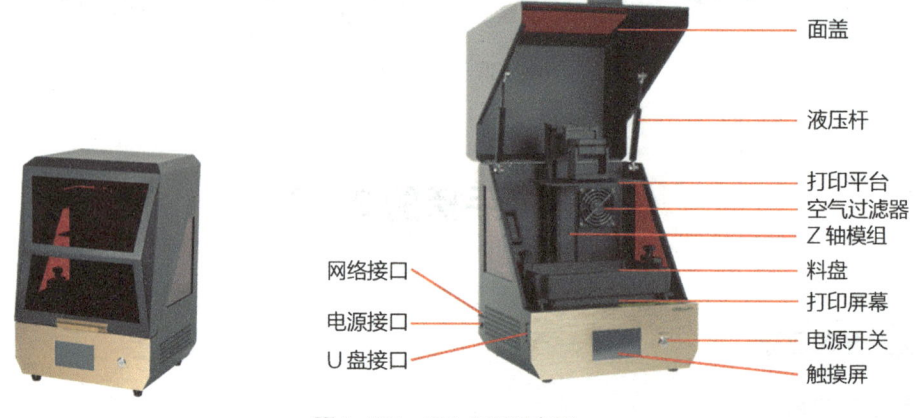

图 4-137　CT-005 设备图

表 4-1　CT-005 设备主要参数

成型尺寸	192mm×120mm×200mm	额定电压	输入 100~220V
成型技术	LCD	输出电压	24V
X,Y 分辨率	75μm（2560×1600）	额定功率	140W
打印层厚	0.02mm	打印速度	20mm/h
操作方式	4.3 英寸触摸屏	光源配置	紫外线集成灯珠（波长 405nm）
Z 轴精度	±0.002mm	中英文切换	支持
打印材料	普通刚性光敏树脂	切片支持格式	STL
切片软件	3D Creator（中英）	设备净重	22.5kg
打印方式	U 盘/WIFI/网线	计算机操作系统	XP / WIN7 / WIN8 / WIN10 / Vista / MAC

任务实施

活动 1　手柄的格式转换

在进行 3D 打印前，首先需要对在三维软件中设计的模型进行格式转换，转换成一般 3D 打印软件能够识别的 STL 格式。

手柄 1 格式转换具体步骤如下。

打开 NX 软件，打开文件"手柄 1.prt"，选择下拉菜单【文件】|【导出】|【STL】命令，系统弹出【STL 导出】对话框，选择手柄 1 模型，如图 4-138 所示，单击【确定】按钮，即完成格式转换。

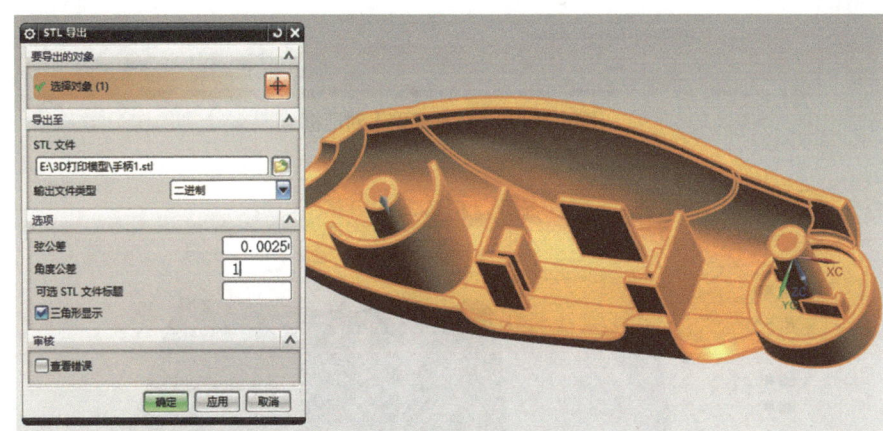

图 4-138　文件导出界面

手柄 2 的格式转换步骤与手柄 1 相同，这里不再详述。

活动 2　手柄 1 和手柄 2 的 3D 打印

本任务采用创想三维公司的 CT-005 打印设备，此打印设备自带切片软件 3D Creator Slicer for LCD，打印前需在计算机上安装此专用切片软件。手柄 1 和手柄 2 模型尺寸不大，可以一次打印，具体切片步骤如下。

1. 模型切片

Step1　添加模型。打开 3D Creator Slicer for LCD 软件，选择下拉菜单【文件】|【添加模型】命令，弹出【打开模型】对话框，在对应的存储位置处选择需要 3D 打印的手柄 1 及手柄 2 文件，如图 4-139 所示，单击【打开】按钮。打开后模型如图 4-140 所示。

Step2　调整模型位置。单击左侧【模型动作】下【移动】、【缩放】、【水平旋转】、【垂直旋转】按钮，输入对应的数值，将模型放置至如图 4-141 所示位置。

手柄模型切片

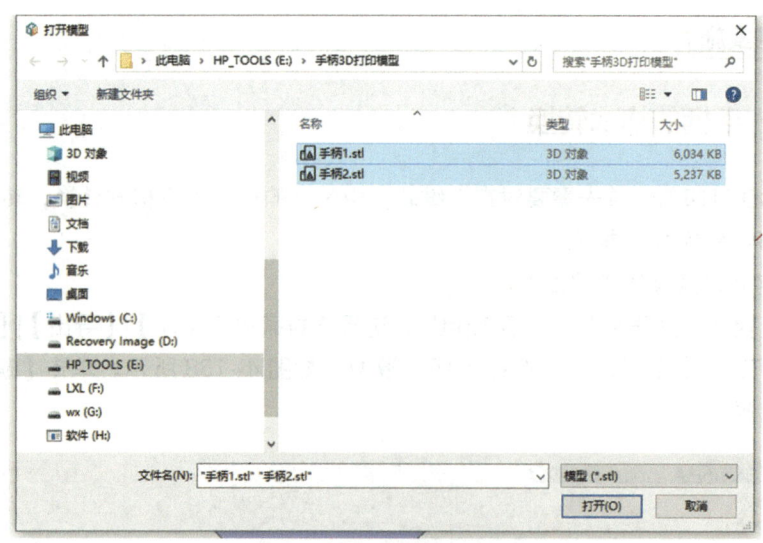

图4-139 【打开模型】对话框

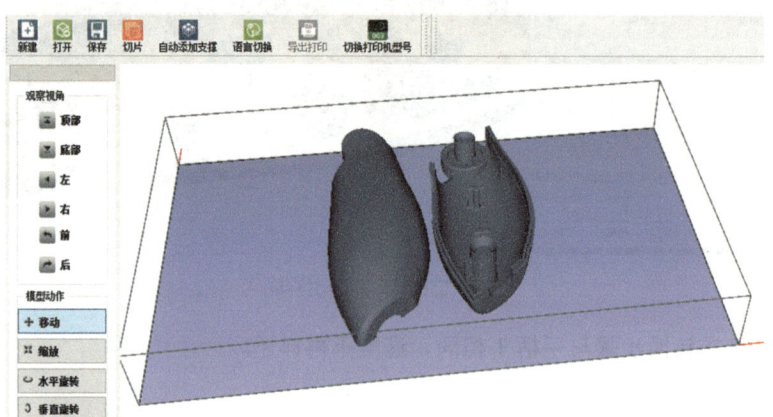

图4-140 模型添加后界面

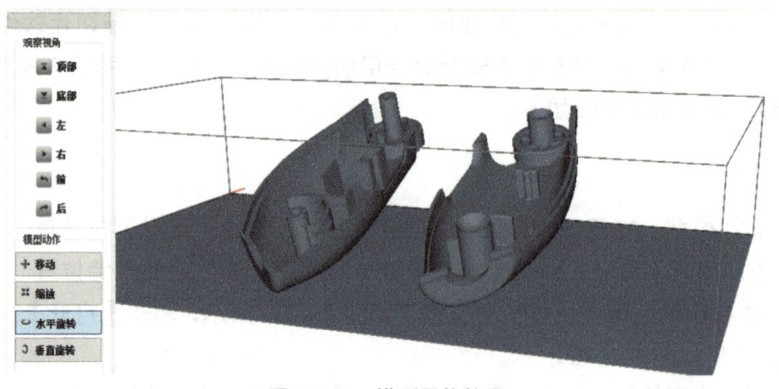

图4-141 模型最终位置

Step3 添加支撑。分别选中手柄1及手柄2，单击右侧支撑，使用默认数值，在模型底部设置打印支撑，设置完的模型如图4-142所示。

图4-142 打印支撑设置完的模型

Step4 切片。选择操作栏处【切片】命令，弹出【保存布局】对话框，如图4-143所示，输入文件名"11"，单击【保存】按钮，弹出【切片管理器】对话框，单击【开始切片】按钮，切片完成后如图4-144所示，单击【导出打印文件】按钮，弹出【切换型号】对话框，设置参数如图4-145所示，插入U盘，单击对话框中U盘图标，单击【保存】按钮，数据保存完后，弹出【成功】对话框，单击【OK】按钮，切片文件已经保存至U盘，后续即可关闭相应对话框及切片软件。

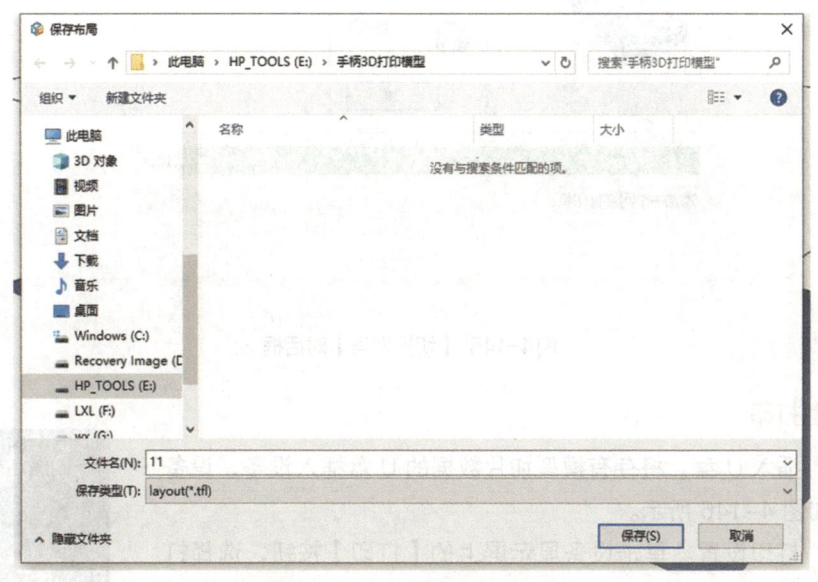

图4-143 【保存布局】对话框

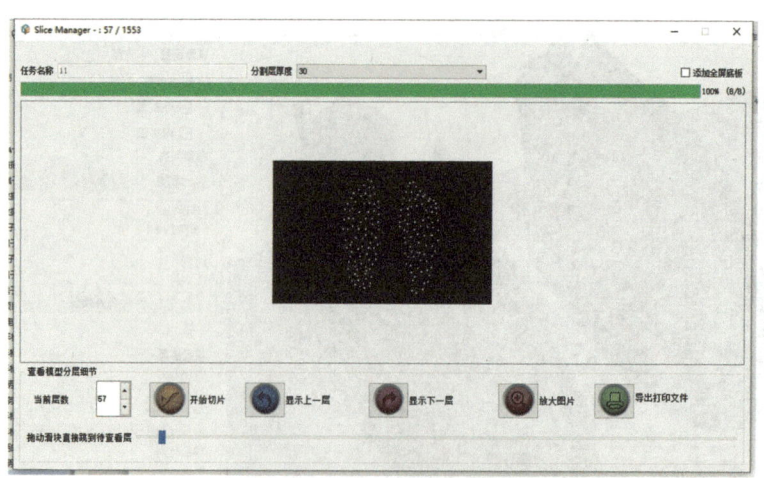

图4-144 【切片管理器】对话框

图4-145 【切换型号】对话框

2. 模型打印

Step1 插入U盘。将存有模型切片数据的U盘插入设备，设备U盘插口如图4-146所示。

Step2 打印设置。单击设备显示屏上的【打印】按钮，选择打印文件，设置打印参数，设置完成后单击【打印】按钮，设备即开始打印，具体如图4-147所示。

图4-146 设备U盘插口

 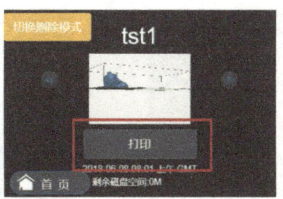 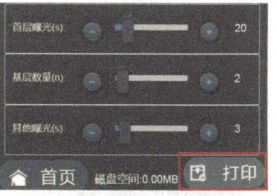

图4-147　设备打印设置

3. 打印后处理

Step1　取下打印平台。3D打印完成后，取下打印平台，如图4-148所示。

Step2　酒精清洗模型。打印完成后，模型表面会残留液态的光敏树脂，取模型时请戴手套，用酒精清洗模型表面，如图4-149所示。

手柄模型打印后处理

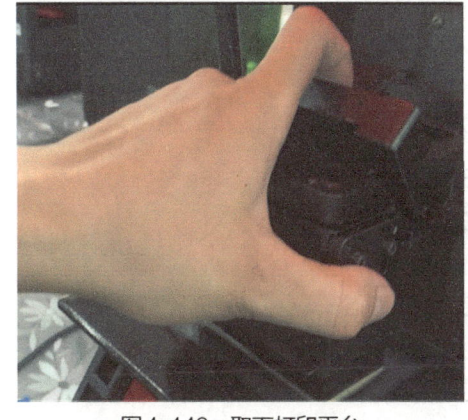 

图4-148　取下打印平台　　　　　　图4-149　酒精清洗模型表面

Step3　从打印平台分离模型。用铲子将模型从打印平台表面分离，如图4-150所示。

Step4　去除打印支撑。用钳子剪断打印支撑，如图4-151所示。

Step5　打磨模型。为了使零件表面及装配处更光滑，质量更高，需要对零件用砂纸进行打磨，如图4-152所示。

 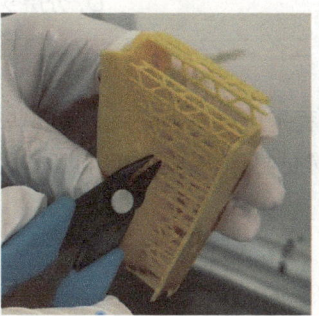 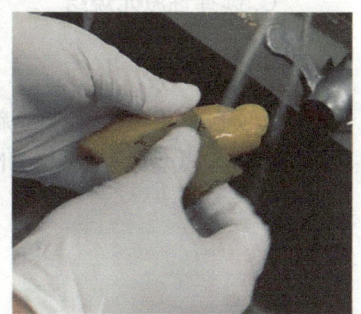

图4-150　从打印平台分离模型　　　图4-151　去除打印支撑　　　图4-152　打磨模型表面

Step6　模型装配。模型打磨完成后如图4-153所示，将手柄1和手柄2装配好后如图4-154所示。

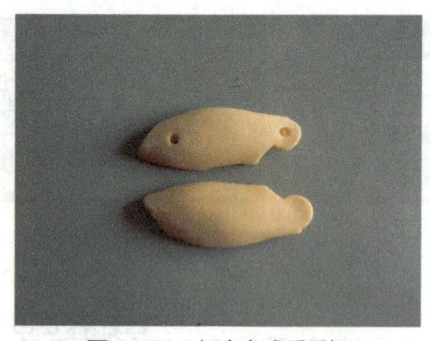
图4-153 打磨完成后手柄

图4-154 装配完成后手柄

项目测评

一、单选题

1. Geomagic Wrap 软件可以打开的文件格式不包括（　　）。
   A. .stl　　　　　　　　　　　　B. .asc
   C. .stp　　　　　　　　　　　　D. .wrp
2. Geomagic Wrap 软件中点云处理不包括（　　）。
   A. 减少噪音　　B. 着色　　　　C. 体外孤点　　D. 删除钉状物
3. Geomagic Wrap 软件中多边形处理阶段不包括（　　）。
   A. 重划网格　　B. 封装　　　　C. 去除特征　　D. 删除钉状物
4. Geomagic Wrap 和 Geomagic Design X 软件的相同之处不包括（　　）。
   A. 可以对点云进行处理　　　　　B. 可以对点云进行封装
   C. 可以进行逆向建模　　　　　　D. 可以进行正向建模
5. SLA 打印机的成型方法是（　　）。
   A. 熔融沉积成型　　　　　　　　B. 光固化成型
   C. 选择性激光烧结　　　　　　　D. 分层实体制造

二、简答题

1. 本项目中手柄 1 设计的流程是什么？中间用到了哪些软件？
2. 本项目模型可否采用 FDM 的打印机进行 3D 打印？为什么？

大国重器——3D打印先进制造设备

> **学习目标**
>
> 了解国内重量级金属3D打印设备,培养学生技能报国的情怀。

我国金属3D打印市场应用迅猛发展,出现了一批企业。从产品和技术的角度来说,国内出现了哪些具有突破性的金属3D打印技术呢?下面来了解国内重量级金属3D打印机。

1. 铂力特推出激光金属3D打印机S800,迈进大生产时代

BLT-S800(见图4-155)是铂力特公司的产品,其应用领域包括航空、航天、发动机、医疗、汽车、电子、模具、科研院所,材料支持钛合金、铝合金、高温合金、不锈钢、高强钢、模具钢,成型尺寸为800mm×800mm×600mm。其最大的特点是大尺寸高效成型能力,可以选配6/8/10个三种多激光方案,是自动化、智能化的集大成之作。

图4-155 BLT-S800激光金属3D打印机

BLT-S800的成型尺寸突破至800mm×800mm×600mm,可更大程度上满足大尺寸零件的成型要求,解决高端应用领域大尺度异形空间曲面特征、多特征跨尺度结构、镂空网状及空间连续拓扑包络等复杂结构的一体化成型难题。可实现多个高品质光纤激光器联动协同打印,大幅提升打印效率。同时设备采用双向铺粉技术,减少单向铺粉的无效时间,提升零件打印效率。在保证零件质量的前提下,设备最高打印效率可达250cm³/h。

BLT-S800拥有先进的多光拼接技术,可保证材料在不同批次、不同成型区域内能量输入和力学性能的一致性和稳定性。采用自研的功率校正系统,使激光功率输出稳定一致,精度可达±5W。具备成熟的流场设计,有效保证粉层厚度,并将烧结产生的大颗粒大量带走,提高零件表面质量,减少缺陷,使满幅面成型效果更好更稳定。BLT-S800将多光拼接等关键技术进行了集成优化,使打印幅面上搭接区与非搭接区的各项力学性能(抗拉强度、屈服强度、伸长率和断面收缩率)偏差均控制在5%以内。

BLT-S800拥有一套先进的自动供粉系统,应用于不锈钢、模具钢、钛合金、高温合金及铝合金等粉末供粉。整个供粉系统在惰性气体保护下进行运作,且集氧含量、压力、滤芯差压、物位检测等多种实时检测,可实现设备粉末自动添加,生产过程不间断,用过程管控保证零件成型质量。该粉末供给系统采用高度兼容化设计,使得一套供粉系统可服务于一台或多台同型号或不同型号的BLT金属增材设备。

2. 华曙高科8激光金属打印机FS721M,打印效率创新高

随着3D打印技术向产业化应用的纵深发展,增材制造朝着多激光、大尺寸、高效率、低成本方向发展,由此带来了打印质量、稳定性、一致性等方面的众多新挑战。基于汽车行业产业化用户的个性化需求定制,工业级3D打印领航企业华曙高科研发了8激光金属增材制造技术及配置8激光金属打印机FS721M(见图4-156)。

图4-156 8激光金属打印机FS721M

目前,国际一线品牌大型设备的成型效率在200~250mL/h,华曙高科8激光金属打印机FS721M配置了8个1000W的激光器,结合大层厚工艺,其成型速率最高可达250~300mL/h,创下了金属3D打印效率的新高度。FS721M拥有720mm×420mm×420mm的大尺寸成型缸,能满足大尺寸、复杂结构、产业化增材制造需求,成型材料包括钛合金、镍基高温合金、铝合金、不锈钢等。同时,FS721M配备惰性气体保护下的高效粉末处理系统和循环过滤系统,通过智能切片算法及独特的风场设计和多激光协同扫描,确保成型质量。

该设备虽然激光器成本增加了,但是因为打印效率的提升,使得总体打印成本降低了。华曙高科自主研发的增材制造一体化开源软件操作系统,集合制造与故障诊断、温场控制、远程监测、数据反馈与集成控制等功能于一体,是将增材制造多个模块功能集成一体的系统控制软件,也是具有开源性特征的3D打印软件系统,突破了欧美增材制造企业原有封闭式软件的技术局限,成为本领域开放式软件平台。

在打印过程中,金属粉末熔化过程相当复杂,充满挑战性,金属的相变、冷却速度以及其他工艺参数都将影响金属粉末的熔凝过程及组织结构。FS721M配备全面实时监测系统,能进行铺粉检测、报警处理、质量追溯,能实时掌握每层激光扫描完后的成型情况,并进行每层铺粉检测及智能处理,质量可追溯,有效保证设备高产值高成品率,为设备稳定运行保驾护航。

3. 西帝摩 2 米大尺寸金属 3D 打印机 XDM 2000

苏州西帝摩三维打印公司开发的超大型激光选区熔化设备 XDM2000（见图 4-157），其金属 3D 打印台面成型尺寸达 2000mm×2000mm。XDM2000 采用了单列 6 套振镜 6 个工位并行移动扫描方案：将 2000mm×2000mm 的加工台面分成大小相等的 6×6 个区域，单列 6 个区域分布 6 套振镜系统，在开始加工时 6 套振镜同时工作，当前工位扫描完成后移动振镜平台到下一工位，然后 6 套振镜同步扫描，依次扫描完成 6 个工位的加工后结束本层扫描，等待铺粉完成后接着进入下一循环，直至整个零件加工结束。6 套并行的同步扫描方法能实现加工的高效性，也大幅减低了成本。产品设计了一种可移动式的吹吸烟装置，该装置随着振镜的位置同步移动。吹吸烟装置与激光振镜一样，在移动过程中具有 6 个工位，因此在成型仓两侧分别设计了 6 个管道接口，用于各个工位吹吸烟的气体对流，当吹吸烟装置移动至该位置时，管道接口处的电磁铁启动将吹吸烟管道结合，形成循环的气体对流环境，然后激光振镜开始扫描，加工中产生的烟尘便能在这样的气体对流环境下得到有效处理。将 2000mm 跨距烟尘处理问题转化为 350mm 跨距。

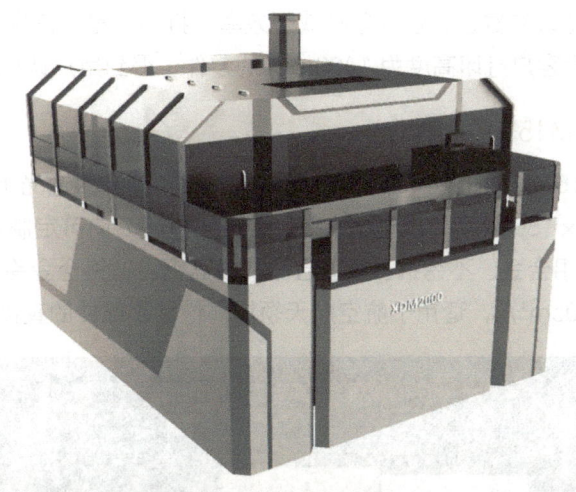

图 4-157　XDM 2000 打印机

4. 天津镭明 1.5 米高尺寸金属 3D 打印机 LiM-X650H

天津镭明 LiM-X650H（见图 4-158）可打印零件尺寸为 650mm×650mm×1500mm，属国际领先水平，该设备搭载完整闭环的粉末自动输送系统，零件打印全程无需人工干预粉末上下料及筛分过程，配备零件粉末清理回收模块，高效、实用、安全。

该设备配置 4 台 1000W 激光器，最高可增至 8 台，配合优化后的工艺参数，成型效率大幅度提升；光学系统采用高质量数字扫描振镜和 f-theta 镜，扫描精度高且运行稳定；采用烧结板过滤系统，滤芯寿命长，打印过程不中断，避免了更换滤芯或滤芯清洁所造成的停机，同时提升了安全性；此外，独特的落粉铺粉系统为打印工艺提供高质量粉层，可切换的粉末输送系统为便捷生产提供基础功能，筛分机构为超长打印过程提供可靠保障，10L/min 的输送效率为高速打印提供充足原料。

图4-158 天津镭明LiM-X650H

LiM-X650H系列设备可广泛应用于航空、航天、汽车制造等领域,已有钛合金、高温合金、铝合金等材料成熟的打印参数包,该设备在成型效率、打印质量、使用成本等方面均有优异表现,已成功为某航天客户打印高度为1400mm的零件,得到用户认可。

5. 易加三维 EP-M1550

易加三维EP-M1550(见图4-159)采用创新式四矩阵十六激光十六振镜配置,XY向净成型幅面1550mm×1550mm,Z向净成型达1000mm(Z向可定制达2000mm)。EP-M1550支持钛合金、铝合金、不锈钢、高温合金、模具钢、钴铬合金等多种金属粉末打印,成型效率最大可达540cm³/h,适用于航空航天领域高性能零部件的直接制造。

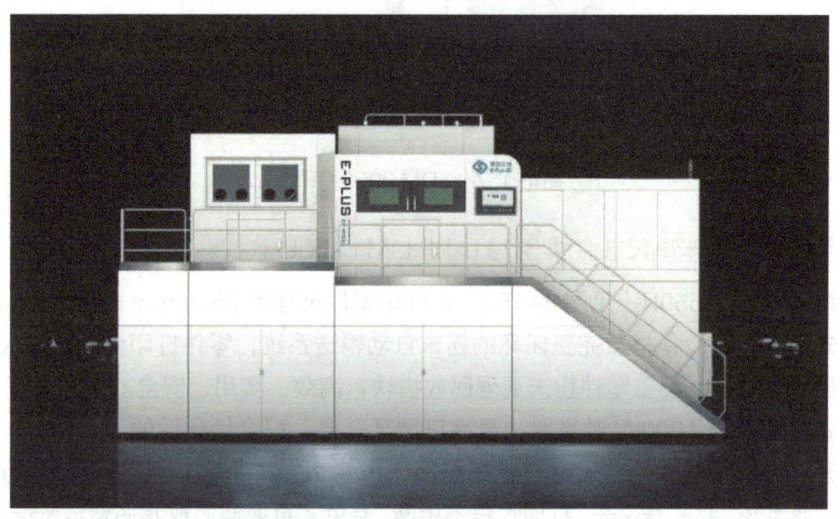

图4-159 EP-M1550打印机

设备成型尺寸大,成型室为1558mm×1558mm×1100mm,成型体积>2670L,Z向高度可定制至2000mm,成型体积>4854L,极大地拓展了增材制造技术的应用场景;十六激光同步运行,最大成型速度可达 540cm³/h,进一步提高了打印效率;可长时间不间断打印,力学性能、波动性稳定可控,金属打印件致密度＞99.9%;打印层厚稳定可调,可打印 20~120μm 层厚,可根据复杂性、拓扑优化度、内腔壁厚等零件特性要求有效调节打印层厚提升打印速度;三级过滤、配备永久滤芯;风场结构优化设计,有效去除烟尘、飞溅,保证打印零部件质量稳定,采用三级过滤,配备永久滤芯,有效保障设备运行长期稳定。

6. 云耀深维（江苏）微米级金属 3D 打印机 Precision-100

云耀深维专家团队自主研发的微米级金属增材制造技术实现了复杂精密结构金属材料的 3D 一次打印成型,控制激光光斑至 20μm,平整铺粉层厚至 5μm,实现了金属打印精度为 2~5μm,打印部件表面粗糙度 Ra 值 0.8~1μm,致力于填补小型、高精度增材制造部件的市场空白。

微米级打印实现了金属打印精度为 2~5μm,可以让产品的设计更加自由,突破设计局限,实现微米级多孔、中空、铰链、多维随行流道等精密结构。微米级打印将轮廓最大高度 Rz 降低至 5~10μm,Ra 值 0.8~1μm,可减少大量后期加工环节。微米级 3D 打印可以实现大部分结构 10°角度以上无需支撑、自由打印。

微米级金属打印技术适用于目前传统精密制造在制造周期、制造难度、多工序部件制造成本、成型复杂度、设计自由度等方面存在难点的部件制造。

云耀深维极微 100 系列（见图 4-160）已成功一次成型具有高表面光洁度和内部复杂结构的镍基高温合金航空发动机部件,大幅度提高了其性能及效果。其打印产品效果如图 4-161 所示。

图 4-160　Precision-100

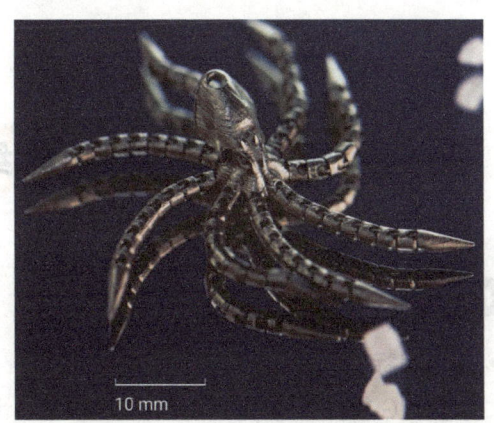

图 4-161　Precision-100 打印产品

项目 5　双引擎滑行飞机的数字化设计与 3D 打印

主要内容

双引擎滑行飞机是一种常见的玩具,利用电动机驱动螺旋桨旋转,从而带动飞机主体进行滑行。通常在市面上购买到的产品为半成品,经过简单装配后即可运行,但外形结构单一。数字化设计与 3D 打印技术的应用,可以充分发挥创新思维,利用给定配件,进行创新结构设计及制作。

通过本项目的实践与学习,熟练掌握 UG 软件中 Top-down(自顶向下)设计的一般步骤及方法,掌握 Win3DD 扫描仪的操作,掌握点云数据的处理以及逆向设计和正向设计的一般设计流程,并能分别利用 FDM、SLA、SLM 三种工艺的 3D 打印工艺对设计的产品进行 3D 打印。

任务 1　飞机主体结构的正向设计

学习目标

● **知识目标**

1. 掌握 UG 软件中 Top-down(自顶向下)设计的一般步骤。
2. 熟练掌握 UG 软件中的常用命令:拉伸、偏置、镜像特征等。
3. 掌握 UG 软件中 WAVE 几何链接器的使用方法及作用。

● **能力目标**

1. 能够使用工具测量给定配件的尺寸,并根据 3D 打印的特点进行配合设计。
2. 能够利用 UG 软件中 Top-down(自顶向下)的设计方法进行飞机主体的结构设计。
3. 能够根据 3D 打印的特点,设计出适合 3D 打印的结构模型。

任务描述

根据给定的电动机、螺旋桨、轮子、电池座等配件（见图5-1），设计飞机的结构，并确定具体结构尺寸。利用测量工具，完成给定配件装配处关键尺寸的测量。利用 UG 软件中 Top-down（自顶向下）的设计方法进行飞机主体结构的设计，要求功能齐全、结构合理，飞机主体的设计尺寸需要匹配给定配件的尺寸，设计过程考虑公差配合。

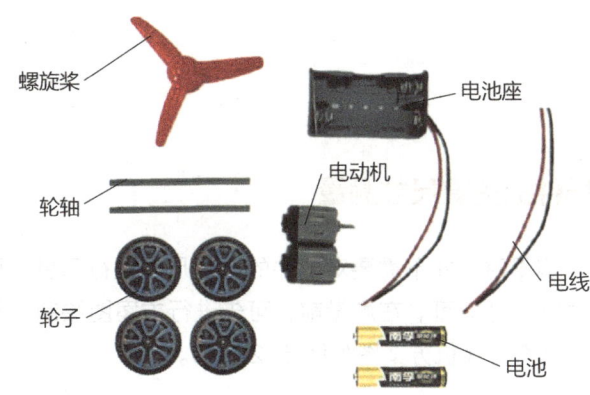

图5-1 双引擎滑行飞机给定配件图

要求：
提交飞机主体机身、机翼和尾翼的零件模型文件。

任务分析

测量给定配件的关键尺寸，根据配件尺寸结合 3D 打印特点进行飞机主体模型结构设计。利用 UG 软件中 Top-down（自顶向下）的设计方法进行飞机主体结构的设计。将飞机主体结构分为机身、机翼、尾翼三部分，分别进行结构设计。

知识链接

虚拟装配是指通过计算机对产品装配过程和装配结果进行分析和仿真，评价和预测产品模型，做出与装配相关的工程决策，而不需要实际产品作为支持。虚拟装配的实现有助于对产品零部件进行虚拟分析和虚拟设计，有助于解决零部件从设计到生产所出现的技术问题，以达到缩短产品开发周期、降低生产成本以及优化产品性能等目的。

UG 虚拟装配设计分为自底向上（Bottom-up）设计和自顶向下（Top-down）设计。其中前者是指在设计过程中，先设计单个零部件，在此基础上进行装配生成总体设计。这种装配建模需要设计人员交互地给定配合构件之间的配合约束关系，然后由 UG 系统自动计算构件的转移矩阵，并实现虚拟装配。然而，交互给定构件之间的配合约束关系不仅复杂，而且当构件之间的配合较多时，容易出现约束不当或约束出错等情况。只有在进行装配时才能发现零件设计是否合理，一旦发现问题，就要对零件重新设计和装配，再发现问题并进行修改，而 Top-down 的设计方式正好避免了以上缺点，可以方便、直接地进行设计。

Top-down 设计方法是指在装配环境中创建与其他部件相关的部件模型，是在装配部件的顶级向下产生子装配和零件的装配设计方法，即先由产品的大致形状特征对整体进行设计，然后根据装配情况对零件进行详细的设计。这种设计方法是一个由粗入精的过程，多用于全新的开发过程，可以保证设计出的产品相互间有一个合理的位置。基于 Top-down 的装配设计技术也与工程实际相符合，而 UG 的装配建模技术完全支持 Top-down 的设计方法。

WAVE（What-if Alternative Value Engineering）是在 UG 上进行的一项软件开发，实现产品装配的各组件间关联建模的技术，提供了实际工程产品设计中所需要的自顶向下的设计计环境。

任务实施

活动1 给定配件的关键尺寸测量

在对给定配件进行测量时，并不需要对配件的所有尺寸进行测量，只需要测量与模型结构尺寸或装配相关的关键尺寸即可。在测量前，可先进行方案图绘制，根据方案图判定需要测量的配件尺寸。双引擎滑行飞机方案图如图 5-2 所示。

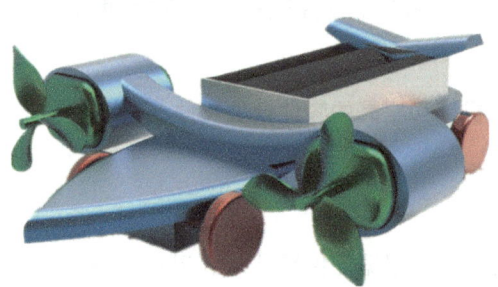

图5-2　双引擎滑行飞机方案图

需要测量的关键尺寸包括：
1）电动机的主要外形尺寸，主要考虑电动机的固定、电动机与螺旋桨配合处的轴径尺寸。
2）螺旋桨直径，主要考虑避免螺旋桨旋转时螺旋桨之间及螺旋桨与地面间相互干涉。
3）电池盒的外形尺寸，主要考虑电池盒的安装固定。
4）轮子的直径、厚度、轮间距及安装轴径，主要考虑轮子的安装。

利用合适的测量工具，对各配件关键尺寸进行测量，测量结果如图 5-3 所示。

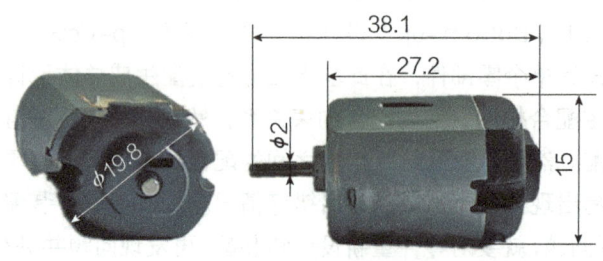 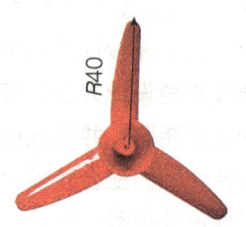

a）电动机关键尺寸　　　　　　　b）螺旋桨关键尺寸

图5-3　各配件尺寸测量图

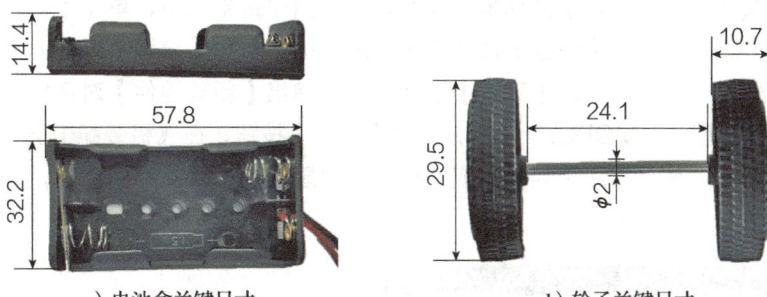

c）电池盒关键尺寸　　　　　　　　d）轮子关键尺寸

图5-3　各配件尺寸测量图（续）

活动2　自顶向下的飞机主体结构设计

飞机主体结构主要包括机身、机翼和尾翼三部分。机身：用来固定电池盒及轮子，同时与机翼和尾翼连接；机翼：用来固定电动机及螺旋桨；尾翼：起平衡作用，安装在机身上。根据给定配件尺寸，在 UG 中通过 Top-down（自顶向下）的设计方法完成飞机主体三部分的结构设计，并进行装配和干涉检查，根据检查结果调整、优化飞机主体结构。三部分结构中，机身是关键，因为机翼和尾翼都同时和机身相连。飞机主体数字化设计的详细步骤如下。

1. 机身的数字化建模过程

Step1　启动 NX 12.0，选择下拉菜单【文件】|【新建】命令，系统弹出【新建】对话框。在【模板】选项卡中选取模板类型为【装配】，在【名称】文本框中输入文件名称"飞机 .prt"，单击【确定】按钮，进入建模环境，如图 5-4 所示。

机身建模

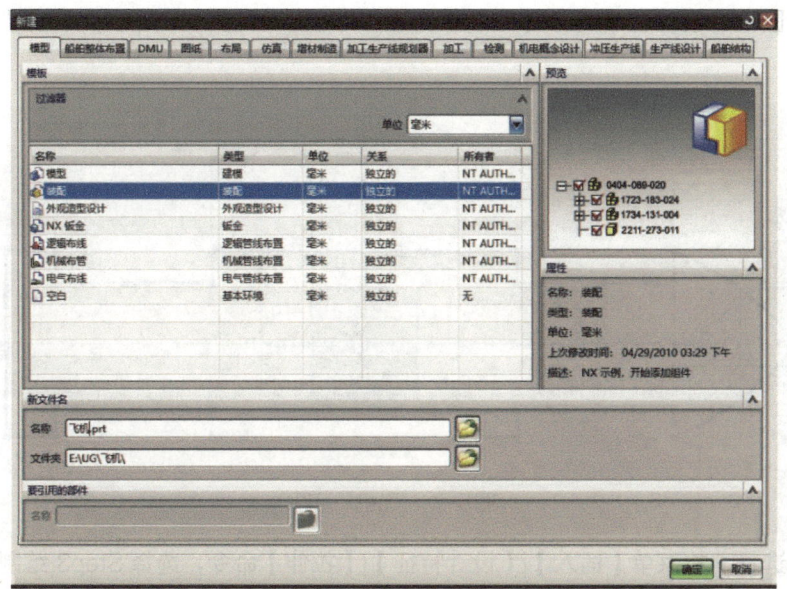

图5-4　【新建】对话框

Step2 关闭【添加组件】对话框。在装配导航器中选中飞机，单击【新建】按钮，系统弹出【模型】对话框。在【模板】选项卡中选取模板类型为【模型】，在【名称】文本框中输入文件名称"机身"，单击【确定】按钮，系统弹出【新建组件】对话框（见图5-5），引用集选择"模型（"MODEL"）"，单击【确定】按钮，在飞机装配下层，完成"机身"模型文件的创建。重复上述步骤，完成"机翼""尾翼"模型文件的创建，完成"飞机"装配结构的搭建，如图5-6所示。

图5-5 【新建组件】对话框　　　　　图5-6 "飞机"装配结构树

Step3 双击"机身"文件，选择"部件导航器"，进入模型建模界面，右击"基准坐标系"，单击"显示"按钮。选择下拉菜单【插入】|【在任务环境中绘制草图】命令，弹出【创建草图】对话框，选择XOY平面，单击【确定】按钮，根据给定配件尺寸，在XOY平面利用轮廓、几何约束、圆弧、镜像曲线等命令绘制机身主体草图，如图5-7所示，单击"完成草图"按钮。

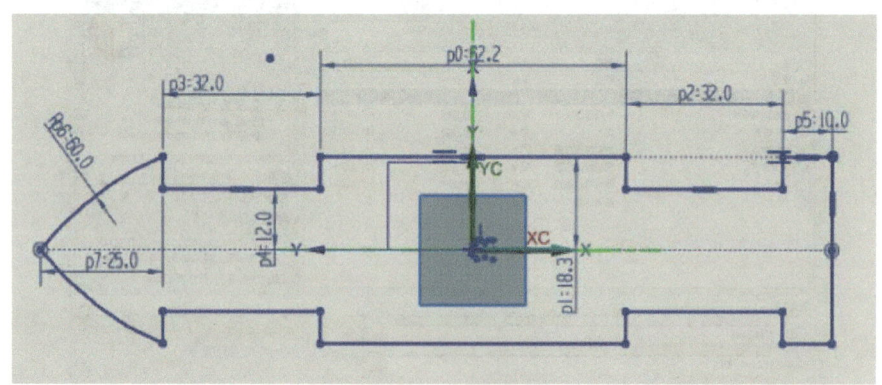

图5-7 "飞机"草图

Step4 选择下拉菜单【插入】|【设计特征】|【拉伸】命令，选择Step3绘制的草图为截面，限制栏中结束选择"值"，距离输入"5"，单击【确定】按钮进行拉伸，拉伸后模型如图5-8所示。

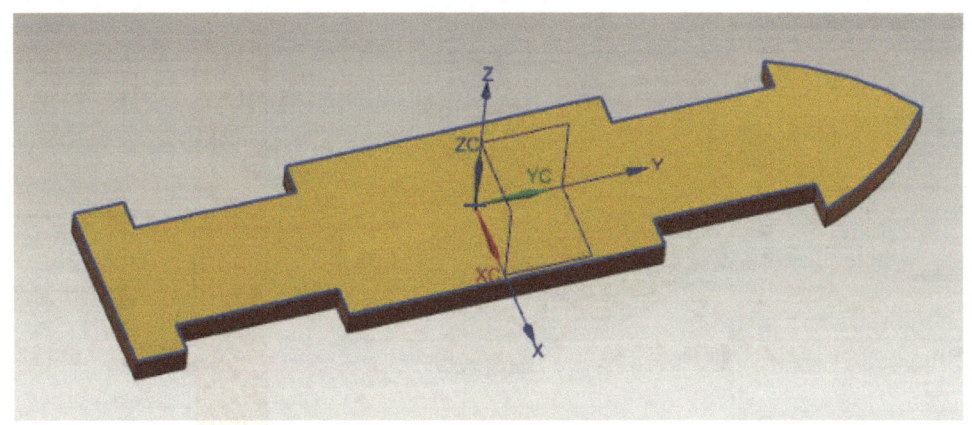

图5-8 "拉伸"后模型

Step5 选择下拉菜单【插入】|【在任务环境中绘制草图】命令，弹出【创建草图】对话框，选择 Step4 中拉伸的上平面，单击【确定】按钮，利用投影曲线及直线命令，完成如图 5-9 所示草图。利用偏置曲线命令，设置偏置距离为"2"，向内偏置，完成草图绘制。选择外部线条，将其【转换为参考】，保留内部线条，如图 5-10 所示。

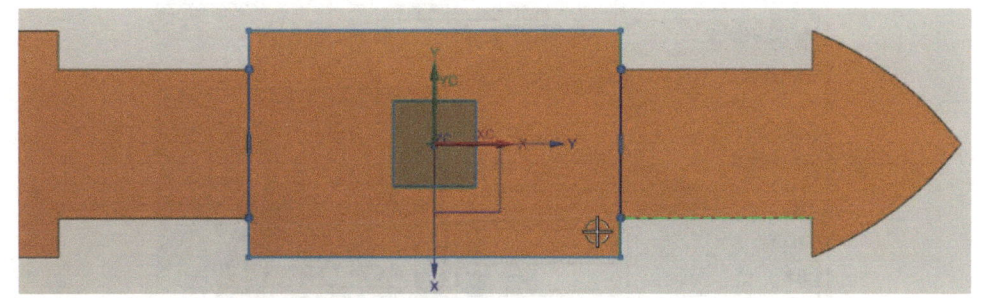

图5-9 草图1

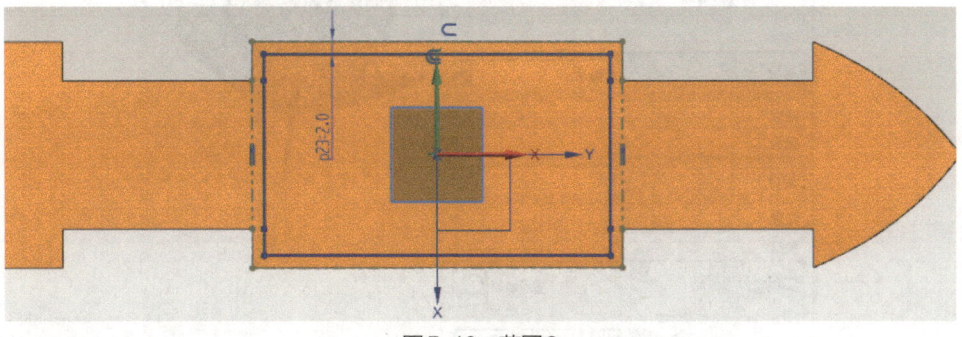

图5-10 草图2

Step6 选择下拉菜单【插入】|【设计特征】|【拉伸】命令，选择 Step5 绘制的草图为截面，限制栏中结束选择"值"，距离输入"2"，布尔选择"减去"，如图 5-11 所示，单击【确定】按钮进行拉伸。

Step7 选择下拉菜单【插入】|【在任务环境中绘制草图】命令，弹出【创建草图】对话框，选择 XOY 平面，单击【确定】按钮，利用矩形及圆命令，完成如图 5-12 所示草图。

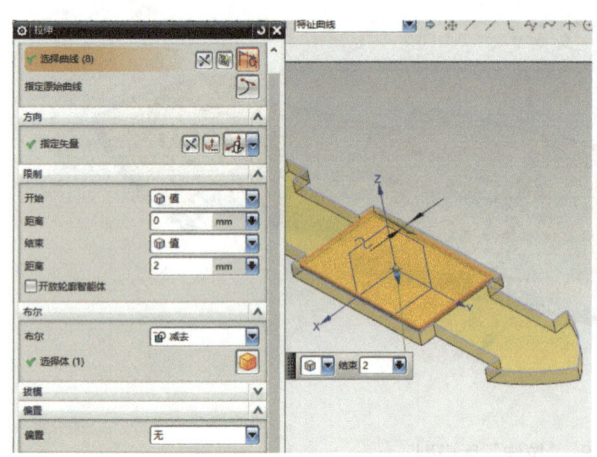
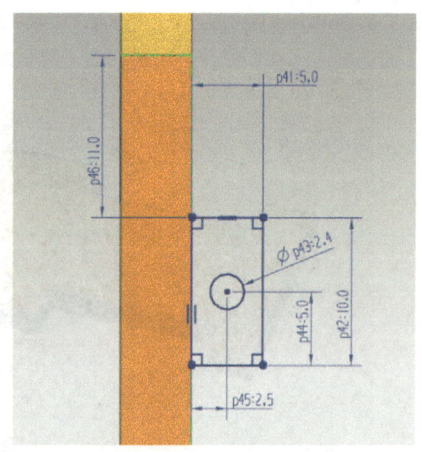

图5-11 "拉伸"后模型　　　　　图5-12 前轮安装处草图

Step8 选择下拉菜单【插入】|【设计特征】|【拉伸】命令，选择Step7绘制的草图为截面，按图5-13所示进行设置，单击【确定】按钮进行拉伸。

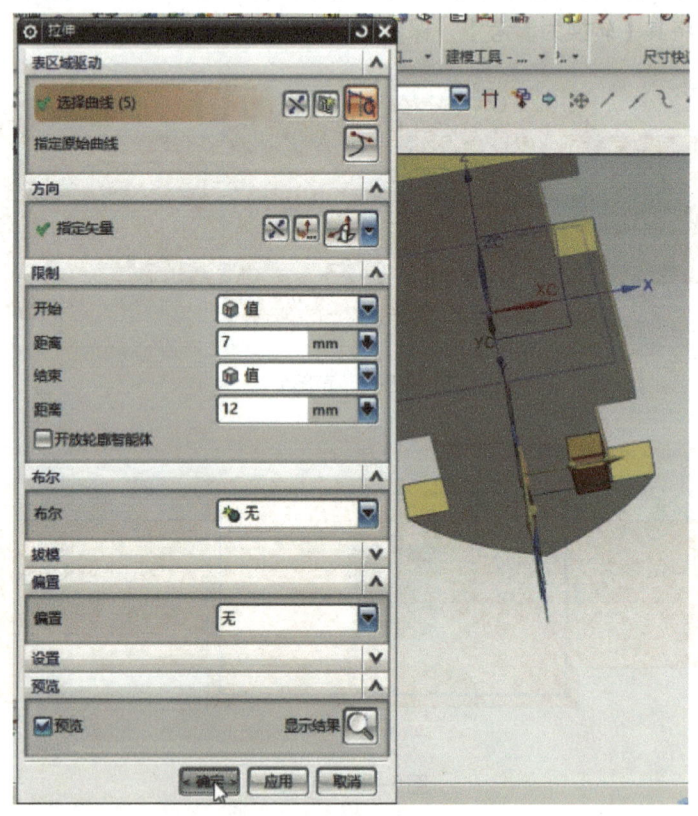

图5-13 前轮安装处拉伸

Step9 选择下拉菜单【插入】|【关联复制】|【镜像特征】命令，选择Step8绘制的拉伸体，镜像平面选择YOZ平面，单击【确定】按钮进行镜像设置。重复执行【镜像特征】命令，完成后轮安装处镜像，如图5-14所示。利用布尔合并命令，将四个轮子安装处模型与机身主体部分进行合并。

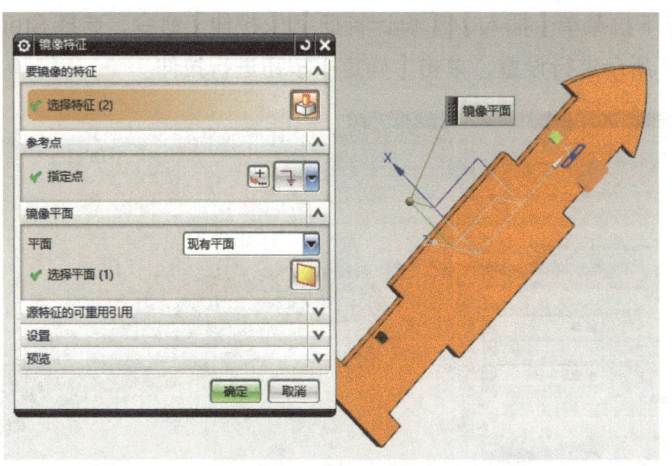

图5-14　后轮安装处镜像

Step10　选择下拉菜单【插入】|【细节特征】|【边倒圆】命令，选择如图5-15所示两条棱边进行倒圆，半径1设为"5"，单击【确定】按钮进行倒圆。

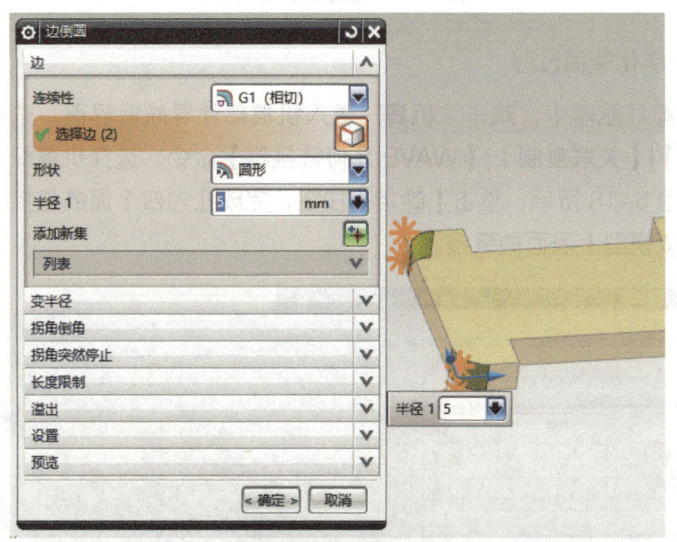

图5-15　边倒圆

Step11　选择下拉菜单【插入】|【在任务环境中绘制草图】命令，弹出【创建草图】对话框，选择模型上表面平面，单击【确定】按钮，利用矩形及约束等命令，完成如图5-16所示草图。

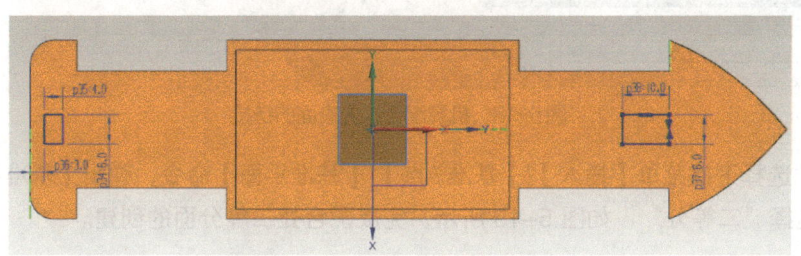

图5-16　机翼尾翼连接处草图

Step12 选择下拉菜单【插入】|【设计特征】|【拉伸】命令,选择 Step11 绘制的草图为截面,按图 5-17 所示进行设置,单击【确定】按钮进行拉伸。

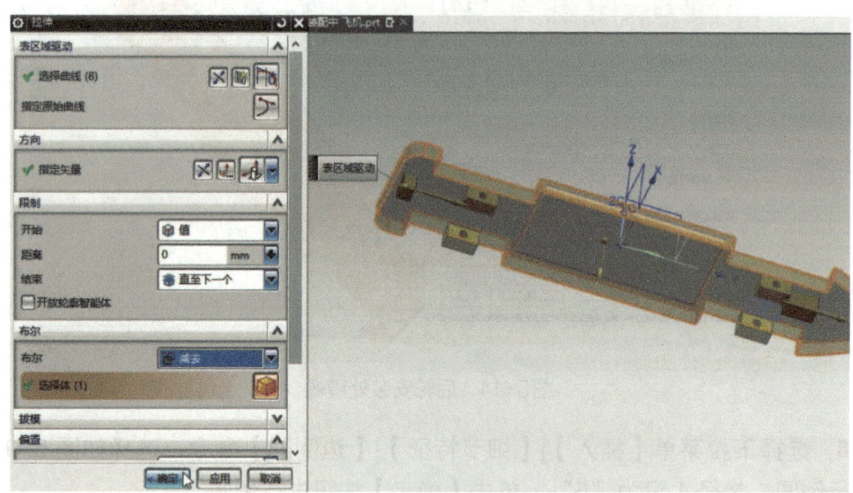

图5-17 机翼尾翼连接处拉伸

2. 机翼的数字化建模过程

Step1 在装配导航器中,双击"机翼"进入机翼部件导航器界面。选择下拉菜单【插入】|【关联复制】|【WAVE 几何链接器】命令,选择机翼配合孔内四个面,如图 5-18 所示,单击【确定】按钮,完成孔内四个面的链接。同样的方法,完成模型上表面的链接。

机翼建模

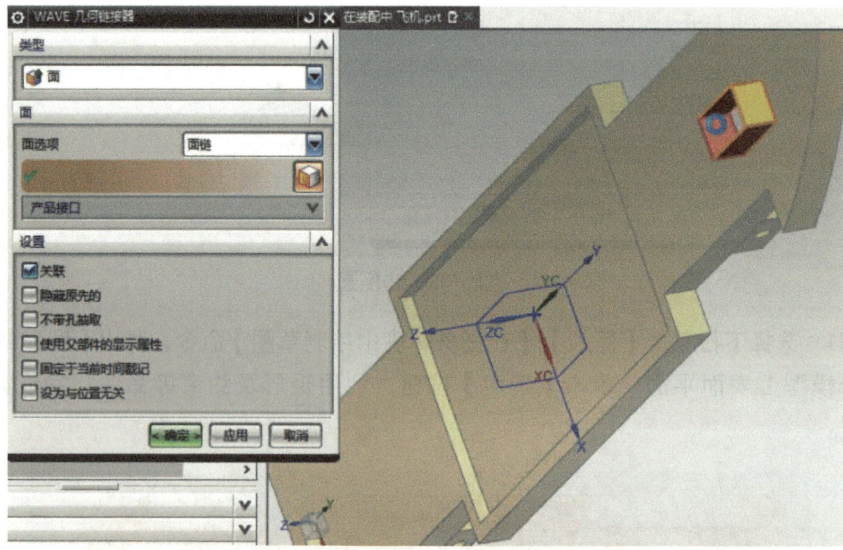

图5-18 机翼配合孔内表面的链接

Step2 选择下拉菜单【插入】|【基准/点】|【基准平面】命令,弹出【基准平面】对话框,类型选择"二等分",如图 5-19 所示,完成配合处二等分面的创建。

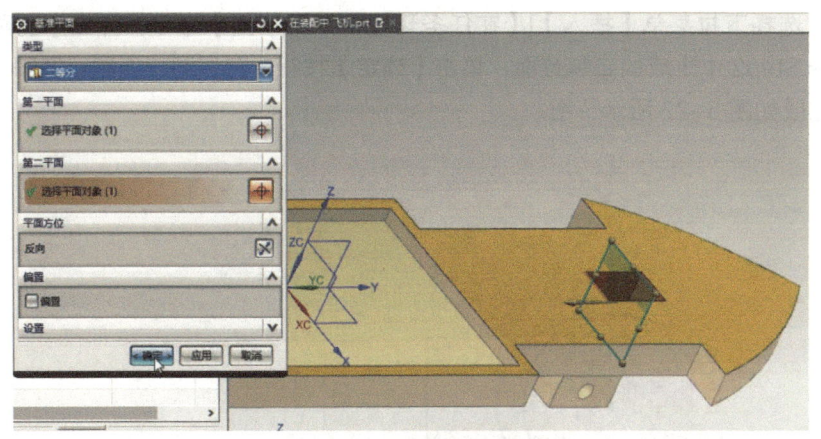

图5-19 二等分面的创建

Step3 选择下拉菜单【插入】|【在任务环境中绘制草图】命令,弹出【创建草图】对话框,选择Step1生成的链接上平面,单击【确定】按钮,利用投影曲线命令,完成配合孔处轮廓的提取;利用偏置曲线命令,设置偏置距离为"0.2",向内偏置,完成草图绘制。选择外部线条,将其【转换为参考】,保留内部线条,如图5-20所示。

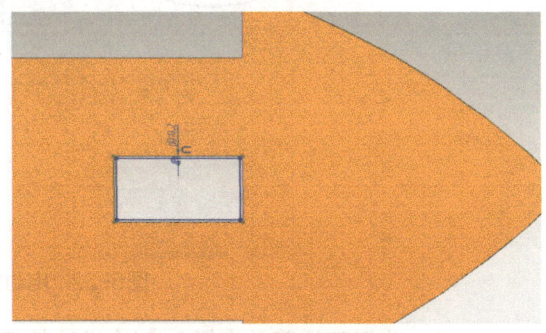

图5-20 机翼配合处草图

Step4 选择下拉菜单【插入】|【设计特征】|【拉伸】命令,选择Step3绘制的草图为截面,限制栏中结束选择"值",距离选择测量Step1中链接的孔高,如图5-21所示,单击【确定】按钮进行拉伸。

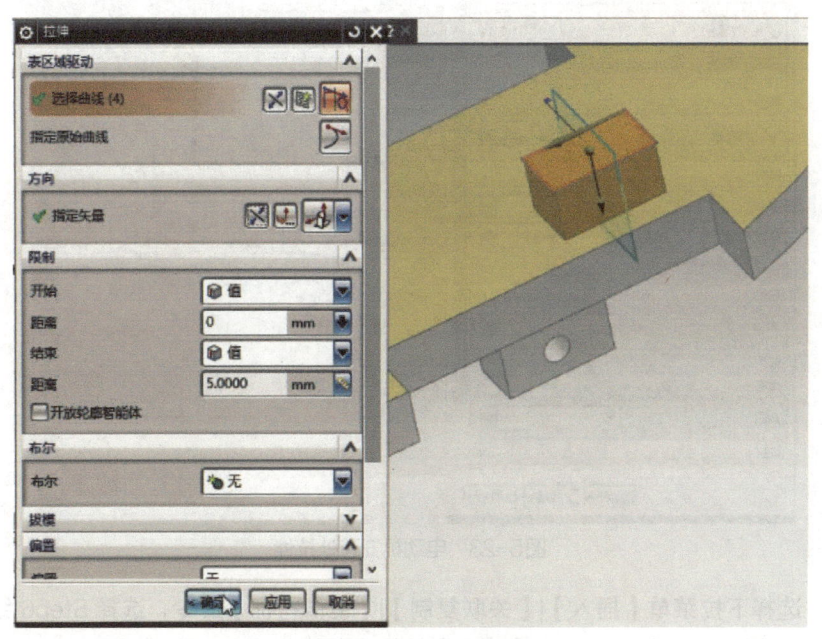

图5-21 "拉伸"后模型

Step5 选择下拉菜单【插入】|【在任务环境中绘制草图】命令，弹出【创建草图】对话框，选择 Step2 中生成的二等分面，单击【确定】按钮，利用圆、直线、椭圆、快速修剪等命令，完成如图 5-22 所示草图。

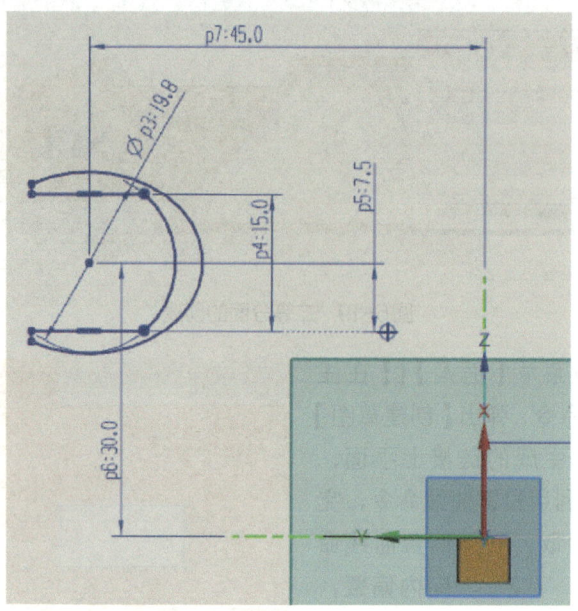

图5-22 电动机安装处草图

Step6 选择下拉菜单【插入】|【设计特征】|【拉伸】命令，选择 Step5 绘制的草图为截面，按图 5-23 所示进行设置，单击【确定】按钮进行拉伸。

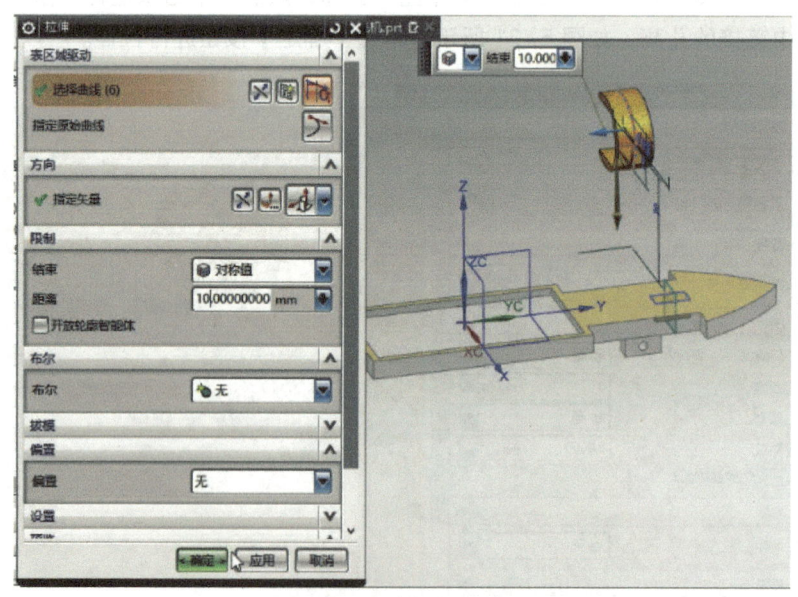

图5-23 电动机安装处拉伸

Step7 选择下拉菜单【插入】|【关联复制】|【镜像特征】命令，选择 Step6 绘制的拉伸体，镜像平面选择 YOZ 平面，单击【确定】按钮进行镜像设置，完成后如图 5-24 所示。

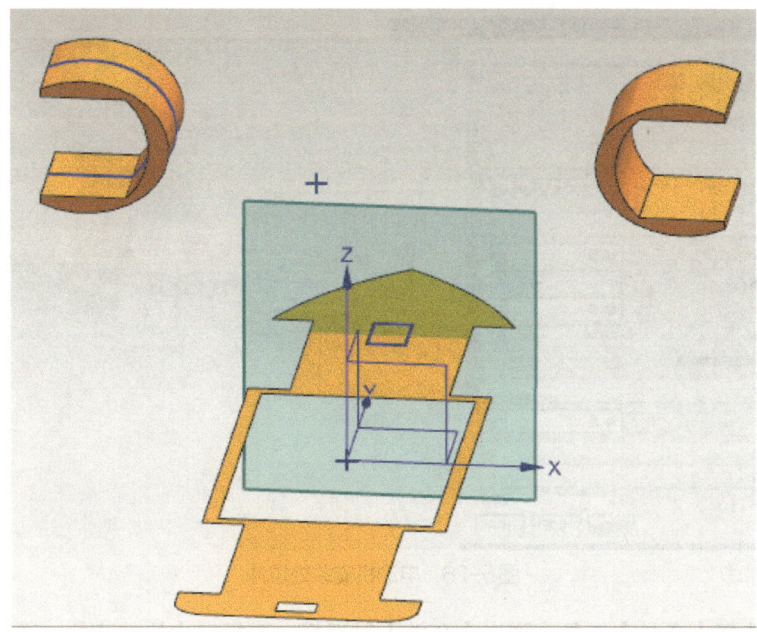

图5-24 电动机安装处镜像

Step8 选择下拉菜单【插入】|【在任务环境中绘制草图】命令，弹出【创建草图】对话框，选择底部拉伸端面，单击【确定】按钮，利用圆弧、直线、快速修剪等命令，完成如图 5-25 所示草图。

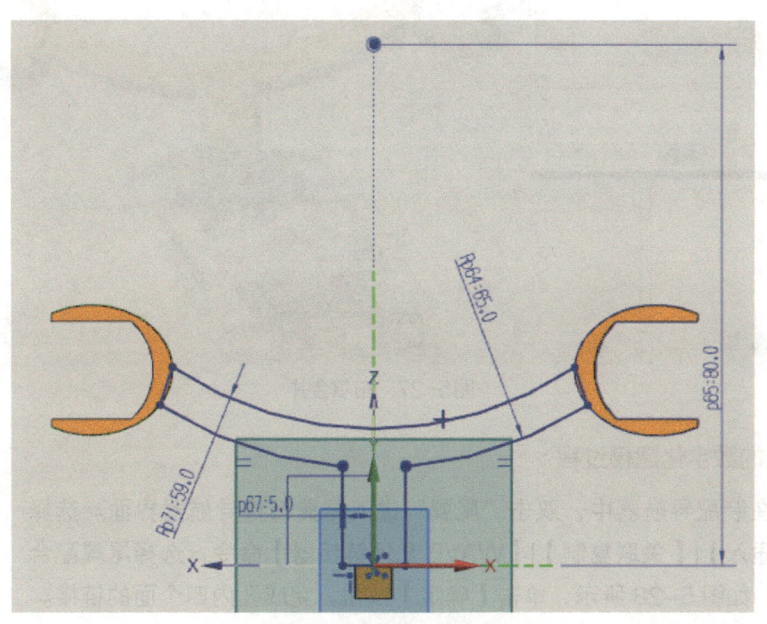

图5-25 机翼主体草图

Step9 选择下拉菜单【插入】|【设计特征】|【拉伸】命令，选择 Step8 绘制的草图为截面，限制栏中结束选择"值"，距离选择测量底部厚度值，如图 5-26 所示，单击【确定】按钮进行拉伸。

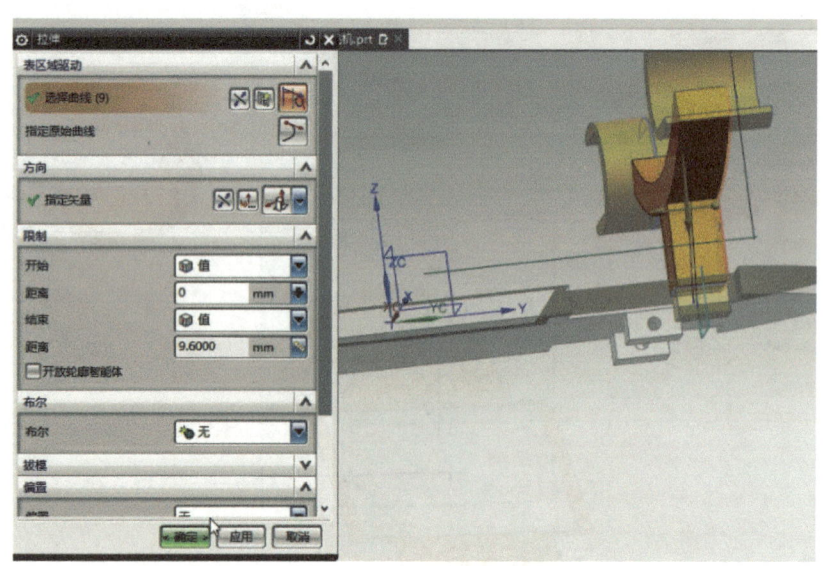

图5-26 电动机安装处拉伸

Step10 选择【合并】工具,弹出【合并】对话框,选择三次拉伸实体,进行布尔合并,如图 5-27 所示。

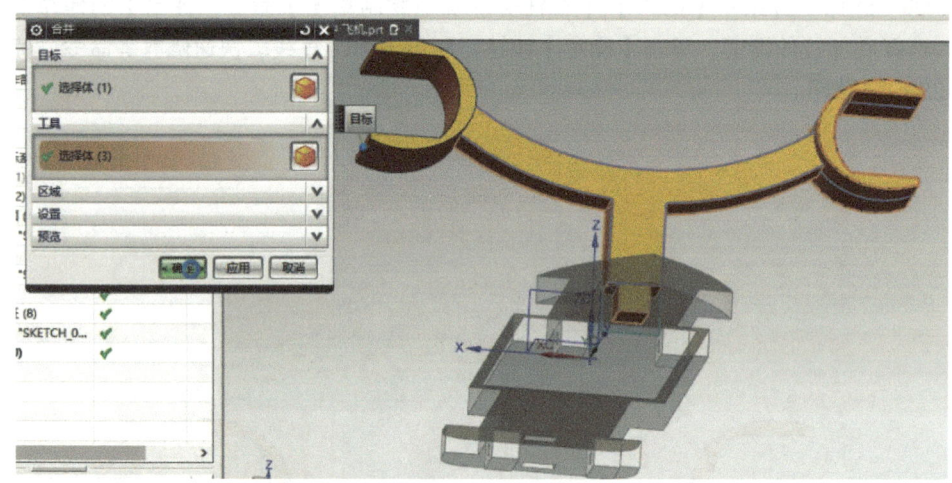

图5-27 布尔合并

3. 尾翼的数字化建模过程

Step1 在装配导航器中,双击"尾翼"进入尾翼部件导航器界面。选择下拉菜单【插入】|【关联复制】|【WAVE 几何链接器】命令,选择尾翼配合孔内四个面,如图 5-28 所示,单击【确定】按钮,完成孔内四个面的链接。同样的方法,完成模型上表面的链接。

尾翼建模

Step2 选择下拉菜单【插入】|【在任务环境中绘制草图】命令,弹出【创建草图】对话框,选择 Step1 生成的链接上平面,单击【确定】按钮,利用投影曲线命令,完成配合孔处轮廓的提取;利用偏置曲线命令,设置偏置距离为"0.2",向内偏置,完成草图绘制。选择外部线条,将其【转换为参考】,保留内部线条,如图 5-29 所示。

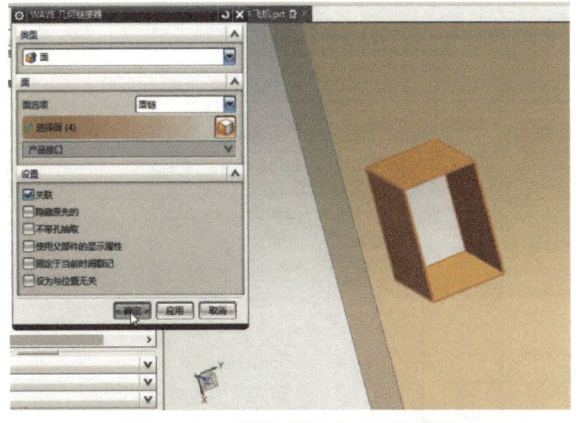
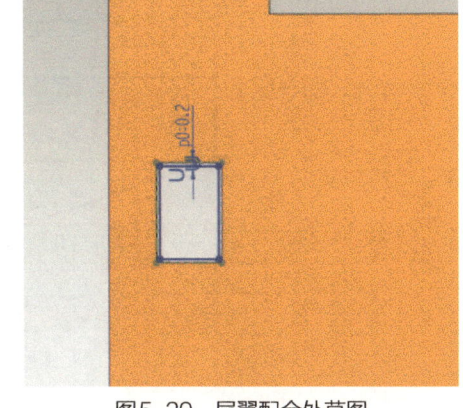

图5-28　尾翼配合孔内表面的链接　　　　图5-29　尾翼配合处草图

Step3　选择下拉菜单【插入】|【设计特征】|【拉伸】命令，选择Step2绘制的草图为截面，限制栏中结束选择"值"，距离选择测量Step1中链接的孔高，如图5-30所示，单击【确定】按钮进行拉伸。

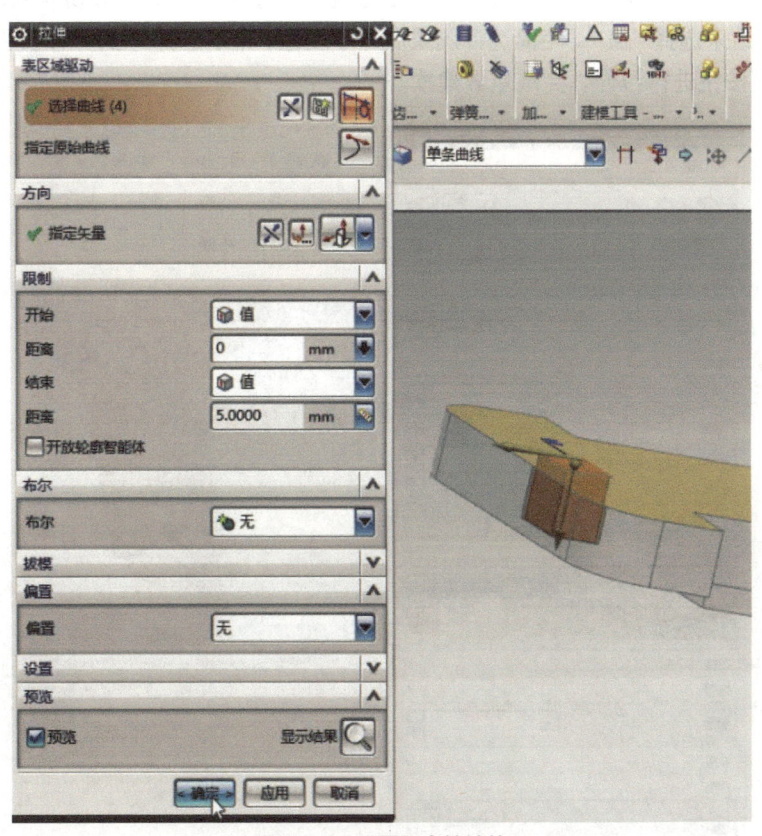

图5-30　尾翼配合处拉伸

Step4　选择下拉菜单【插入】|【在任务环境中绘制草图】命令，弹出【创建草图】对话框，选择底部拉伸端面，单击【确定】按钮，利用轮廓、镜像曲线等命令，完成如图5-31所示草图。

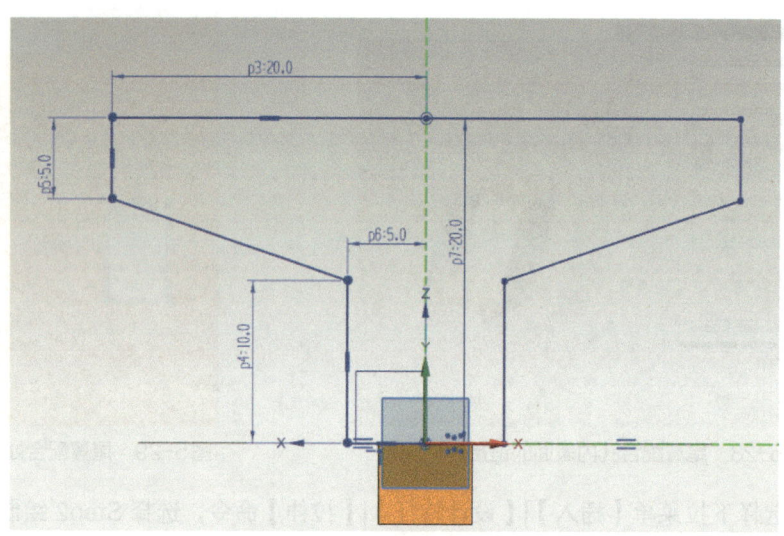

图 5-31　尾翼主体草图

Step5　选择下拉菜单【插入】|【设计特征】|【拉伸】命令，选择 Step4 绘制的草图为截面，限制栏中结束选择"值"，距离选择测量底部厚度值，布尔选择"合并"，如图 5-32 所示，单击【确定】按钮进行拉伸，完成尾翼建模。

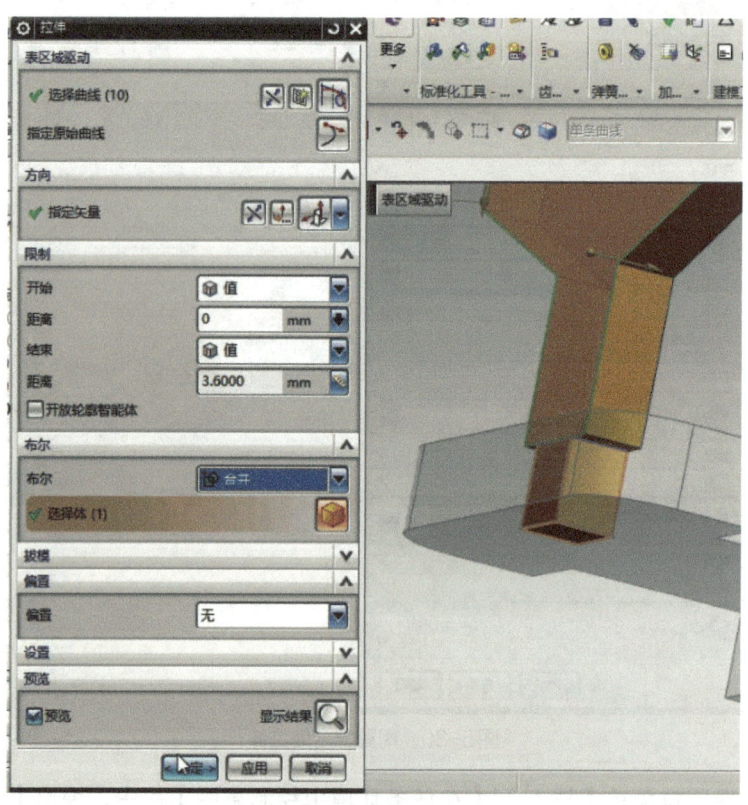

图 5-32　尾翼主体拉伸

任务2　飞机螺旋桨的逆向设计

学习目标

知识目标

1. 掌握 Win3DD 单目三维扫描仪的基本操作步骤。
2. 掌握 Geomagic Wrap 软件中点云处理的相关命令，如体外孤点、非连接项、减少噪音、全局注册、联合点对象等。
3. 掌握 Geomagic Wrap 软件中面片处理的相关命令，如删除钉状物、减少噪音、填孔等。
4. 掌握 Geomagic Design X 软件中逆向建模的一般流程及常用命令，如坐标对齐、回转精灵、面片拟合、剪切曲面、赋厚、壳体、圆形阵列等。

能力目标

1. 能够应用 Win3DD 单目三维扫描仪进行模型的扫描。
2. 能够应用 Geomagic Wrap 软件对扫描的点云数据进行处理。
3. 能够应用 Geomagic Design X 件对处理后的面片数据进行逆向建模。

任务描述

图 5-33 是给定的一个螺旋桨零件图片，根据提供的螺旋桨零件实物，应用三维扫描仪 Win3DD 扫描实物生成点云数据，应用 Geomagic Wrap 软件对扫描数据进行点云处理、面片处理，并生成面片文件（STL 格式），在 Geomagic Design X 软件中根据生成的面片格式文件进行逆向建模，建立螺旋桨的三维数字模型。

要求：
1. 提交螺旋桨点云封装生成的三角面片文件（STL 格式）。
2. 提交螺旋桨零件逆向建模模型文件（XRL 格式）。

图5-33　螺旋桨实物图片

任务分析

应用 Win3DD 单目三维扫描仪对螺旋桨进行三维扫描，扫描后得到".asc"格式的三维点云数据，完成对螺旋桨的三维数据采集；利用 Geomagic Wrap 软件对螺旋桨的点云数据进行点云处理、面片处理，得到".stl"格式的三角面片文件；利用 Geomagic Design X 软件对螺旋桨进行逆向建模，得到".xrl"格式的逆向建模模型。任务流程如图 5-34 所示。

图5-34　任务流程

知识链接

Win3DD 单目三维扫描仪

本任务采用 Win3DD 单目三维扫描仪进行数据采集，Win3DD 单目扫描仪为三维天下科技股份有限公司产品，扫描仪结构轻便小巧，软件操作简单，如图 5-35 所示。

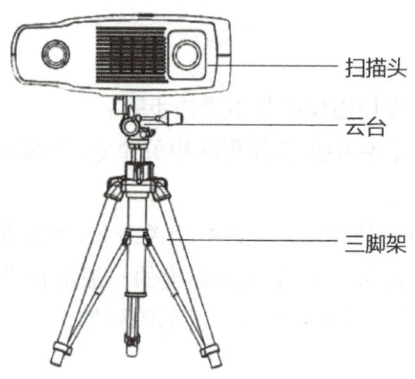

图5-35　Win3DD单目三维扫描仪

Win3DD 单目三维扫描仪主要参数见表 5-1。

表 5-1　Win3DD 单目三维扫描仪主要参数

产品型号	Win3DD-L	Win3DD-M	Win3DD-S
单幅扫描范围	400mm×300mm×250mm	300mm×210mm×200mm	100mm×80mm×80mm
扫描距离	600mm	600mm	210mm
扫描点距	0.2~1.5mm	0.2~1.1mm	0.04~0.07mm
单幅扫描时间	<3s		
相机分辨率	130 万像素		
扫描方式	非接触式（拍照式）		
拼接方式	全自动拼接		
输出文件格式	ASC/STL/IGS/OBJ		
外形尺寸	325mm×240mm×110mm		
电源	AC 220V，50Hz		
扫描物体尺寸	500~1000mm	250~600mm	150~300mm

任务实施

活动 1　螺旋桨的数据采集

由于螺旋桨实物模型表面反光，在对螺旋桨数据采集之前，需用显像剂对螺旋桨表面进行喷粉处理。利用橡皮泥、轮轴（给定配件）将螺旋桨固定在转盘上（见图5-36）。由于螺旋桨厚度较薄，只扫描上表面，最后通过赋厚的形式得到螺旋桨三维模型，因此扫描时，螺旋桨表面不用粘贴标志点，只需在转台上粘贴标志点。

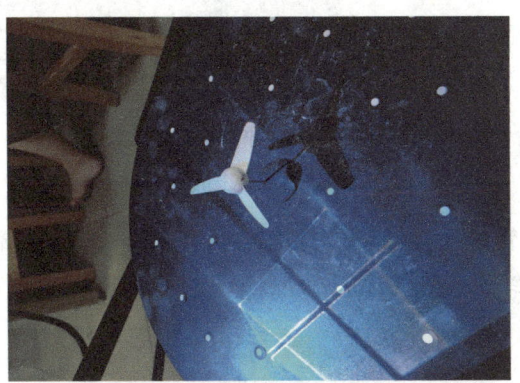

图5-36　螺旋桨扫描前准备

以下螺旋桨的数据采集选用Win3DD单目三维扫描仪，在扫描之前应先对扫描仪进行标定。其扫描步骤如下。其他品牌或型号扫描仪的操作步骤略有不同，但最终都得到".asc"格式的点云数据或".stl"格式的三角面片文件。

Step1　Win3DD单目三维扫描仪与Geomagic Wrap进行了系统集成，右击Geomagic Wrap图标，选择【以管理员身份运行】软件。单击【扫描】按钮后，单击【确定】按钮，然后选择【工程管理】|【新建工程】命令，弹出【新建工程】对话框，如图5-37所示，选择工作目录，给定工程名称为"螺旋桨"，单击【确定】按钮。

Win3DD 扫描仪标定

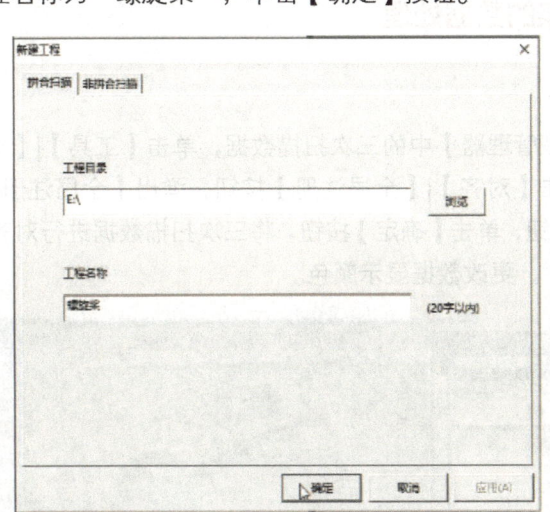

螺旋桨扫描

图5-37　【新建工程】对话框

Step2　单击【Wrap三维扫描系统】对话框中的【开始扫描】按钮，完成第一次扫描，如图5-38a所示。旋转转台约120°，单击【Wrap三维扫描系统】对话框中的【开始扫描】按钮，完成第二次扫描，如图5-38b所示。再次旋转转台约120°，单击【Wrap三维扫描系统】对话框中的【开始扫描】按钮，完成第三次扫描，如图5-38c所示。通过三次扫描，得到完整的螺旋桨扫描模型数据。

 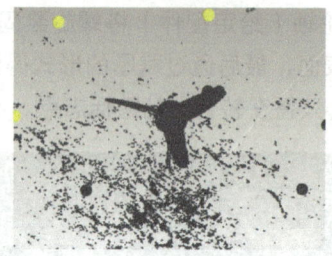 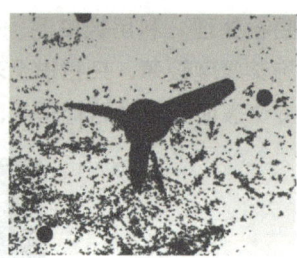

a）第一次扫描　　　　　　　b）第二次扫描　　　　　　　c）第三次扫描

图5-38　三次扫描过程

Step3　选中【模型管理器】中的三次扫描数据，利用"套索选择工具"将模型外的点云数据进行删除，得到最终的模型扫描数据如图5-39所示。

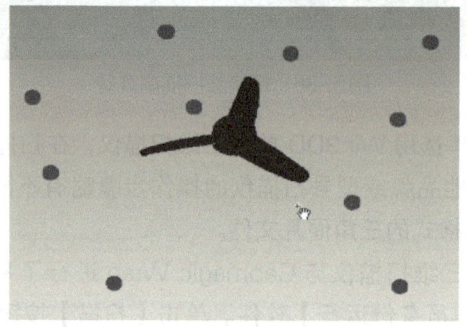

图5-39　最终的模型扫描数据

活动2　螺旋桨的数据处理

1. 点云阶段

螺旋桨数据处理

Step1　选中【模型管理器】中的三次扫描数据，单击【工具】|【单位】按钮，将模型单位改为"毫米"。单击【对齐】|【全局注册】按钮，弹出【全局注册】对话框，如图5-40所示，单击【应用】按钮，单击【确定】按钮，将三次扫描数据进行对齐。单击【显示】按钮，取消勾选"顶点颜色"，更改数据显示颜色。

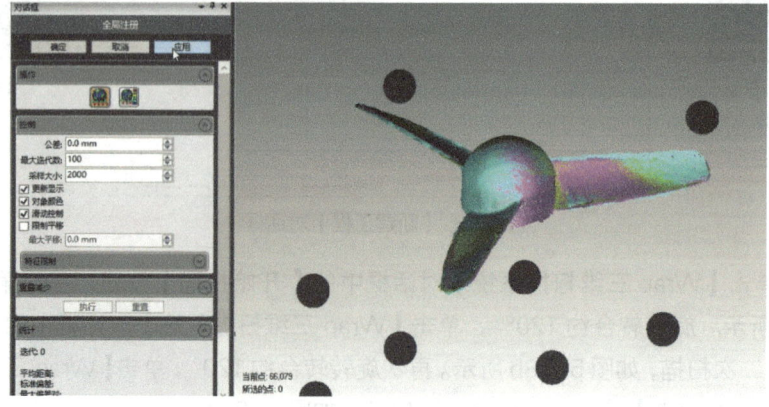

图5-40　【全局注册】对话框

Step2 单击【点】|【联合点对象】按钮,弹出【联合点对象】对话框,如图5-41所示,单击【应用】按钮,单击【确定】按钮,将三次扫描数据进行合并。单击【显示】按钮,取消勾选"顶点颜色",更改数据显示颜色。

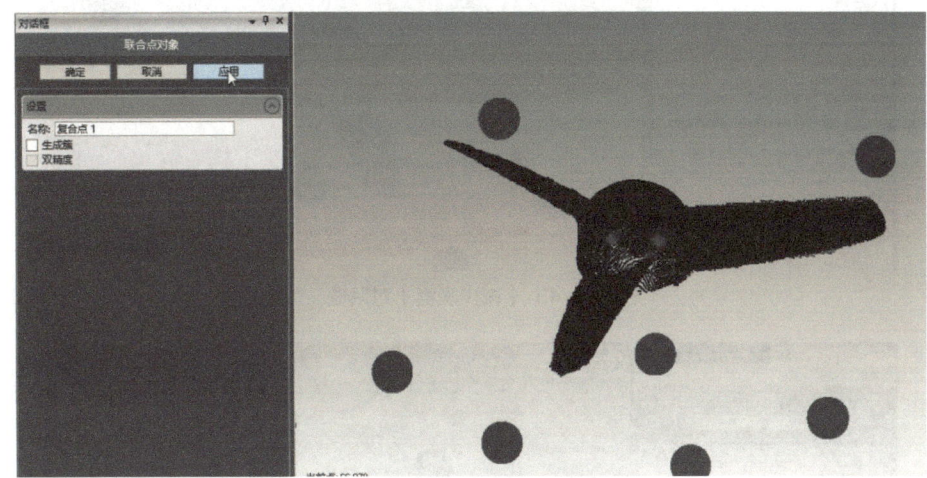

图5-41 【联合点对象】对话框

Step3 单击【点】|【选择】|【体外孤点】,弹出【选择体外孤点】对话框,如图5-42所示,单击【应用】按钮,单击【确定】按钮。选择【删除】工具,将选中的点云数据进行删除。重复以上步骤,再次删除选中的体外孤点数据。

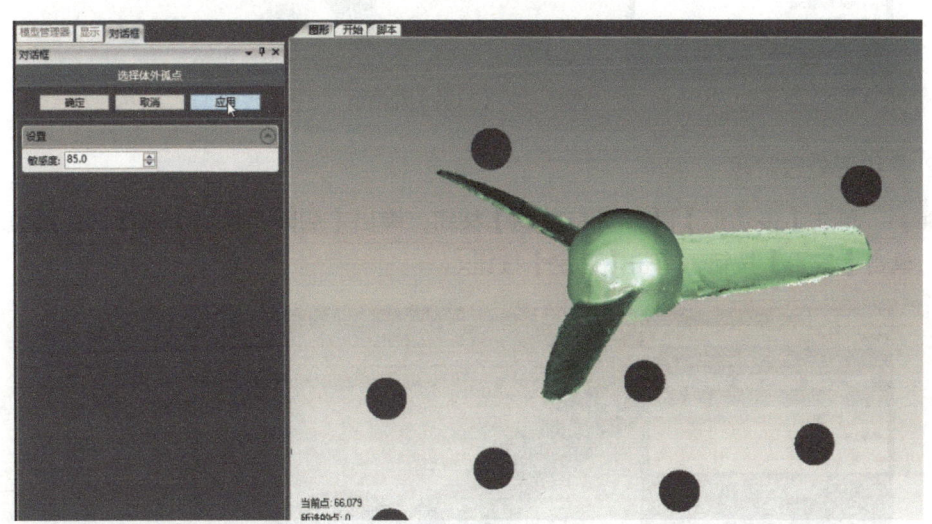

图5-42 【选择体外孤点】对话框

Step4 单击【点】|【减少噪音】按钮,弹出【减少噪音】对话框,如图5-43所示,单击【应用】按钮,单击【确定】按钮。

Step5 单击【点】|【封装】按钮,弹出【封装】对话框,如图5-44所示,单击【确定】按钮。单击【显示】按钮,取消勾选"顶点颜色",更改数据显示颜色。

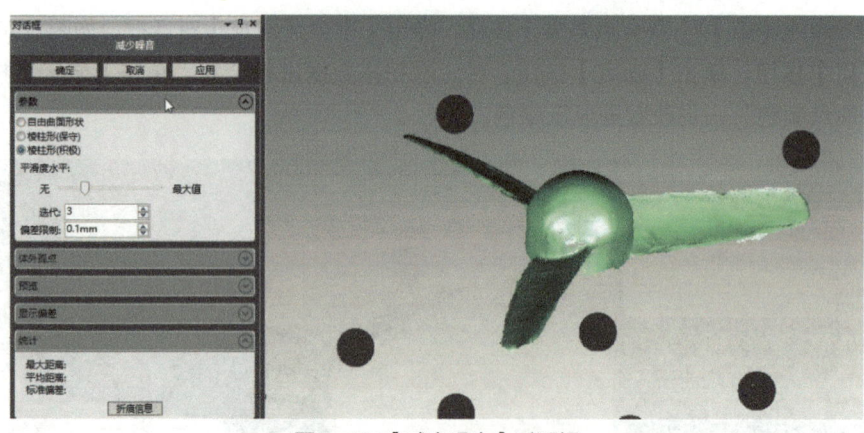

图5-43 【减少噪音】对话框

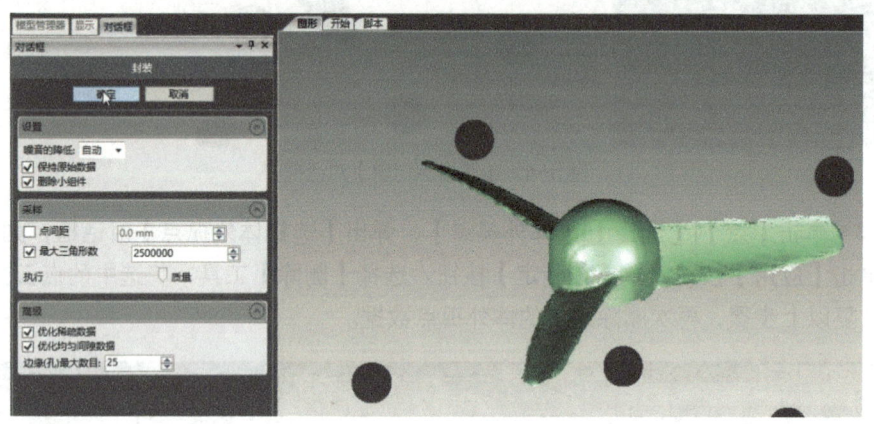

图5-44 【封装】对话框

2. 多边形处理阶段

Step1 单击【多边形】|【删除钉状物】按钮,弹出【删除钉状物】对话框,如图5-45所示,单击【应用】按钮,单击【确定】按钮。

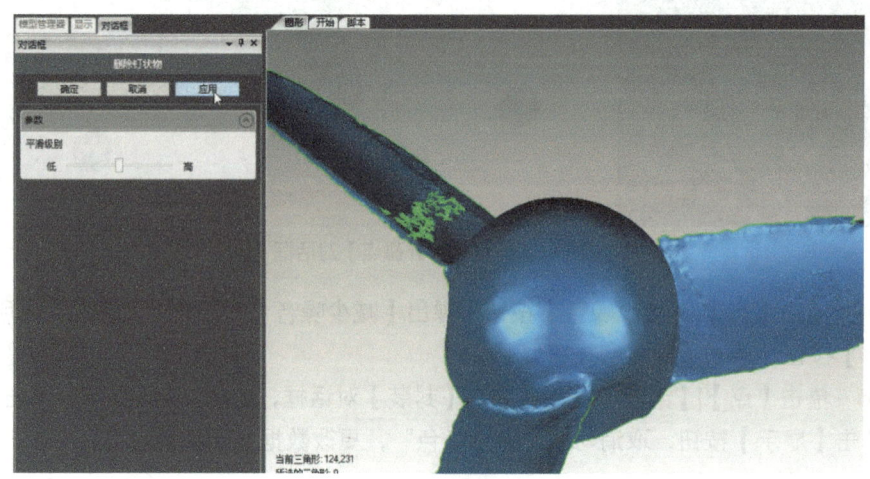

图5-45 【删除钉状物】对话框

Step2 单击【多边形】|【减少噪音】按钮，弹出【减少噪音】对话框，如图 5-46 所示，单击【应用】按钮，单击【确定】按钮。

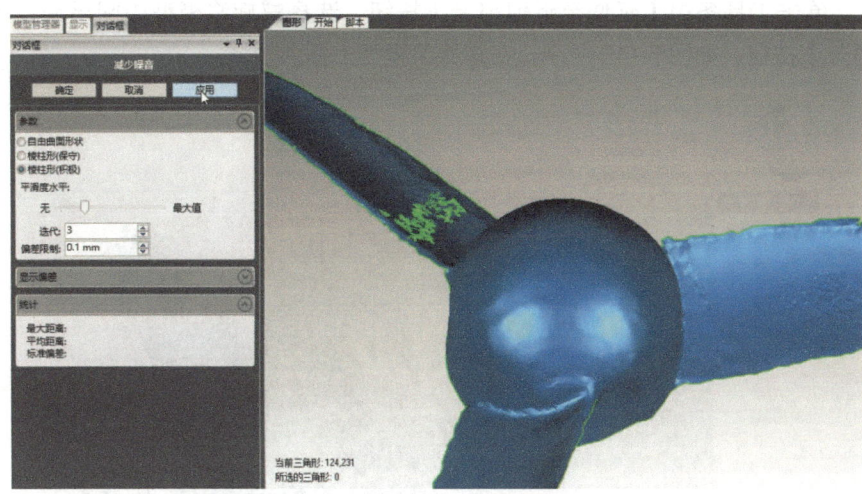

图5-46 【减少噪音】对话框

Step3 利用"套索选择工具"选择缺陷处，选择【删除】工具，将缺陷处面片删除。单击【多边形】|【填充单个孔】按钮，将缺陷删除处的孔进行填补，如图 5-47 所示。最终得到处理好的面片数据，如图 5-48 所示。

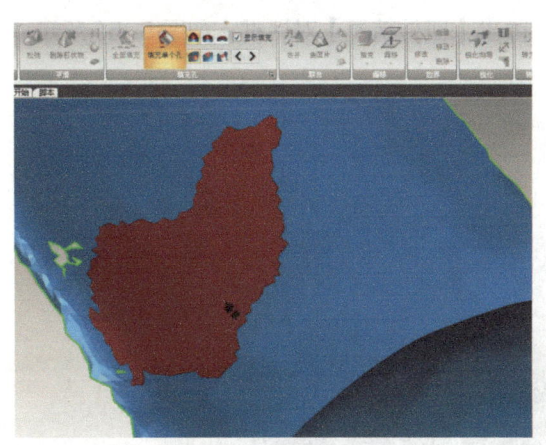

图5-47 填充单个孔

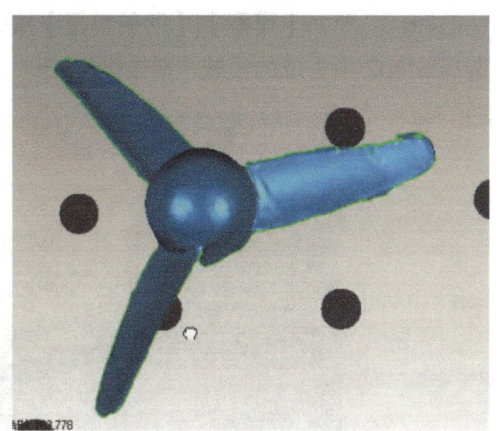

图5-48 处理好的面片数据

Step4 右击处理完成的面片数据"复合点1"，单击【保存】按钮，在弹出的对话框中保存类型选择"STL（binary）文件（*.stl）"格式的文件，输入文件名"螺旋桨"，完成面片数据保存。

活动 3 螺旋桨的逆向建模

1. 坐标系的建立

Step1 启动 Geomagic Design X 软件，选择下拉菜单【插入】|【导入】

螺旋桨逆向建模

命令，系统弹出【导入】对话框，选择保存的文件"螺旋桨.stl"，单击【仅导入】按钮，将文件导入软件。

Step2 单击工具条中【延伸至近似部分】按钮，选择螺旋桨模型中间部分，单击【领域】|【插入】按钮，如图5-49所示，在螺旋桨模型上插入领域。

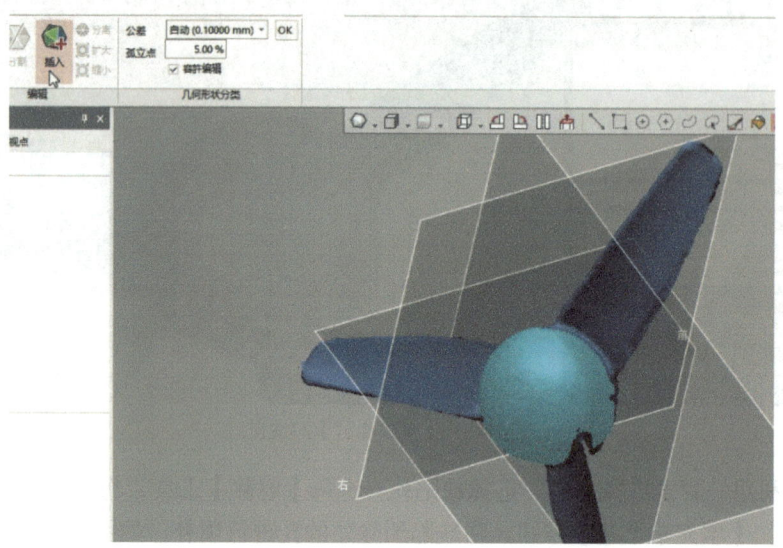

图5-49 插入领域

Step3 单击【模型】|【回转精灵】按钮，弹出【回转精灵】对话框，如图5-50所示，选择Step2中生成的领域，单击✓按钮。

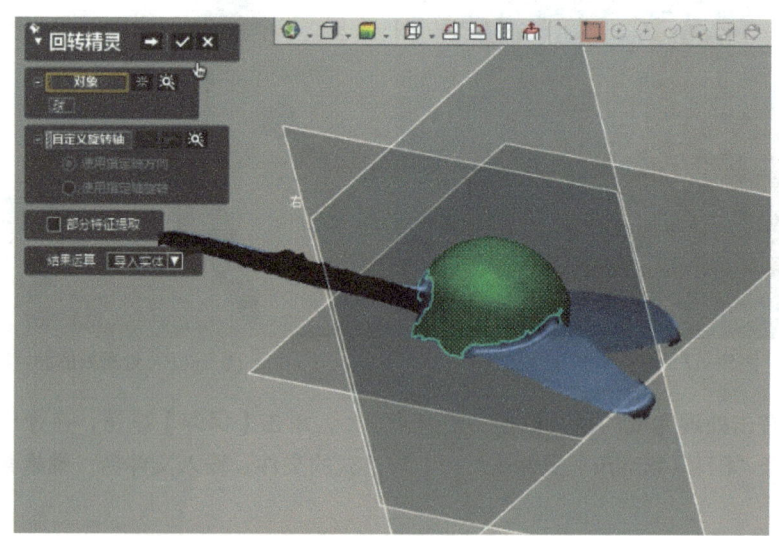

图5-50 回转精灵

Step4 建立坐标系。单击【对齐】|【手动对齐】按钮，系统弹出【手动对齐】对话框，单击➡按钮，选择"3-2-1"对齐方式，平面选择模型底部平面，线选择回转轴线，如图5-51所示，设置完成后单击✓按钮，退出手动对齐模式，坐标系创建完成。注：用于辅助建立坐标系的线1、平面1、草图1（面片）及回转1在建立坐标系后可隐藏或删除。

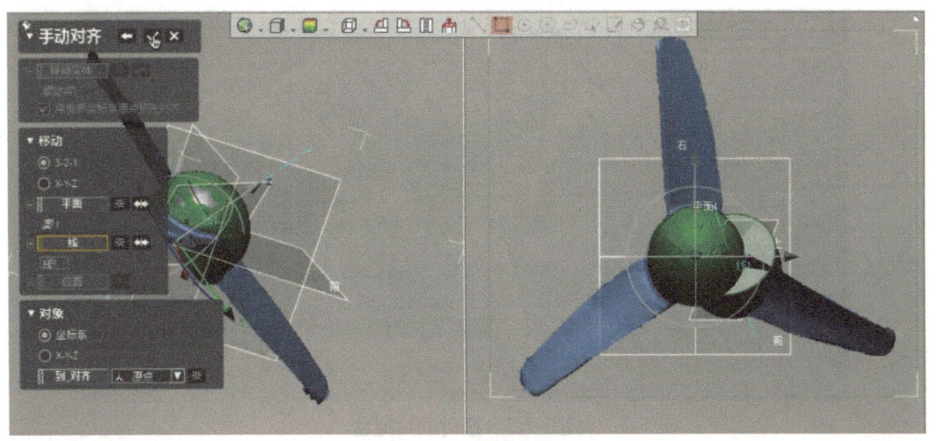

图5-51 手动对齐

2. 模型主体创建

Step1 单击【模型】|【回转精灵】按钮，弹出【回转精灵】对话框，选择前面步骤中生成的领域，单击✓按钮，重新进行回转模型生成，如图5-52所示。双击结构树中"草图1（面片）"，进入草图界面，可以对草图进行调整，如图5-53所示。

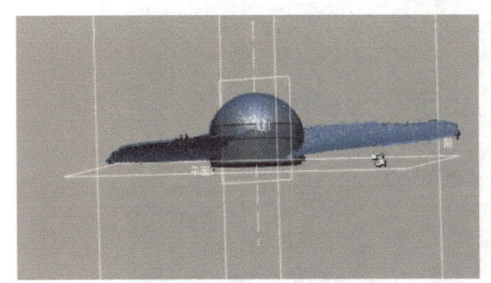

图5-52 回转精灵

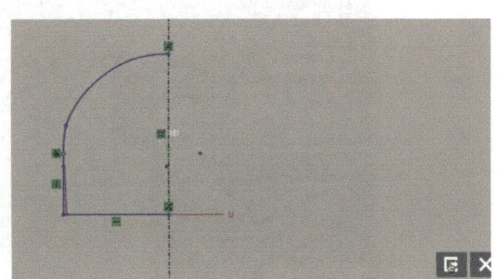

图5-53 草图调整

Step2 单击工具条中【延伸至近似部分】按钮，选择面片质量较好的一片扇叶表面，单击【领域】|【插入】按钮，如图5-54所示，在螺旋桨模型扇叶表面上插入领域。

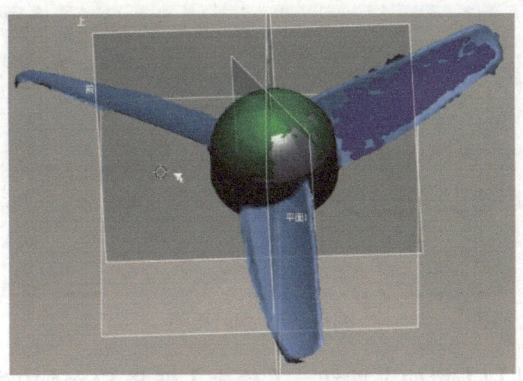

图5-54 插入扇叶领域

Step3 单击【模型】|【面片拟合】按钮，领域选择Step2中生成的领域，单击✓按钮，如图5-55所示，完成扇叶面片拟合。

185

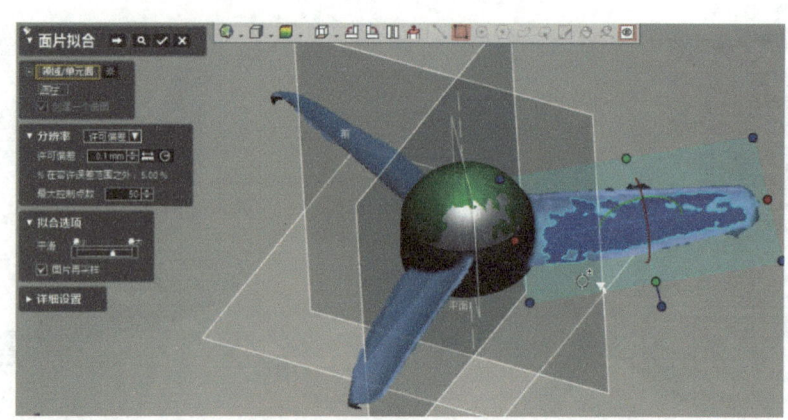

图5-55 扇叶面片拟合

Step4 单击【草图】|【面片草图】按钮,选择基准平面为"前平面",拖动粗箭头,得到扇叶轮廓曲线,如图5-56所示。利用直线、3点圆弧、圆角等命令,在"前平面"扇叶处根据模型轮廓绘制曲线,如图5-57所示,完成草图绘制后,退出草图。

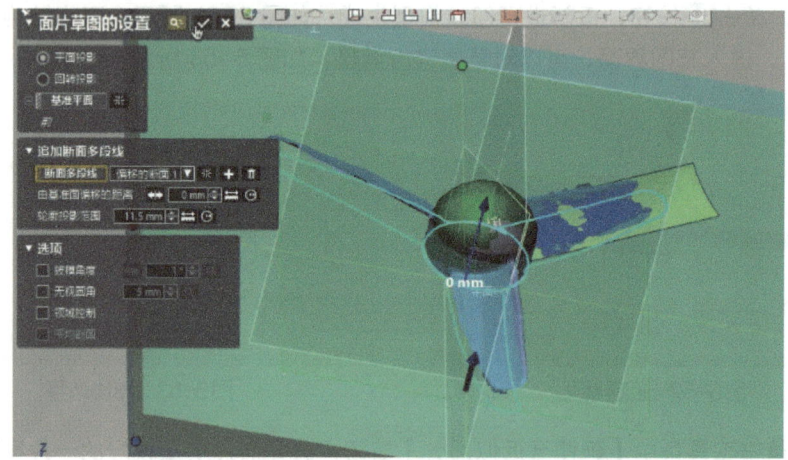

图5-56 绘制草图

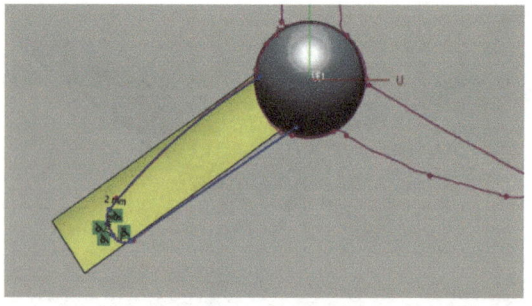

图5-57 扇叶草图

Step5 单击【模型】|【拉伸】按钮,【轮廓】选择Step4中生成的曲线,长度输入"10",如图5-58所示,单击 ✓ 按钮,完成拉伸。单击【模型】|【延长曲面】按钮,选择扇叶面片中一边,如图5-59所示,将曲面延长,使两曲面相交,单击 ✓ 按钮,完成曲面延长。

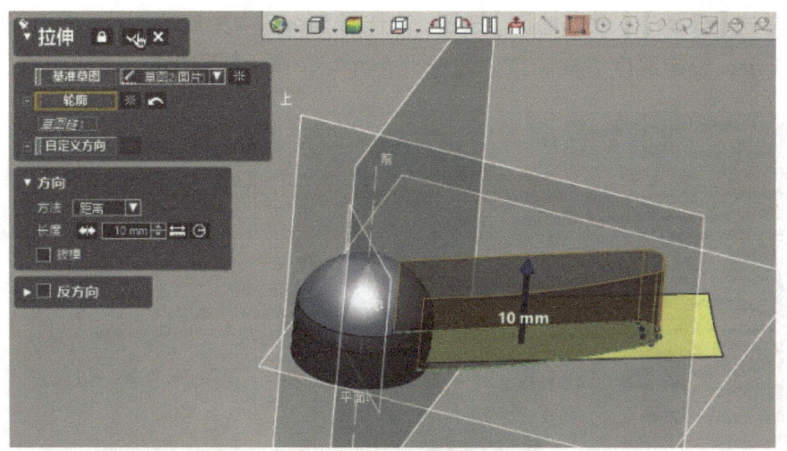

图5-58 草图拉伸

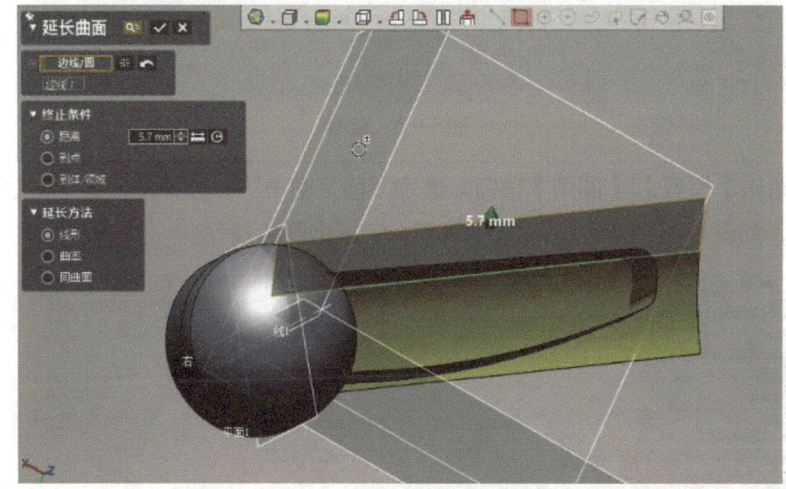

图5-59 延长曲面

Step6 单击【模型】|【剪切曲面】按钮，工具要素选择 Step5 中生成的面片，对象体选择 Step3 中生成的面片，残留体选择如图 5-60 所示曲面，单击 ✓ 按钮，完成剪切。

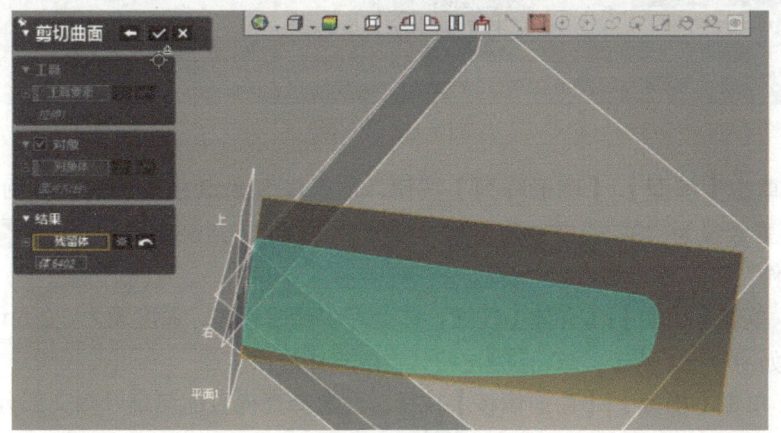

图5-60 剪切曲面

Step7 单击【模型】|【赋厚曲面】按钮，体选择 Step6 中生成的面片，厚度设为"2mm"，如图 5-61 所示，设定厚度方向，取消勾选"合并"，单击 ✓ 按钮，完成赋厚。

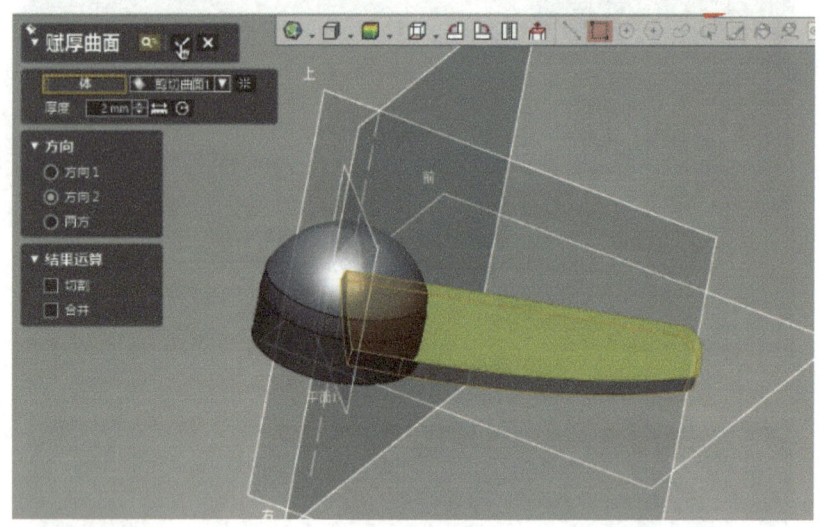

图5-61　赋厚

Step8 单击【模型】|【圆角】按钮，选定"固定圆角"，选择扇叶上下边线，半径设为"0.5mm"，如图 5-62 所示，单击 ✓ 按钮，完成倒圆角操作。

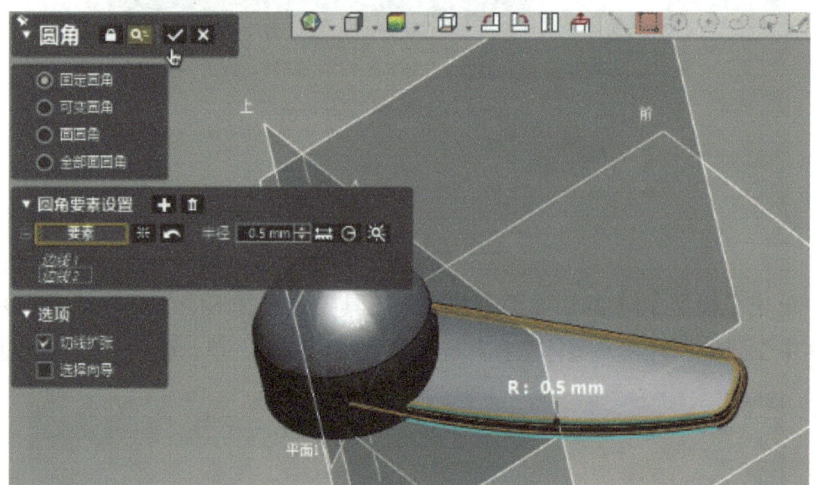

图5-62　倒圆角

Step9 单击【模型】|【圆形阵列】按钮，体选择 Step8 生成的扇叶，回转轴选择回转轴线，要素数设为"3"，交差角设为"120°"，如图 5-63 所示，单击 ✓ 按钮，完成圆形阵列操作。

Step10 单击【模型】|【壳体】按钮，体选定中部回转体，深度设为"2mm"，面选定底部平面，如图 5-64 所示，单击 ✓ 按钮，完成壳体操作。

Step11 单击【模型】|【曲面偏移】按钮，面选择壳内表面与扇叶相交部分，偏移距离设为"0mm"，如图 5-65 所示，单击 ✓ 按钮，完成偏移操作。

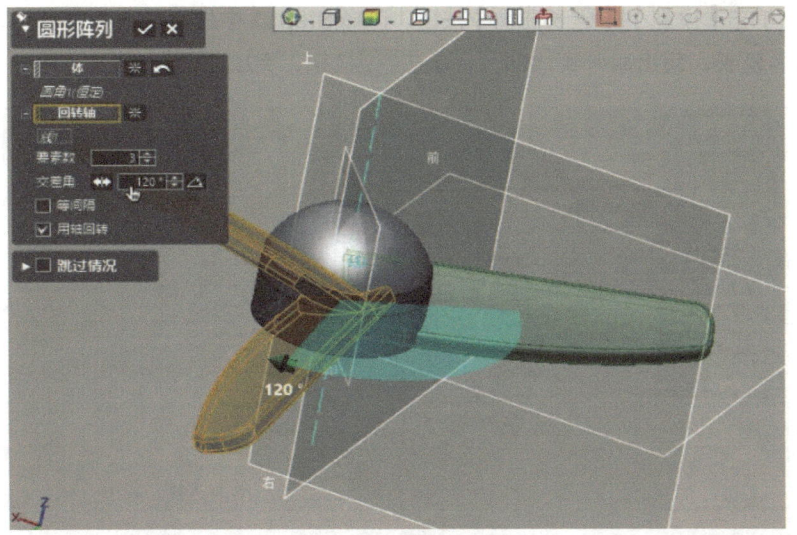

图5-63 圆形阵列

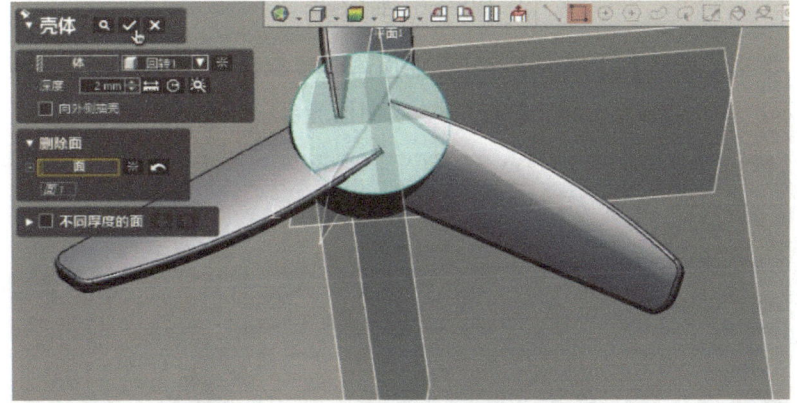

图5-64 壳体

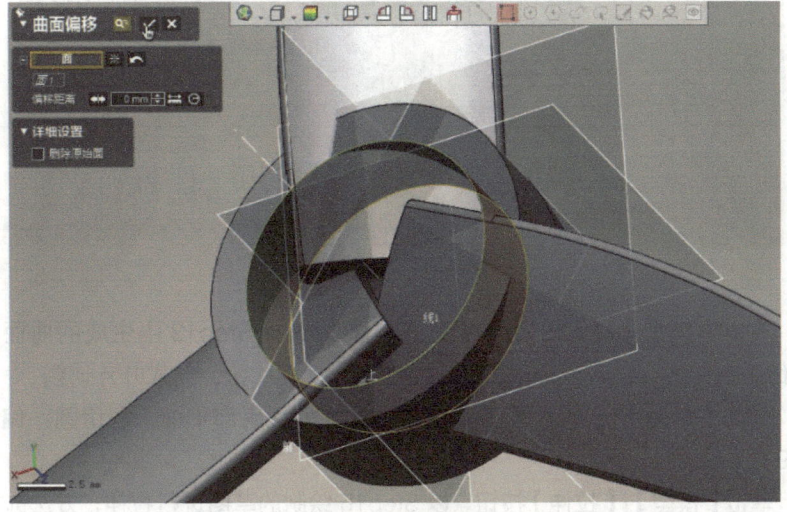

图5-65 曲面偏移

Step12 单击【模型】|【延长曲面】按钮，选择 Step11 中生成的曲面端部边，如图 5-66 所示，将曲面延长，超出扇叶实体部分，单击 ✓ 按钮，完成曲面延长。

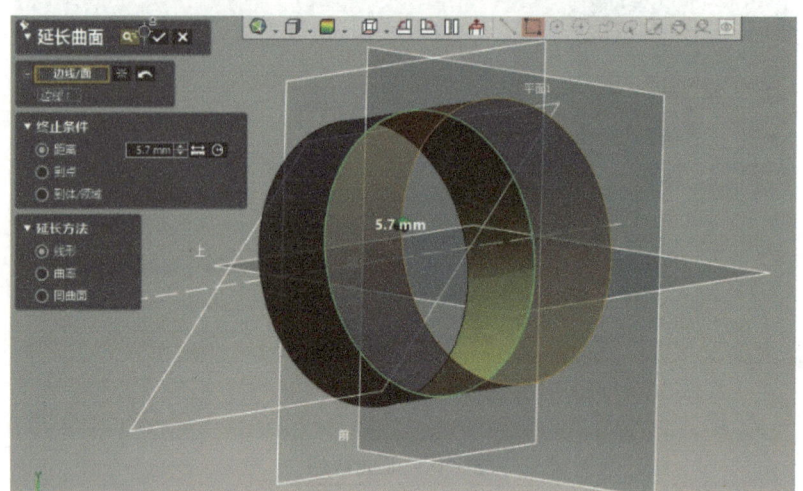

图5-66 曲面延长

Step13 单击【模型】|【缝合】按钮，曲面体选择 Step11、Step12 中生成的曲面，如图 5-67 所示，单击 ➡ 按钮，单击 ✓ 按钮，将曲面缝合。

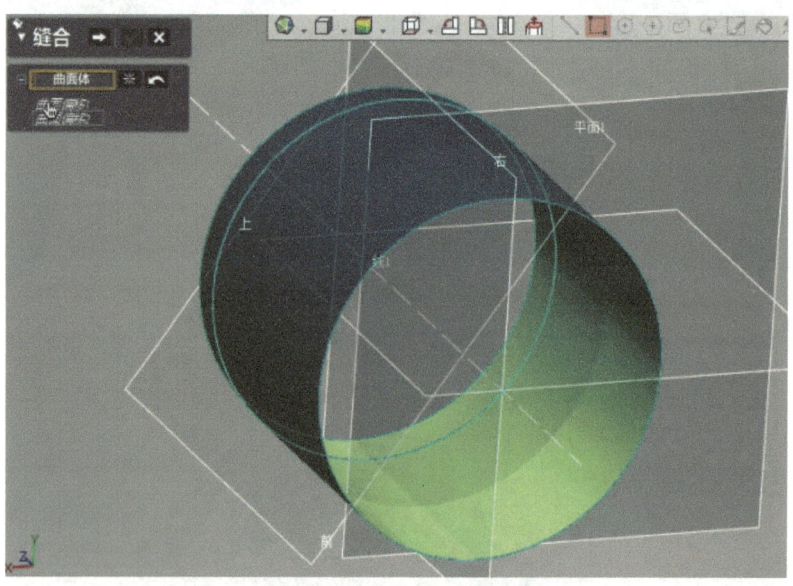

图5-67 曲面缝合

Step14 单击【模型】|【切割】按钮，工具要素选择 Step13 中生成的曲面，对象体选择三个叶片体，如图 5-68 所示，单击 ➡ 按钮，单击 ✓ 按钮，完成叶片切割。

Step15 单击【草图】|【面片草图】按钮，选择模型底部平面，利用圆、偏移命令，完成如图 5-69 所示草图。

Step16 单击【模型】|【拉伸】按钮，以 Step15 绘制的草图进行拉伸，方法选择"到体"，选择壳体，勾选"合并"选项，如图 5-70 所示，进行拉伸。

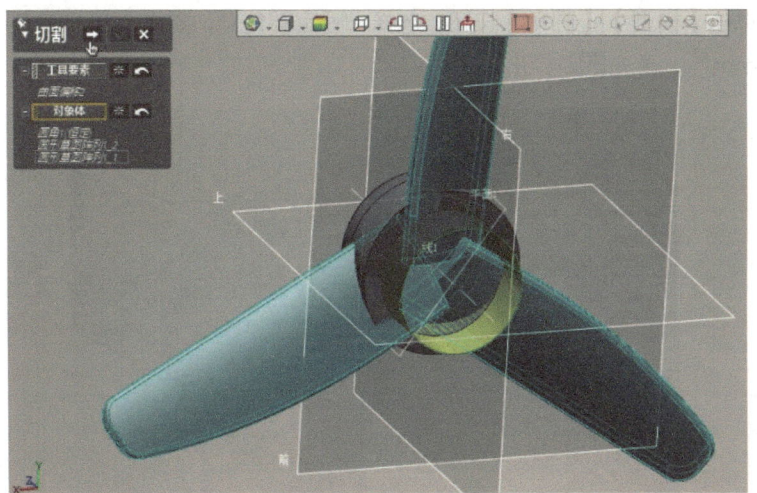
图5-68 叶片切割

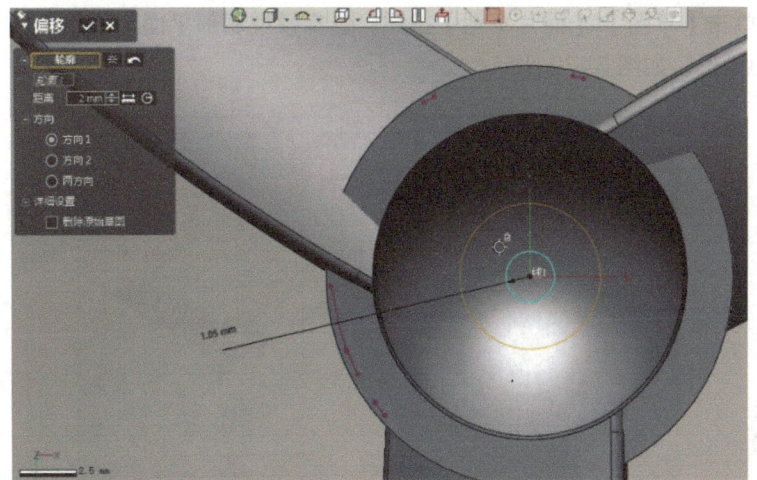
图5-69 草图绘制

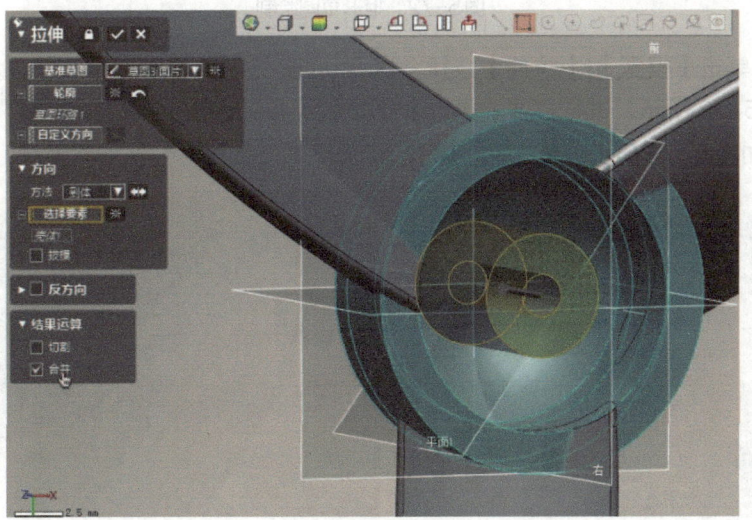
图5-70 草图拉伸

Step17 单击【模型】|【圆角】按钮，选择"固定圆角"，要素选择如图5-71所示交线，半径设为"1mm"，单击✓按钮。

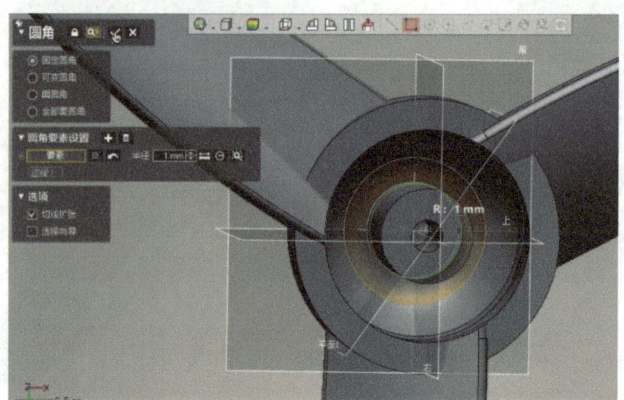

图5-71 固定圆角

Step18 单击【草图】|【面片草图】按钮，选择模型底部平面，利用矩形命令，绘制超出实体范围的矩形，如图5-72所示。

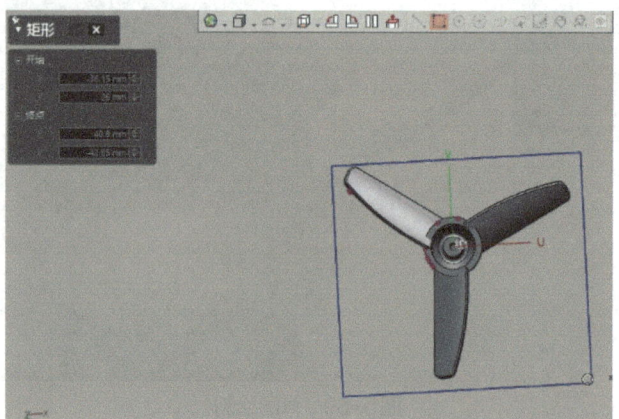

图5-72 矩形草图绘制

Step19 单击【模型】|【拉伸】按钮，以Step18绘制的草图进行拉伸，勾选"切割"选项，如图5-73所示，进行拉伸。单击【模型】|【布尔运算】按钮，选择"合并"，选择所有实体，如图5-74所示，单击✓按钮，完成合并。

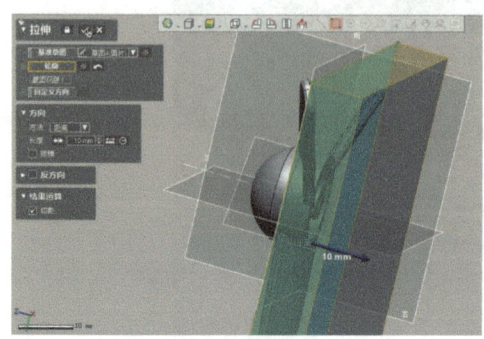

图5-73 拉伸切割

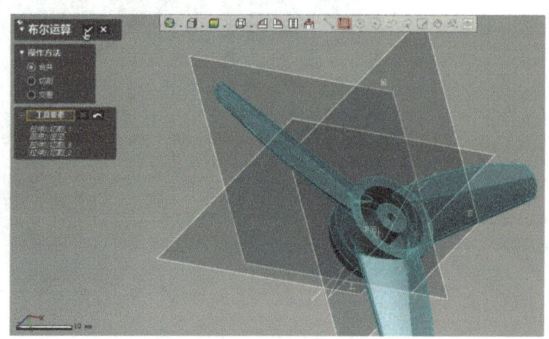

图5-74 布尔合并

Step20 单击【模型】|【圆角】按钮,选择"固定圆角",要素选择如图 5-75 所示交线,半径设为"0.5mm",单击 ✓ 按钮。螺旋桨最终模型如图 5-76 所示。

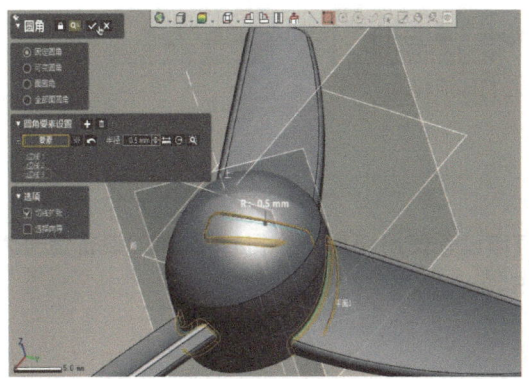

图5-75 圆角

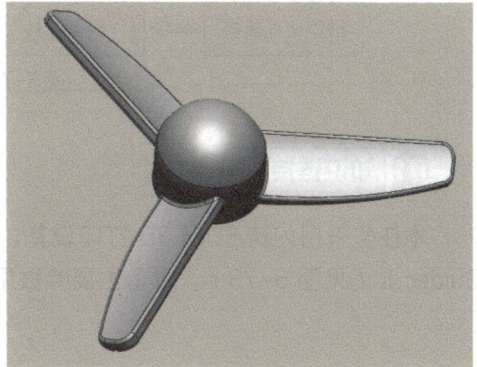

图5-76 螺旋桨最终模型

任务 3 飞机机身机翼的 3D 打印

学习目标

◉ 知识目标

1. 掌握 FDM 工艺 3D 打印的一般流程。
2. 掌握 FDM 工艺打印机自带切片软件 FlashPrint 的使用方法。
3. 掌握 FDM 工艺打印后处理的步骤。

◉ 能力目标

1. 能够利用切片软件 FlashPrint 进行打印前处理。
2. 能够对设计的模型应用闪铸 Guider Ⅱ 打印机进行 3D 打印。
3. 能够对打印后的模型进行后处理。

任务描述

利用 FDM 3D 打印机完成机身、机翼的 3D 打印。利用切片软件 FlashPrint 进行打印前处理,使用闪铸 Guider Ⅱ 打印机,合理设置打印参数,按照企业规范操作流程,完成机身、机翼的 3D 打印及模型后处理。

要求:提交 3D 打印及后处理完成的机身、机翼实物。

任务分析

在进行 3D 打印前,首先需要对在三维软件 UG 中设计的模型进行格式转换,转换成一般 3D 打印软件能够识别的 STL 格式。后续通过 FlashPrint 切片软件进行模型位置摆放、支撑设置、切片等处理，生成 3D 打印机能够识别的代码。再通过 3D 打印机进行上机打印。打印后模型需进行后处理。其工作流程如图 5-77 所示。

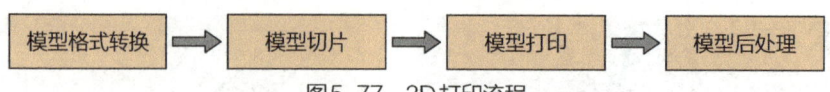

图5-77　3D打印流程

知识链接

本任务采用闪铸 FDM 3D 打印设备，此打印设备使用切片软件 FlashPrint，设备型号为 Guider Ⅱ（见图 5-78），设备主要参数见表 5-2。

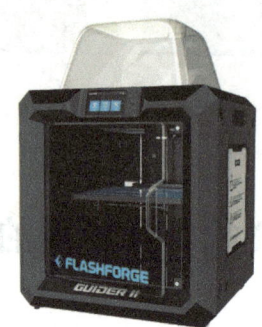

图5-78　Guider Ⅱ 设备

表 5-2　Guider Ⅱ 设备主要参数

喷头个数	1
屏幕	5 英寸彩色 IPS 触摸屏
打印尺寸	280mm × 250mm × 300mm
层厚	0.05~0.4mm
打印精度	±0.2mm
定位精度	Z 轴 0.0025mm; XY 轴 0.011mm
耗材直径	1.75mm（±0.07mm）
喷头直径	0.4mm
打印速度	10~200 mm/s
软件名称	FlashPrint、兼容 Simplify3D
支持格式	输入：3MF/STL/OBJ/FPP/BMP/PNG/JPG/JPEG；文件输出：GX/G 文件
打印机尺寸	490mm × 550mm × 560mm
净重	30kg
输入参数	Input: AC 100~240V，47~63Hz　　Power: 500W
数据传输	USB/U 盘 /WiFi

 任务实施

活动1　机身机翼的格式转换

在进行3D打印前，首先需要对在三维软件中设计的模型进行格式转换，转换成一般3D打印软件能够识别的STL格式。

机身、机翼格式转换具体步骤如下。

Step1　打开UG软件，打开文件"机身.prt"，选择下拉菜单【文件】|【导出】|【STL】命令，系统弹出【STL导出】对话框，选择机身模型，如图5-79所示，单击【确定】按钮，即完成机身文件的格式转换。

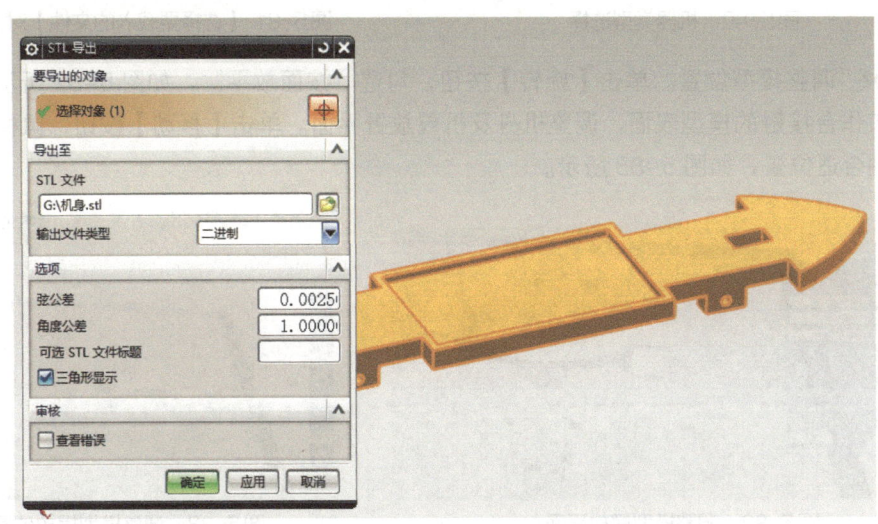

图5-79　文件导出界面

Step2　打开UG软件，打开文件"机翼.prt"，选择下拉菜单【文件】|【导出】|【STL】命令，系统弹出【STL导出】对话框，选择机翼模型，单击【确定】按钮，即完成机翼文件的格式转换。

活动2　机身机翼的3D打印

本任务采用闪铸FDM 3D打印设备，设备型号为Guider II，打印前使用切片软件FlashPrint进行切片处理。具体打印步骤如下。

1. 模型切片

Step1　载入文件。打开FlashPrint软件，选择下拉菜单【打印】|【机器类型】|【FlashForge Guider II】命令，如图5-80所示，选择打印设备型号。单击【载入】按钮，弹出【选择要载入的文件】对话框，选择"机身.stl"和"机翼.stl"两个文件，如图5-81所示，单击【打开】按钮，将文件载入切片软件。

机身机翼模型切片

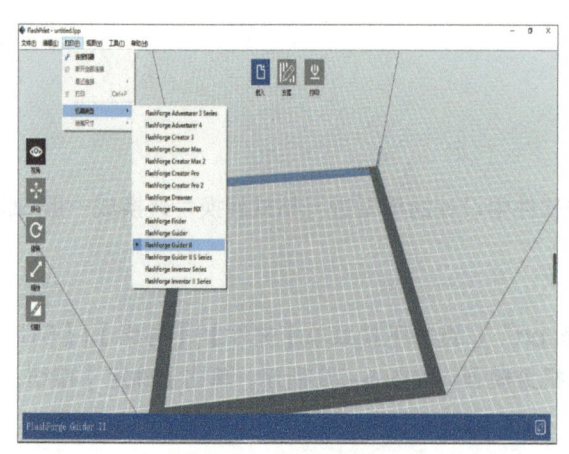

图5-80 机器类型选择

图5-81 【选择要载入的文件】对话框

Step2 调整模型位置。单击【旋转】按钮，勾选"按面放平"，如图5-82所示，双击需要与工作台接触的模型表面，调整机身及机翼放置平面。单击【移动】按钮，鼠标左键拖动模型到合适位置，如图5-83所示。

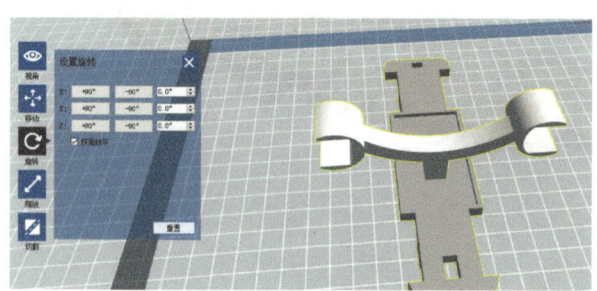

图5-82 调整模型摆放平面

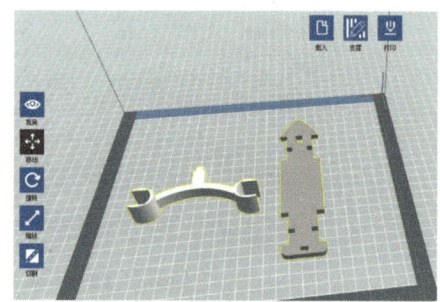

图5-83 调整模型摆放位置

Step3 设置支撑。单击【支撑】|【自动支撑】按钮，自动为模型设置支撑，如图5-84所示。为了方便后续去除支撑，将支撑与模型接触处、装轮轴处等不影响模型质量处手动去除支撑。单击【删除】按钮，选择需要去除的支撑，如图5-85所示。单击【返回】按钮，退出支撑设置界面。

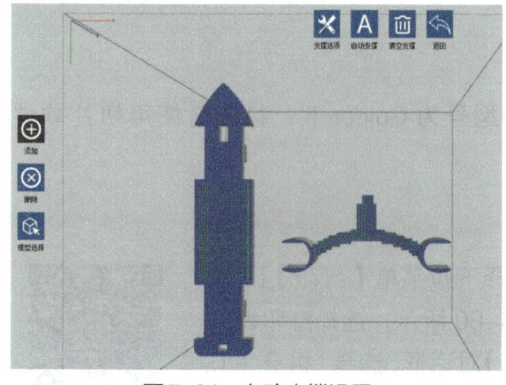

图5-84 自动支撑设置

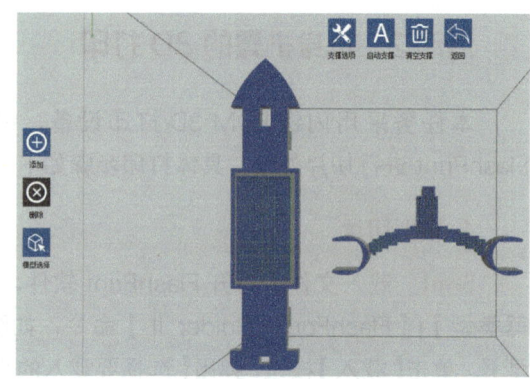

图5-85 手动调整支撑

Step4 切片。单击【打印】按钮，弹出【打印（专家模式）】对话框，设置【常规】、

【外壳】、【填充】、【支撑】等各参数，如图5-86所示，分别单击【确定】按钮，软件自动进行切片。切片完成后，软件右上角显示切片信息，单击【重量估算】和【切片信息】按钮可以查看切片详细信息。

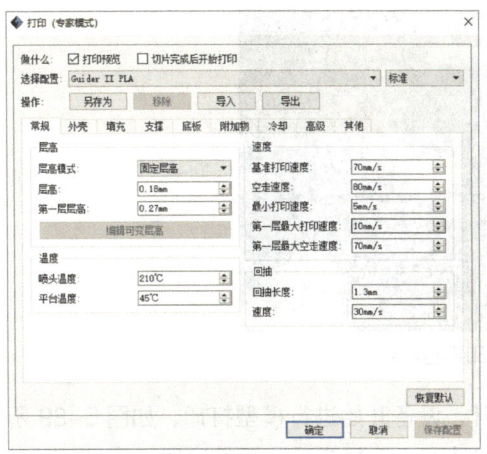

a）常规

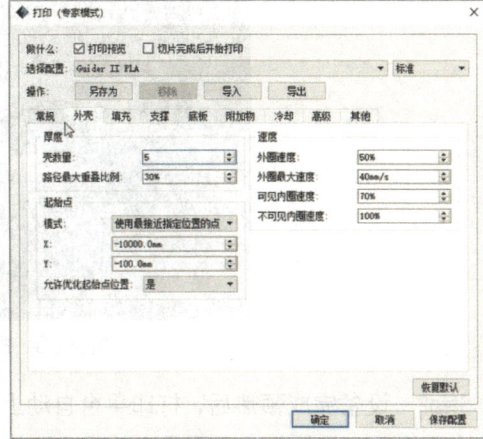

b）外壳

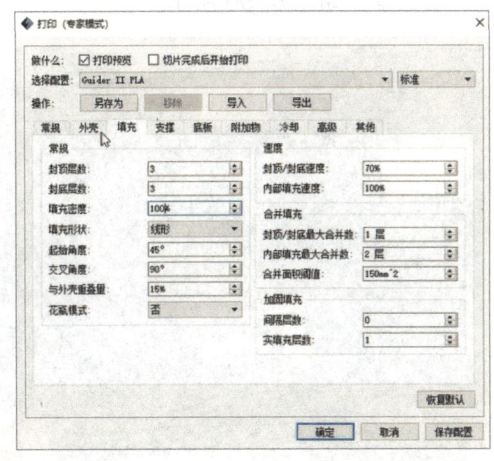

c）填充

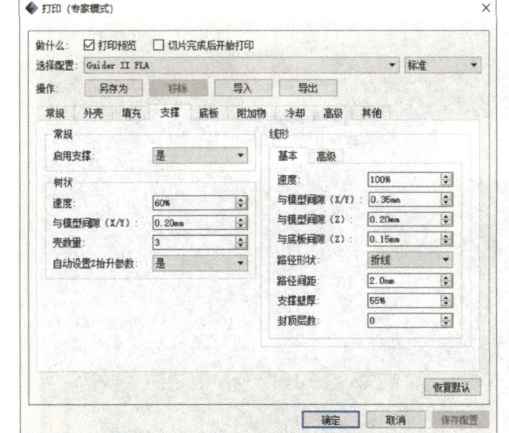

d）支撑

图5-86 【打印（专家模式）】对话框

Step5 文件保存。单击【导出Gcode】按钮，弹出【选择要保存的路径】对话框，如图5-87所示，输入文件名，将切片文件保存为"飞机主体.gx"。

2. 模型打印

Step1 打印准备。将存有模型切片数据的U盘插入设备，单击设备显示屏上的【打印】按钮，选

机身机翼模型打印

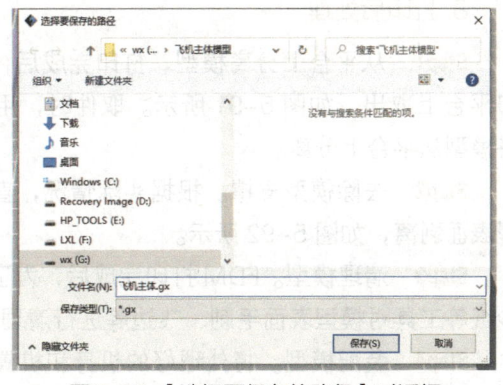

图5-87 【选择要保存的路径】对话框

择 U 盘中保存的"飞机主体.gx"文件，单击【打印】按钮，将需要打印的文件复制到打印机内。在打印平台上对应的位置涂上胶，如图 5-88 所示，涂胶便于将打印模型与打印平台粘接牢固。

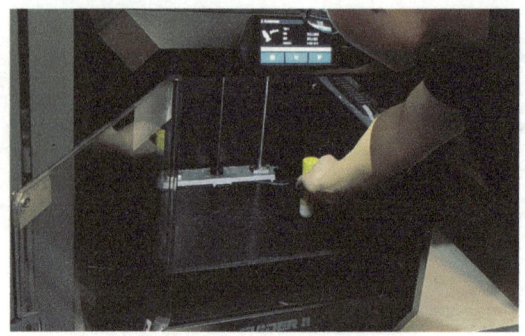

图5-88　打印平台涂胶

Step2　设备完成预热后，打印平台自动上升，设备开始进行模型打印，如图 5-89 所示。

注：由于打印时间较长，只需观察前面几层打印情况，无异常后，后续定时巡查即可。

Step3　模型打印完成后，打印平台回到设备初始位置，如图 5-90 所示。

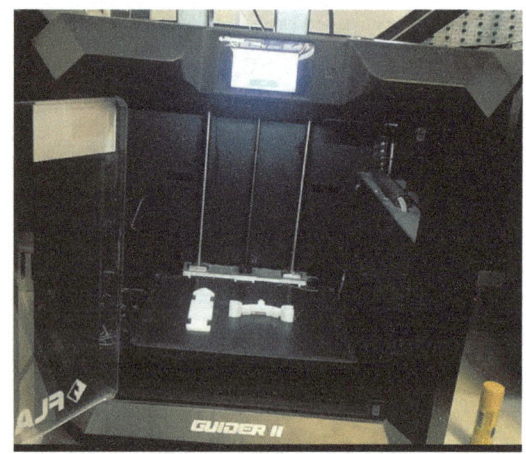

图5-89　模型打印　　　　　　　　　图5-90　模型打印完成

3. 打印后处理

Step1　从平台上分离模型。打印完成后，打开箱门，用铲子将模型从打印平台上取出，如图 5-91 所示。取件时，用工具从模型底部支撑处铲除，将模型从平台上分离。

Step2　去除模型支撑。根据实际情况，直接用手或专业工具将支撑从模型表面剥离，如图 5-92 所示。

Step3　清理模型。FDM 打印完成后，为了获得较好的表面质量，需利用刮刀、打磨机、砂纸等工具对模型表面毛刺、飞边等进行清理，如图 5-93 所示。

Step4　装配模型。将处理好的机身和机翼零件进行装配，如图 5-94 所示，进一步检验模型配合处设计尺寸是否合适。

机身机翼模型打印后处理

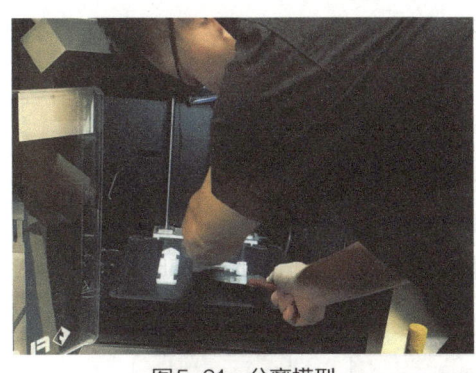
图5-91 分离模型

图5-92 去除支撑

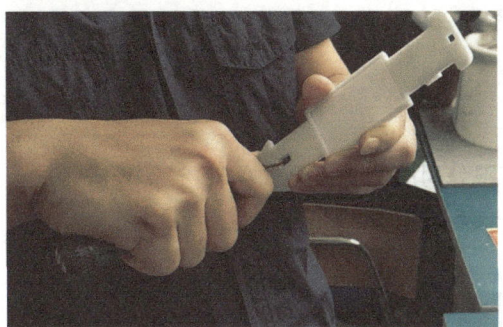
图5-93 清理模型

图5-94 装配模型

任务4　飞机螺旋桨的 3D 打印

学习目标

◉ **知识目标**

1. 掌握 SLA 工艺 3D 打印的一般流程。
2. 掌握 SLA 工艺 3D 打印机切片软件的使用方法。
3. 掌握 SLA 工艺打印后处理的步骤。

◉ **能力目标**

1. 能够利用切片软件 Magics 进行打印前处理。
2. 能够对设计的模型应用 QUBEA SLA 600 打印机进行 3D 打印。
3. 能够对打印后的模型进行后处理。

任务描述

利用 SLA 工艺 3D 打印机完成螺旋桨的 3D 打印。使用 QUBEA SLA 600 打印机，合理设置打印参数，按照企业规范操作流程，完成螺旋桨的 3D 打印及模型后处理。

要求：提交3D打印及后处理完成的两个螺旋桨实物。

任务分析

在进行3D打印前，首先需要对在三维软件Geomagic Design X中设计的模型进行格式转换，转换成一般3D打印软件能够识别的STL格式。通过通用软件Materialise Magics进行支撑、切片等处理，生成3D打印机能够识别的格式后再进行上机打印。打印完成后再对模型进行后处理。其工作流程如图5-95所示。

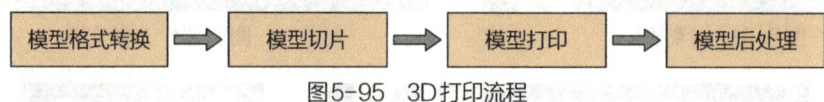

图5-95　3D打印流程

知识链接

本任务采用广州捷和电子科技有限公司的QUBEA SLA 3D打印设备，设备型号为SLA 600（见图5-96），设备主要参数见表5-3。

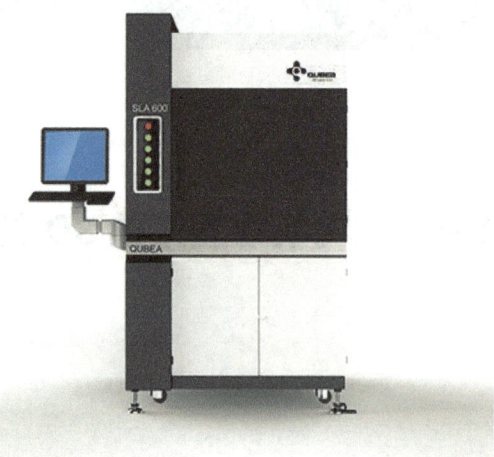

图5-96　SLA 600设备

表 5-3　SLA 600 设备主要参数

激光系统	激光类型	二极管固体激光器
	波长	355nm
	最大成型空间（XYZ）	600mm（X）×600mm（Y）×400mm（Z）
打印层厚	快速制作层厚	0.1~0.15mm
	紧密制作层厚	0.05~0.1mm
光学扫描系统	光斑直径	0.1~0.12mm
	扫描速度	5m/s（标准），12m/s（最高速度）

（续）

升降系统精度	垂直分辨率	0.0002mm
	重复定位精度	±0.01mm
	树脂料缸容量	240kg
软件环境	控制软件	QUBEA SLA production software
	文件格式	STL & SLC
操作环境	操作温度范围	25~30℃
	操作湿度范围	不超过40%
	主机尺寸（W×D×H）	1250mm×1310mm×2100mm
	主机重量	1500kg
	电源	AC 200~240V 50/60Hz，16A

任务实施

● 活动1 螺旋桨的格式转换

在进行 3D 打印前，首先需要对在三维软件中设计的模型进行格式转换，转换成一般 3D 打印软件能够识别的 STL 格式。

螺旋桨格式转换

螺旋桨格式转换具体步骤如下。

Step1 打开 Geomagic Design X 软件，打开文件"螺旋桨.xrl"，选择菜单【多边形】|【变换为面片】命令，系统弹出【变换为面片】对话框，如图 5-97 所示，单击 ✓ 按钮，完成转换。

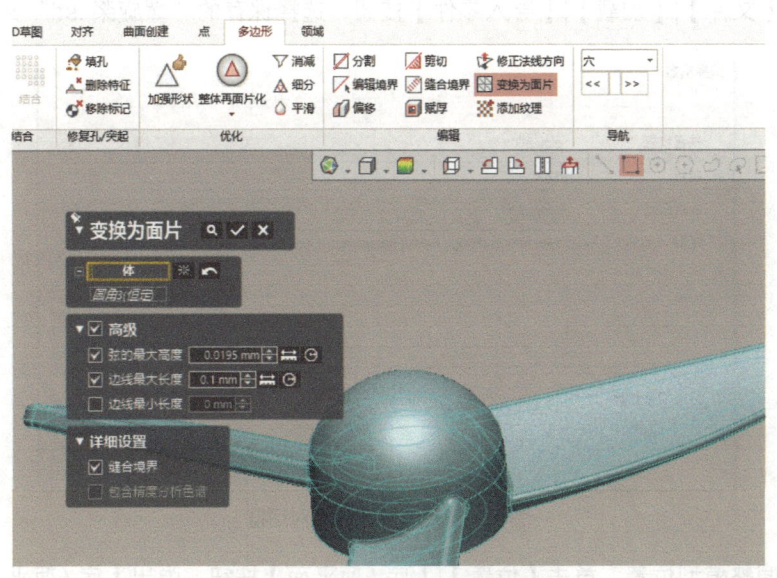

图5-97 【变换为面片】对话框

Step2 单击【菜单】|【文件】|【输出】按钮,弹出对话框,如图 5-98 所示,选择 Step1 生成的面片,单击  按钮,弹出【输出】对话框,选择文件存储位置,保存类型选择"Binary STL Files(*.stl)",输入文件名"螺旋桨.stl",单击【保存】按钮,完成文件输出保存。

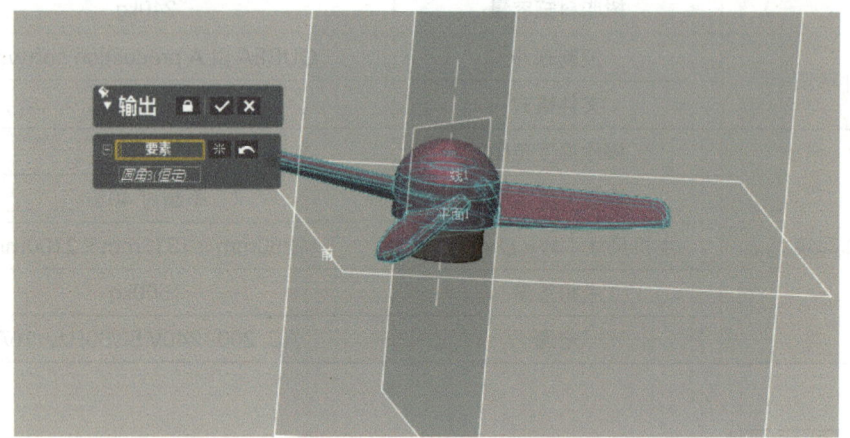

图 5-98 【输出】对话框

活动 2　螺旋桨的 3D 打印

本任务采用广州捷和电子科技有限公司的 QUBEA SLA 3D 打印设备,设备型号为 SLA 600。具体打印步骤如下。

螺旋桨模型切片

1. 模型切片

Step1 添加模型。打开 Materialise Magics 软件,选择下拉菜单【加工准备】|【新平台】命令,弹出【选择机器】对话框,选择"qubea600"设备,如图 5-99 所示,单击【确认】按钮。单击【文件】|【加载】|【导入零件】按钮,选择保存的"螺旋桨.stl"文件。

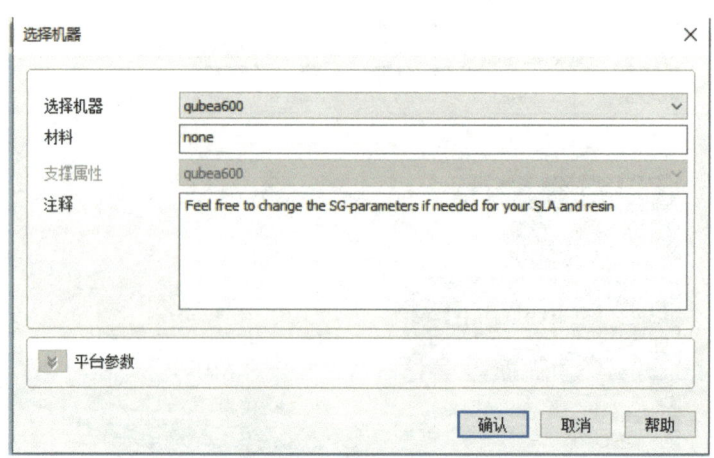

图 5-99 【选择机器】对话框

Step2 调整模型位置。单击【位置】|【底 / 顶平面】按钮,弹出【底 / 顶平面】对话框,

选择"底平面"，单击指定面按钮，选择模型顶面，如图 5-100 所示，单击【应用】按钮，单击【确认】按钮。调整右侧【视图】为"顶视图"，单击【位置】|【平移】按钮，鼠标拖动模型至工作台合适位置，如图 5-101 所示，选择"至默认Z轴位置"，单击【应用】按钮。

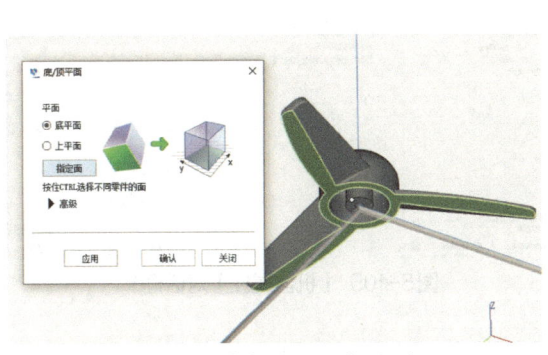

图5-100 【底/顶平面】对话框

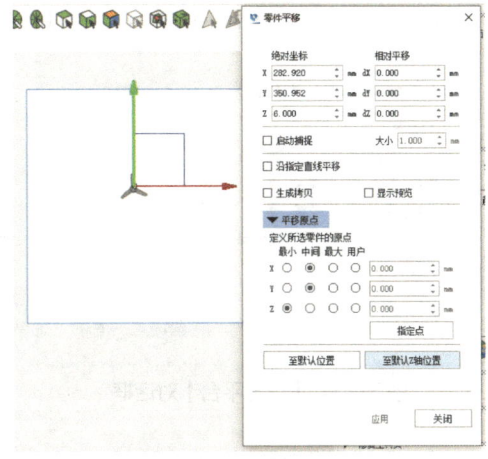

图5-101 【零件平移】对话框

Step3 Z 轴补偿。选择【加工准备】|【摆放＆准备】|【Z 轴补偿】命令，弹出【零件Z 轴补偿】对话框，如图 5-102 所示，设置 Z 轴补偿值为"0.022000"，单击【确定】按钮。

Step4 生成支撑 1。选择菜单【支撑】|【生成支撑】命令，软件自动为模型设置支撑，如图 5-103 所示。

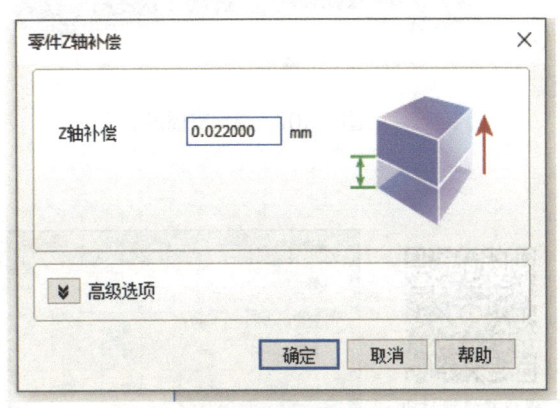

图5-102 【零件Z轴补偿】对话框

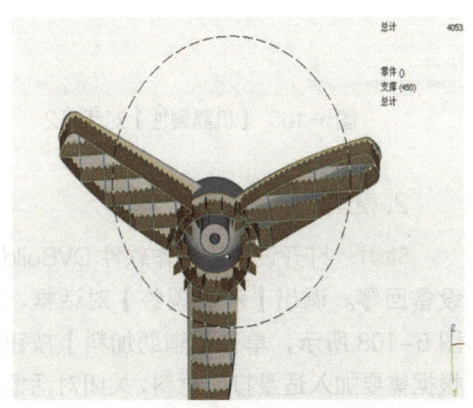

图5-103 自动生成支撑

Step5 生成支撑 2。选择菜单【加工准备】|【导出平台】命令，弹出【导出平台】对话框，如图 5-104 所示，单击生成 Materialise e-Stage 支撑后【编辑】按钮，弹出【机器属性】对话框，按图 5-105 所示进行设置，单击【确定】按钮完成设置。单击【导出切片】按钮，弹出【机器属性】对话框，按图 5-106 所示进行设置，单击【确定】按钮完成设置。单击【导出平台】对话框中的【导出】按钮，完成最终支撑设定，如图 5-107 所示。

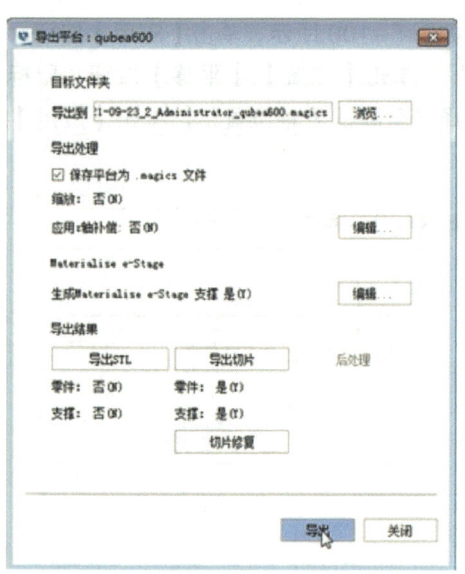

图5-104 【导出平台】对话框

图5-105 【机器属性】对话框1

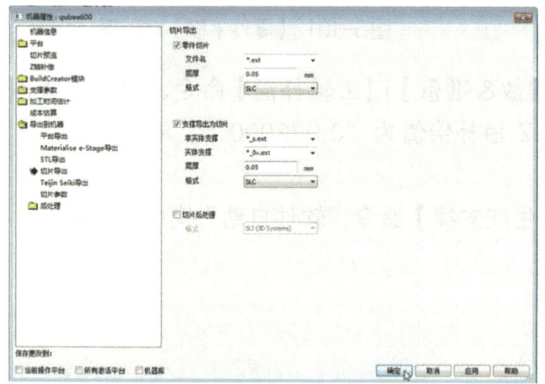

图5-106 【机器属性】对话框2

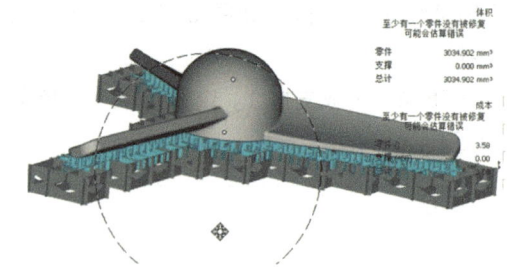

图5-107 最终支撑设定

2. 模型打印

Step1 打开设备上操作软件 DVBuild，设备回零。调出【液位调整】对话框，如图 5-108 所示，单击【辅助加料】按钮，根据需要加入适量打印材料，关闭对话框。调出【轴控制】对话框，如图 5-109 所示，单击【清洗刮刀动作】按钮，打开侧向门，利用工具对刮刀进行清理，如图 5-110 所示。清洗完成后在【轴控制】对话框中设置 R 轴回零，Z 轴回零。

螺旋桨模型打印

Step2 选择【新工程】|【添加文件】命令，如图 5-111 所示，弹出对话框，选择上一阶段保存好的螺旋桨模型及支撑切片文件，单击【打开】按钮，完成文件添加。选择

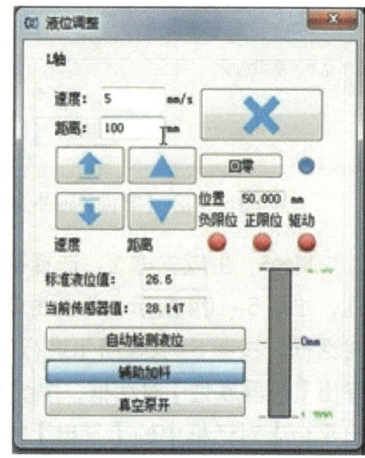

图5-108 【液位调整】对话框

螺旋桨模型，利用阵列命令，再生成一个螺旋桨模型，如图 5-112 所示。

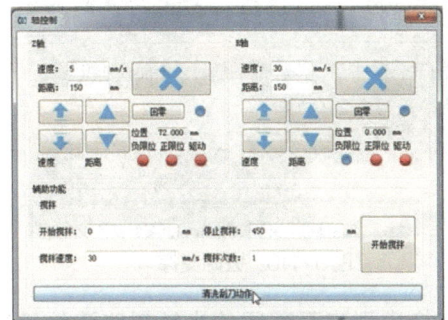

图5-109 【轴控制】对话框

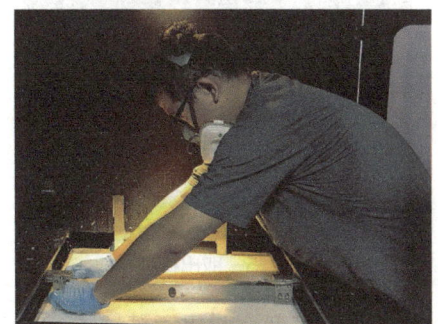

图5-110 清洗刮刀

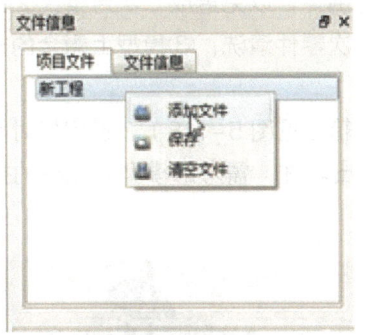

图5-111 添加文件

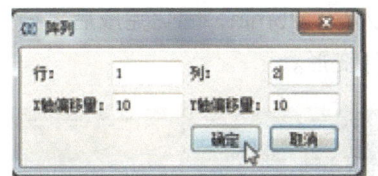

图5-112 【阵列】对话框

Step3 单击【强电开】按钮，软件显示预估打印时间。单击【START】按钮，弹出【开始打印】对话框，如图 5-113 所示，单击【标准模式】按钮，设备开始打印，如图 5-114 所示。

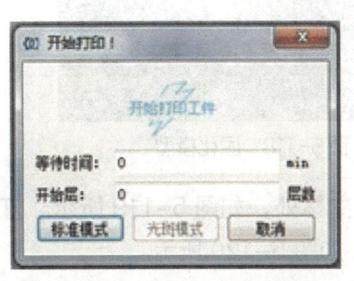

图5-113 【开始打印】对话框

图5-114 设备开始打印

3. 打印后处理

Step1 取出模型。模型打印完成，放置约 30min 后，利用工具将模型从工作平台取出，如图 5-115 所示，操作过程中避免损坏模型零件。模型取出后，将打印平台清理干净。

Step2 去除支撑。利用工具将模型表面支撑去除，如图 5-116 所示。注：此步骤只用去除比较大的、较易去除的支撑，其余支撑可在模型清洗后进一步去除。

螺旋桨模型打印后处理

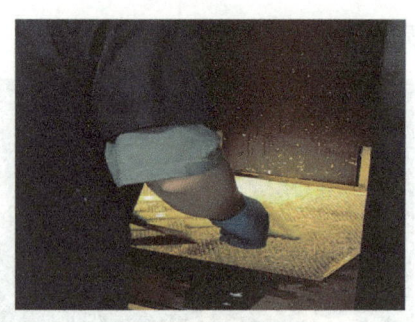
图5-115 取出模型

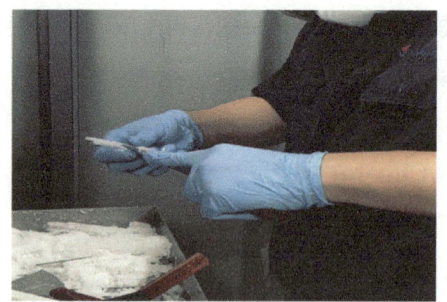
图5-116 去除支撑

Step3 清洗模型。利用酒精或专用清洗剂将模型表面残留的光敏树脂清洗干净（见图5-117），模型需清洗两次。清洗完成后将模型晾干以便进行后续处理。注：①清洗完之后的清洗剂需收集起来单独进行处理，不能随意倒掉，以免造成二次污染；②第二次清洗后的清洗剂可收集起来用于后续清洗工作中的第一次零件清洗；③模型上剩余的支撑可在此步骤中进行进一步清理。

Step4 固化模型。将晾干后的模型放入固化箱（见图5-118），设定好时间进行固化，一般时间设为20~25min，固化完成后将模型取出。注：需考虑模型固化时的摆放方位，尽可能减少零件变形。

图5-117 清洗模型

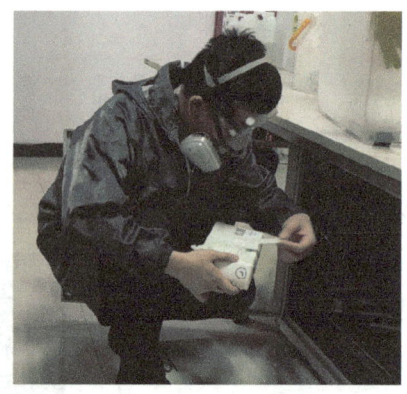
图5-118 固化模型

Step5 打磨模型。用适当目数的砂纸打磨工件表面支撑处，如图5-119所示。打磨完成后将模型表面粉尘清洗干净即得到最终的螺旋桨零件，如图5-120所示。

图5-119 打磨模型

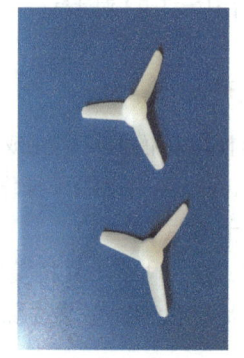
图5-120 最终的螺旋桨零件

任务 5　飞机尾翼的 3D 打印

学习目标

知识目标

1. 掌握 SLM 工艺 3D 打印的一般流程。
2. 掌握 SLM 工艺 3D 打印机切片软件的使用方法。
3. 掌握 SLM 工艺打印后处理的步骤。

能力目标

1. 能够利用切片软件进行打印前处理。
2. 能够对设计的模型应用 VM-280 打印机进行 3D 打印。
3. 能够对打印后的模型进行后处理。

任务描述

利用 SLM 金属 3D 打印机完成尾翼的 3D 打印。使用 VM-280 打印机,合理设置打印参数,按照企业规范操作流程,完成尾翼的 3D 打印及模型后处理。

要求:提交 3D 打印及后处理完成的尾翼实物。

任务分析

在进行 3D 打印前,首先需要对在三维软件 UG 中设计的模型进行格式转换,转换成一般 3D 打印软件能够识别的 STL 格式。通过通用软件 Materialise Magics 进行支撑等处理,再通过 3D 打印机配套的专用软件 Crafty 进行工艺参数设定,生成 3D 打印机能够识别的格式后再进行上机打印。打印完成后再对模型进行后处理。其工作流程如图 5-121 所示。

图 5-121　3D 打印流程

知识链接

本任务采用湖南云箭集团有限公司的 SLM 金属 3D 打印设备,此打印设备自带切片软件 Crafty,设备型号为 VM-280(见图 5-122),设备主要参数见表 5-4。

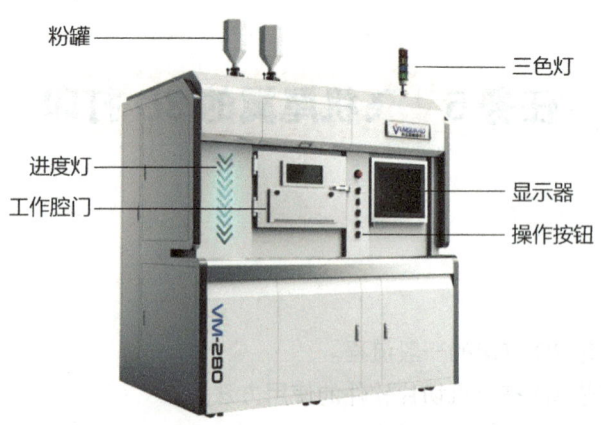

图5-122 VM-280设备

表5-4 VM-280设备主要参数

参数	数值
外形尺寸（L×W×H）	2045mm×1450mm×2600mm
成型尺寸（L×W×H）	280mm×280mm×350mm
最大成型速度	30cm³/h
最大扫描速度	7m/s
铺粉厚度	0.02~0.1mm
光斑大小	75~120μm
激光器	IPG 500W
氧气浓度	≤100PPM
惰性气体	氮气或氩气
环境要求	25℃ / <60%
电源与耗电功率	AC 380V±10% 50Hz 10kW
成型材料	不锈钢/钛合金/铝合金/镍基合金等

任务实施

活动1 尾翼的格式转换

在进行3D打印前，首先需要对在三维软件中设计的模型进行格式转换，转换成一般3D打印软件能够识别的STL格式。

尾翼格式转换步骤为：打开NX软件，打开文件"尾翼.prt"，选择下拉菜单【文件】|【导出】|【STL】命令，系统弹出【STL导出】对话框，选择尾翼模型，如图5-123所示，单击【确定】按钮，即完成格式转换。

图5-123 文件导出界面

活动2 尾翼的3D打印

本任务采用湖南云箭集团有限公司的 SLM 金属 3D 打印设备，设备型号为 VM-280，此打印设备自带切片软件 Crafty，同时需要应用 Materialise Magics 软件进行模型处理。具体打印步骤如下。

尾翼模型切片

1. 模型切片

Step1 添加模型。打开 Materialise Magics 软件，选择下拉菜单【加工准备】|【新平台】命令，弹出【选择机器】对话框，选择"VM-280"设备，如图 5-124 所示，单击【确认】按钮。单击【文件】|【加载】|【导入零件】按钮，选择保存的"尾翼.stl"文件。

图5-124 【选择机器】对话框

Step2 调整模型位置。单击【位置】|【底/顶平面】按钮，弹出【底/顶平面】对话框，勾选【底平面】，单击【指定面】按钮，选择模型顶面，如图 5-125 所示，单击【应用】按钮，单击【确认】按钮。调整右侧【视图】为"顶视图"，单击【位置】|【平移】按钮，鼠标拖

动模型至工作台合适位置。单击【位置】|【旋转】按钮，鼠标拖动模型进行旋转，如图5-126所示。单击【位置】|【平移】按钮，选择【至默认Z轴位置】，平移原点进行Z方向原点设置，Z数值设为"0"，单击【应用】按钮，单击【关闭】按钮，如图5-127所示。

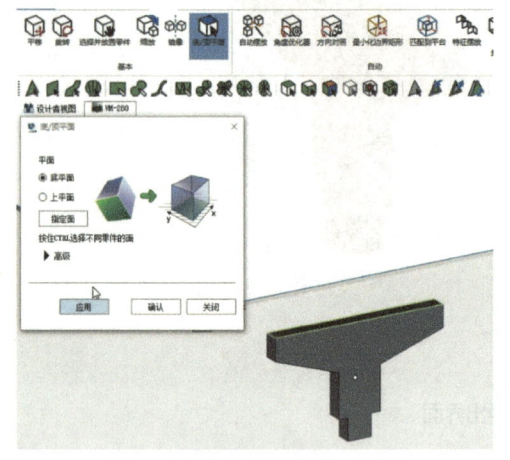

图5-125 【底/顶平面】对话框

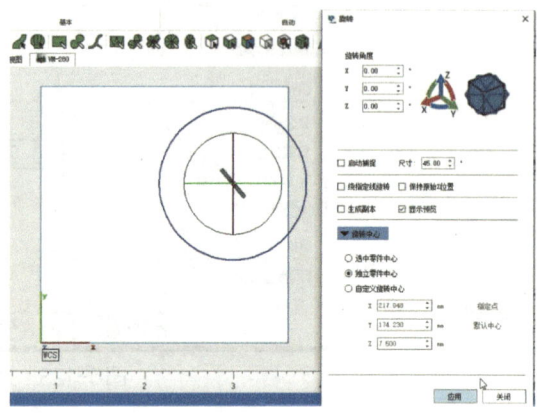

图5-126 【旋转】对话框

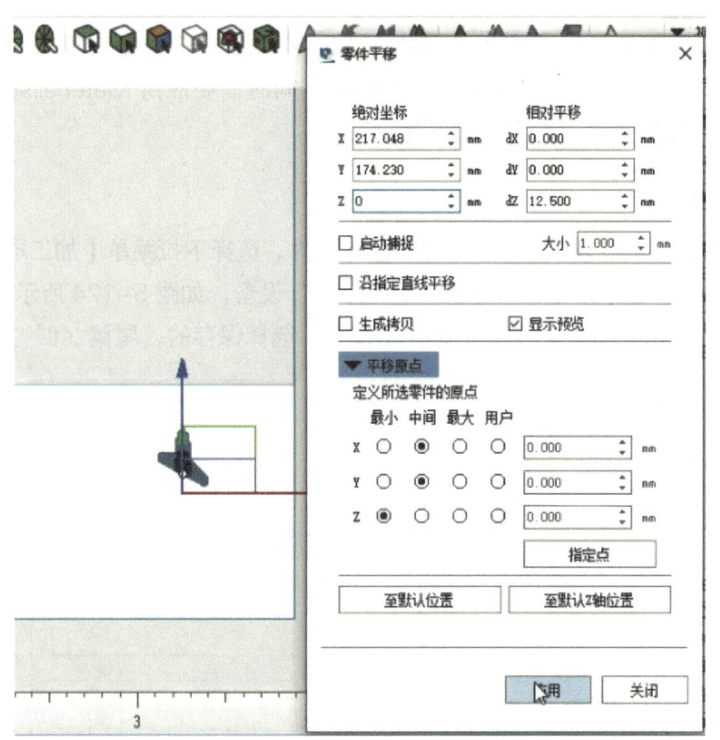

图5-127 【零件平移】对话框

Step3 设置线切割余量。选择【工具】|【标记平面】命令，选择底部与平台接触面，单击【拉伸】按钮，弹出【拉伸】对话框，偏移值设为"0.4"，如图5-128所示，单击【确定】按钮。单击【位置】|【平移】按钮，Z设为"0"，如图5-129所示，单击【应用】按钮，单击【关闭】按钮。单击【取消所有标记】按钮。

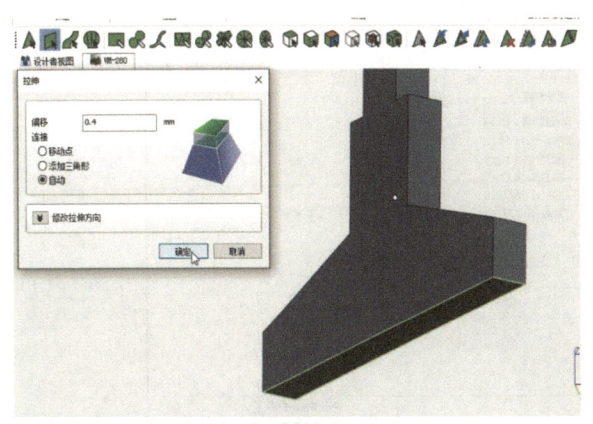
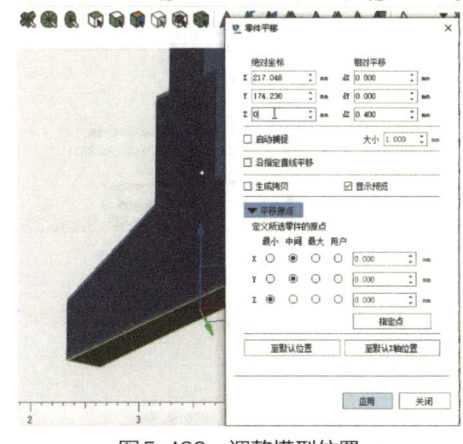

图5-128 【拉伸】对话框　　　　　　　　　图5-129 调整模型位置

Step4 切片1。选择操作栏处【切片】|【切片所有】命令，弹出【切片属性】对话框，如图5-130所示，切片厚度设为"0.040"，单击【确定】按钮，完成在Magics软件中切片。

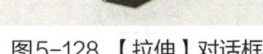

图5-130 【切片属性】对话框

Step5 打开文件。打开3D打印机专用软件Crafty，当前设备选择具体的打印设备序号。选择操作栏处【文件】|【添加多模型】命令，弹出【添加多模型】对话框，如图5-131所示，选择文件"尾翼.slc"，单击【打开】按钮。单击【居中】按钮，弹出【居中】对话框，单击【应用】按钮，确定模型摆放位置。

Step6 使用模式选择"管理者"，弹出【密码输入】对话框，输入密码。单击【成型参数设定】按钮，弹出【造型参数设定】对话框，如图5-132所示，设定工艺成型参数。单击菜单处【处理】|【切片处理】按钮，弹出【切片处理】对话框，如图5-133所示，单击【应用】按钮。

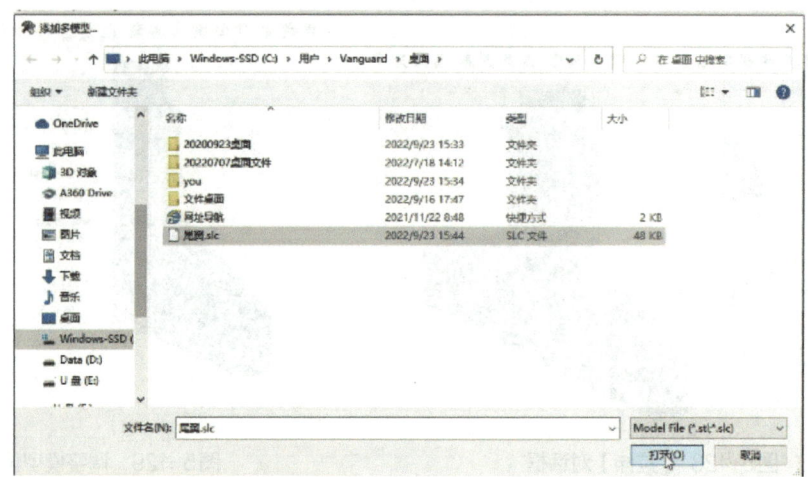

图5-131 【添加多模型】对话框

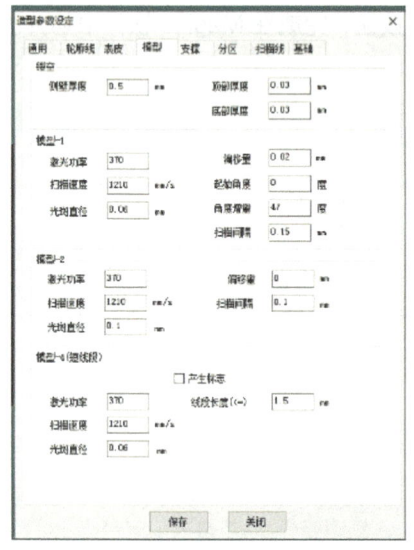

图5-132 【造型参数设定】对话框

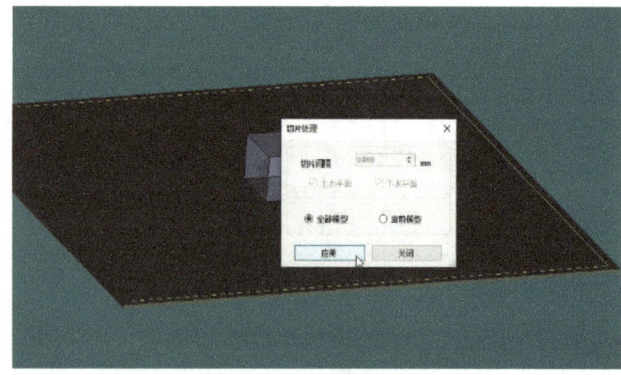

图5-133 【切片处理】对话框

Step7 数据输出。选择菜单处【处理】|【输出数据】命令，弹出【输出参数】对话框，如图 5-134 所示，单击【确定】按钮，完成切片数据输出。

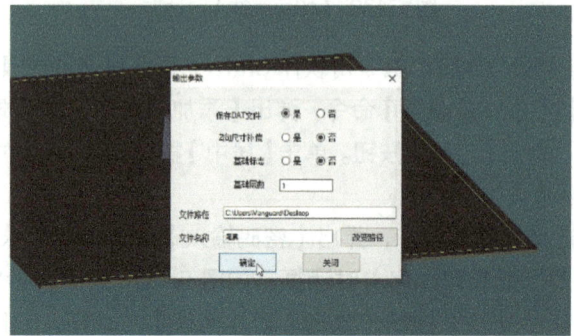

图5-134 【输出参数】对话框

2. 模型打印

Step1 打开设备上操作软件 VMPower，单击【I/O 信号】|【信号确认】按钮，弹出【信号确认】对话框，将设备选为"调试模式"，如图 5-135 所示。检查打印材料是否足够，不足则加入打印材料 AlSi10Mg，如图 5-136 所示。

尾翼模型打印

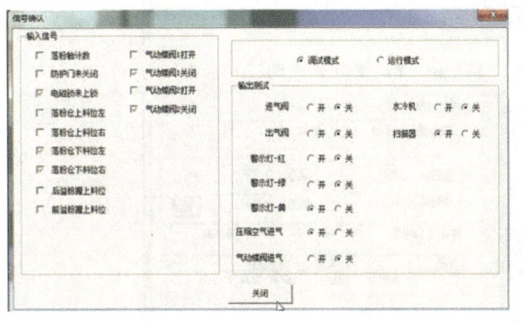
图5-135 【信号确认】对话框

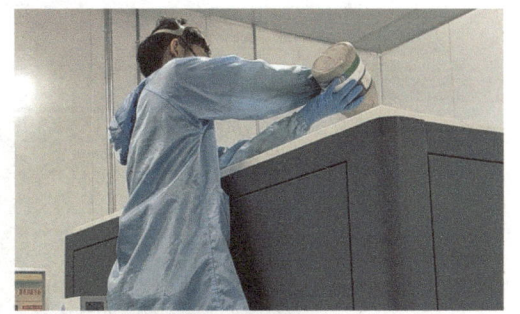
图5-136 加入打印材料

Step2 工作缸活塞执行回原点操作，放入基板对齐孔位，并下降基板厚度的高度，拧紧螺钉固定好基板。将刮刀移动到基板上方，调节刮刀与基板间隙，如图 5-137 所示，使间隙小于 0.05mm。进行铺粉操作，使基板铺上薄薄一层粉末。

Step3 检查激光保护镜是否干净，用蘸有 99.9% 高浓度酒精的无尘纸或无尘布擦拭激光保护镜，如图 5-138 所示。

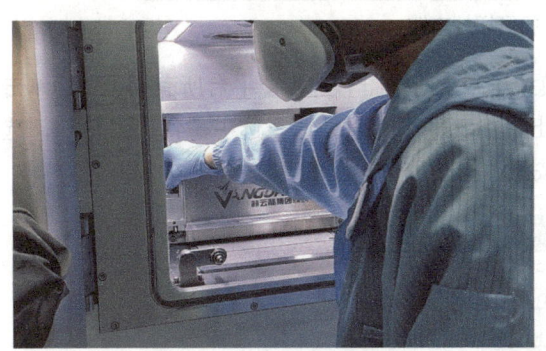
图5-137 调整基板高度

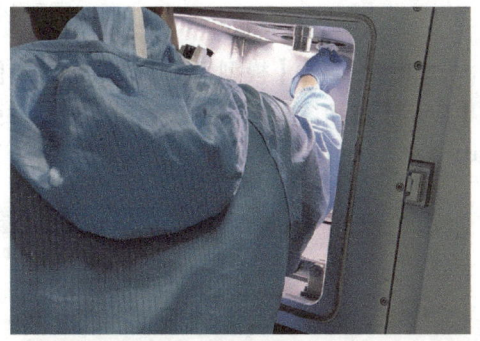
图5-138 擦拭激光保护镜

Step4 单击【基板】按钮，弹出【基板加热】对话框，如图 5-139 所示，单击【打开】按钮，单击【关闭窗口】按钮。单击【充气】按钮，弹出【充气控制】对话框，如图 5-140 所示，单击【打开】按钮，单击【关闭窗口】按钮，开始对设备基板进行预热及工作腔充气。

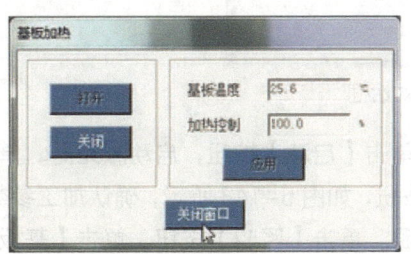
图5-139 【基板加热】对话框

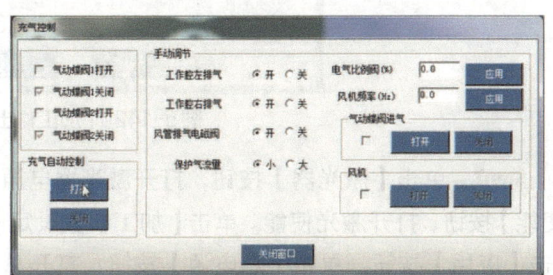
图5-140 【充气控制】对话框

213

Step5 待设备基板完成预热及工作腔完成充气后，可进行设备打印操作。将存有模型切片数据的 U 盘插入设备，将切片文件复制到打印设备中。打开设备上操作软件 VMPower，在【Crafty Form】对话框中单击【文件】|【打开层片文件】按钮，打开切片完成后保存的文件"尾翼.giz"，如图 5-141 所示。

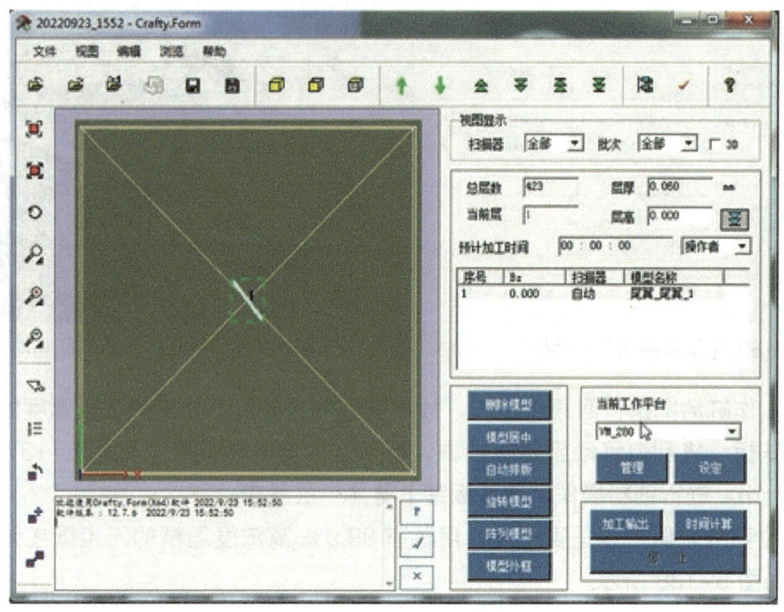

图5-141　打开切片文件

Step6 单击【模型居中】按钮，弹出【模型居中】对话框，选中"平台所有模型"，单击【应用】按钮。单击【加工输出】按钮，弹出【加工输出】对话框，选中"代码上传"，选中"1"，如图 5-142 所示，单击【确定】按钮。检查确认模型切片数据。

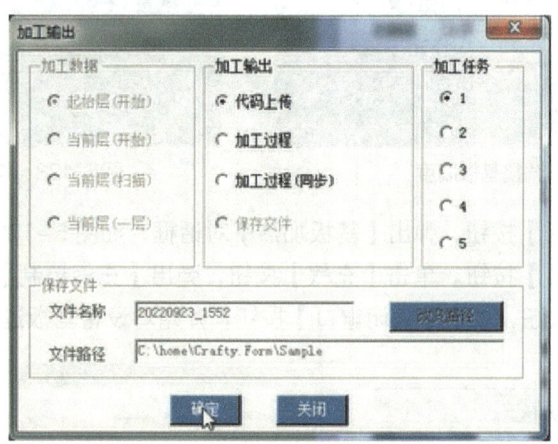

图5-142　【加工输出】对话框

Step7 单击【激光器】按钮，打开激光器电源。单击【启动】按钮，启动激光器。单击【使能】按钮，打开激光使能。单击【加工参数设定】按钮，如图 5-143 所示，确认加工参数，单击【应用】按钮。单击【总电源】按钮，打开总电源。单击【照明】按钮。单击【基板】按钮，弹出【基板加热】对话框，如图 5-144 所示，单击【打开】按钮，单击【关闭窗口】

按钮。单击【充气】按钮,弹出【充气控制】对话框,如图5-145所示,单击【打开】按钮,单击【关闭窗口】按钮。单击【本地】按钮,选中"起始层(开始)",如图5-146所示,单击【确认】按钮,开始加工。设备开始进行打印,如图5-147所示。

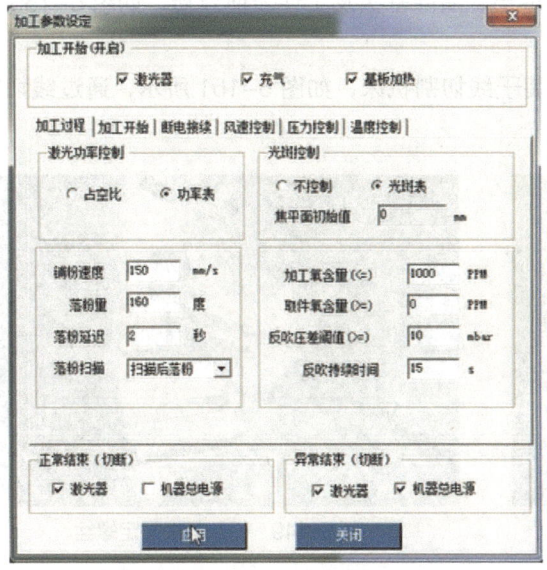

图5-143 【加工参数设定】对话框

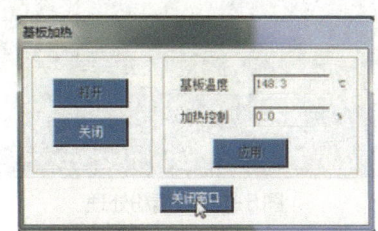

图5-144 【基板加热】对话框

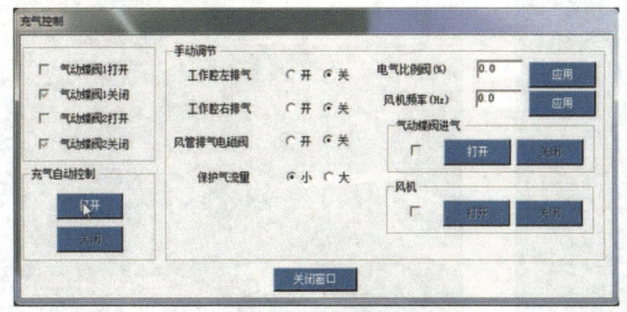

图5-145 【充气控制】对话框

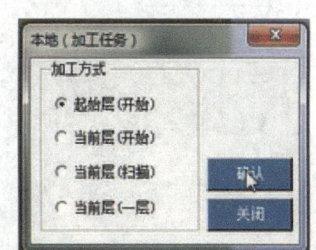

图5-146 【本地(加工任务)】对话框

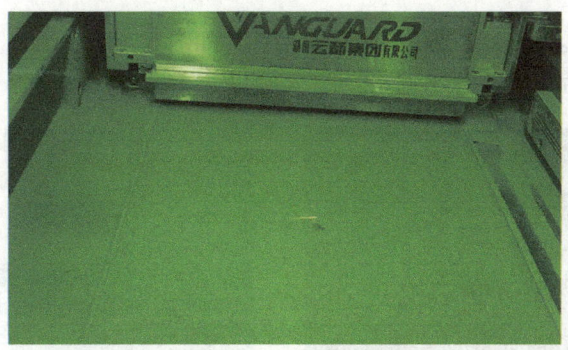

图5-147 零件打印

3. 打印后处理

Step1 取出模型与基板。打印完成后,设备自动断开总电源。打印模型

尾翼模型打印后处理

冷却后，单击【总电源】按钮，重新上电，进行取件。用腔门上的手套进行清粉作业，如图5-148所示。通过上升活塞，用刷子将多余粉末刷到溢粉箱内，直到露出全部工件。打开腔门，用专用吸尘器吸走工作腔内壁及固定螺钉内六角槽内的粉末，拆卸基板固定螺丝，如图5-149所示。将基板连同工件一起取出，清除基板及工件表面浮粉，如图5-150所示（此过程必须穿戴好安全防护装备）。

Step2 分离模型与基板。将基板安装于线切割机床，如图5-151所示，通过线切割将工件从基板上分离下来。

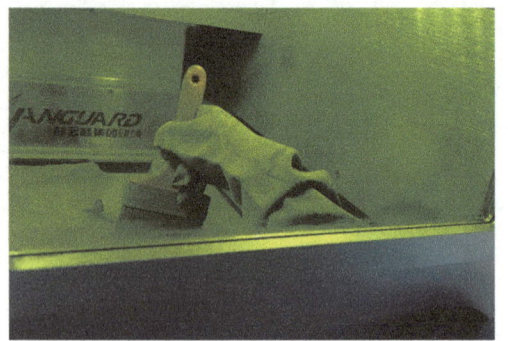

图5-148 清粉处理

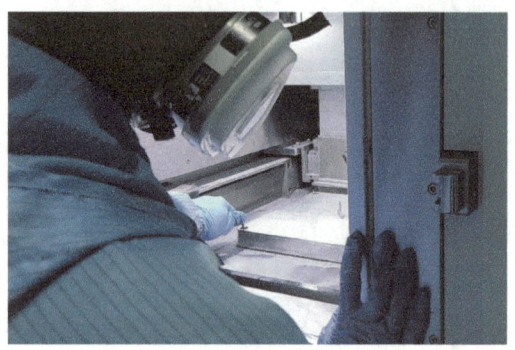

图5-149 拆卸基板固定螺丝

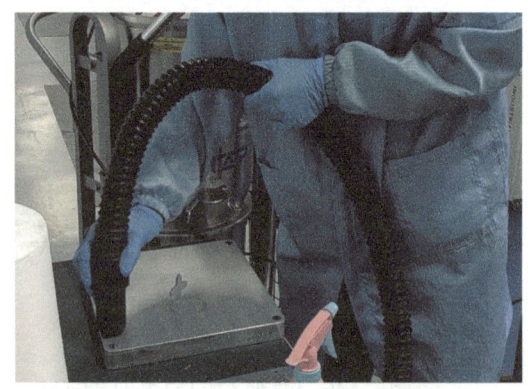

图5-150 清除基板及工件表面浮粉

图5-151 线切割分离模型

Step3 处理模型。用砂纸打磨工件表面毛刺，如图5-152所示。利用喷砂机对工件表面进行处理，处理完的模型如图5-153所示。

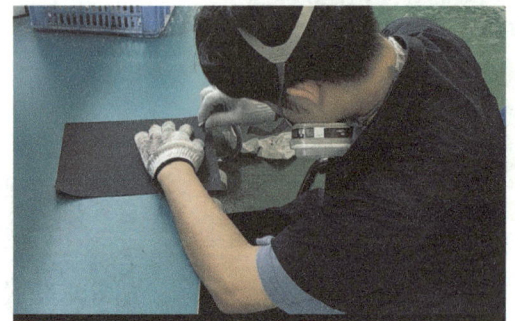

图5-152 砂纸打磨

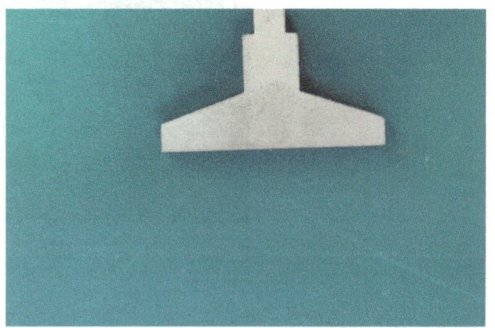

图5-153 处理完的模型

Step4 装配模型。将处理好的尾翼模型与前面步骤中打印完成的机身、机翼进行装配，如图5-154所示。将给定配件及打印的螺旋桨一起装配到打印的飞机主体模型上，如图5-155所示，完成整个项目任务。

图5-154 尾翼装配

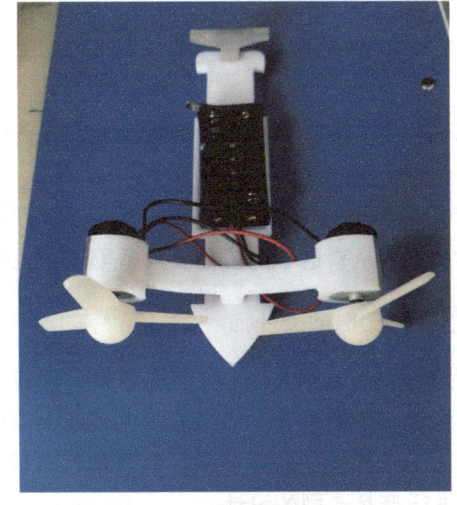

图5-155 双引擎滑行飞机总装配

项目测评

一、单选题

1. WAVE 几何链接器可以链接的不包括（　　）。
   A. 面　　　　B. 体　　　　C. 尺寸标注　　　　D. 基准
2. 本项目中飞机主体设计用的虚拟装配设计方法是（　　）。
   A. 自顶向下设计　　　　　　B. 自底向上设计
   C. 自左向右设计　　　　　　D. 自大向小设计
3. SLM 打印机的成型方法是（　　）。
   A. 熔融沉积成型　　　　　　B. 光固化成型
   C. 选择性激光烧结　　　　　D. 选择性激光熔融

二、简答题

1. 自顶向下设计的设计方法有哪些优点？
2. SLM 工艺的 3D 打印后处理流程包括哪些步骤？

栋梁之才——3D 打印相关工作岗位

学习目标

熟悉 3D 打印技术相关的工作岗位，了解各相关工作岗位内容、职责及所需技能等。

随着 3D 打印技术的发展，出现了与 3D 打印相关的一些新的工作岗位，你想从事哪个工作岗位？想要从事这个岗位需要具备哪些职业能力？需要提前进行哪些方面的准备？

一、3D 打印造型设计师

3D 打印造型设计师属于增材制造设计岗位。该岗位主要负责产品 3D 模型的设计，需要与客户沟通，了解需求，并绘制二维与三维的产品模型图。3D 打印造型设计师需要熟练掌握二维与三维的设计软件操作，同时要具备较强的创新与沟通能力，能够融合客户需求与自身创意进行产品造型的设计。

二、3D 打印逆向造型设计师

3D 打印逆向造型设计师属于增材制造设计岗位。该岗位主要负责根据实物逆向反求模型的三维造型，需要采集实物三维数据并进行数据处理，再对照点云数据进行逆向工程设计。设计 3D 打印逆向造型设计师需要具备数据采集设备的操作能力，能够使用专用的软件对采集点云进行修复、精简、合并，并对应进行逆向建模，同时也需要严谨的、精益求精的做事态度。

三、3D 打印工艺员

3D 打印工艺员属于增材制造生产岗位。该岗位主要负责将设计好的三维模型进行格式转换，并根据 3D 打印的工艺性要求进行结构校正，并综合考虑工艺性与使用性设置工艺参数并生成、输出加工程序。3D 打印工艺员需要熟悉 3D 打印的生产工艺流程，熟悉打印设备的性能，了解 STL 模型的常见问题，了解制件摆放与支撑结构的影响，能够设置合理工艺参数来输出加工指令。

四、3D 打印设备操作员

3D 打印设备操作员属于增材制造生产岗位。该岗位主要负责操作 3D 打印设备进行生产任务，需要根据要求选用并装载耗材，使用 3D 打印机完成产品制作并做好监测、记录工作。3D 打印设备操作员需要充分了解 3D 打印机的打印操作步骤和注意事项，熟悉各种耗材类型及应用场合，能够及时针对打印过程中出现的情况进行判断并妥善处理，同时需要勤奋刻苦的做事态度与较强的责任心与执行力。

五、3D 打印后处理员

3D 打印后处理员属于增材制造生产岗位。该岗位主要负责 3D 打印件的取件、去支撑、打磨、清洗、上色等一系列后处理工作。3D 打印后处理员需要熟悉各种 3D 打印工艺的后处理流程和注意事项，能够根据 3D 打印工艺种类及制件特点进行后处理操作，从而保证打印制件具有较好质量。岗位要求具有严谨细致的工作态度和精益求精的工匠精神。

六、3D 打印质检工程师

3D 打印质检工程师属于增材制造检测岗位。该岗位主要负责 3D 打印生产各环节的监督检测以及对于生产质量的管理与优化，需要对产品原材料、3D 打印制品进行检测，并根据检测结果给定处理意见，并做好记录。3D 打印质检工程师需要了解相关的质量标准，掌握检测技能，能够制作质量报表，同时需要一丝不苟的工作态度和非常强的质量意识。

七、3D 打印设备维护员

3D 打印设备维护员属于增材制造维护岗位。该岗位主要负责 3D 打印设备在使用中的常规维护保养以及对于问题故障的排除，需要按维修单及时做好问题诊断与维修，及时进行固件升级，制订并实施设备的维护保养计划。3D 打印设备维护员需要熟练掌握 3D 打印机的工作原理、设备安装、维护方法和注意事项，具备基本的识图能力以及机械维修方面的知识，同时要有良好的自身素养和工作态度，能够做到吃苦耐劳。

八、3D 打印销售员

3D 打印销售员属于增材制造销售岗位。该岗位主要负责 3D 打印设备与服务的推广、销售工作，需要了解企业与市场动态，拓展、维护市场关系，完成销售目标。3D 打印销售员需要能够及时洞察 3D 打印行业的最新动态，具备较强的产品销售技能和市场推广技能，能不断开发有效客户，并对客户进行管理和维护，同时也需要具备一定的沟通和抗压能力。

参考文献

[1] 曹明元 .3D 打印快速成型技术［M］.北京：机械工业出版社，2017.
[2] 杨晓雪，闫学文 .Geomagic Design X 三维建模案例教程［M］.北京：机械工业出版社，2016.
[3] 孟献军 .3D 打印造型技术［M］.北京：机械工业出版社，2018.
[4] 陈雪芳，孙春华 . 逆向工程与快速成型技术应用［M］.3 版 . 北京：机械工业出版社，2019.